成长第一步

——0~3岁亲子育儿百科

《妈妈宝宝》杂志社　编著

山东科学技术出版社

PREFACE

序

鲍秀兰 教授

中国医学科学院北京协和医院儿科主任医师，儿科教授。中国优生优育协会儿童发育专业委员会主任委员。获国家、卫生部和北京市科技进步奖等6项，享受国务院颁发的政府特殊津贴。荣获第四届中国内藤国际育儿奖。

首先，恭喜你做了幸福的新妈妈。

养孩子真的是一项甜蜜而辛苦的工作，在这个时候，你才能深深体会到作为一个母亲的幸福感。不管你现在处于哪个阶段，作为一个终日忙碌在儿科健康领域的医生，我都要祝福你。从这一刻起，我们将和你一起保护孩子的成长，防止他受到外界的不良影响。

在门诊的时候，我常常发现，妈妈们对于孩子的成长发育总有许许多多的问题：宝宝发育有没有问题？我的奶水够不够？孩子为什么不长肉？是不是缺钙了？怎么别的孩子会翻身他还不会？孩子总是感冒发烧会不会是大病隐患？……太多太多的问题会在养育过程中不断涌现，网络上的答案真假难辨，医院门诊上患者又太多，即使咨询可能也得不到仔细的回答。

《妈妈宝宝大百科》从备孕开始讲起，包含成长发育、生活护理、母乳喂养、辅食添加、营养补充、疾病预防等多方面，抛开老旧观念，针对养育谣言也进行了剖析和纠正，希望帮助妈妈们解答育儿路上的各种疑惑，更希望妈妈们能够轻松地对待宝宝的成长。这套书集合了诸多妇产科、儿科专家的临床经验，编辑们进行了分类和整合，用方便妈妈们阅读的方式呈现出来。

拿到书后，你不用着急一次读完，细一点读，把孩子对应月龄的部分读透彻。有的时候，在对应月龄里找不到的内容，可以往后面一个月进行查阅。因为每个孩子情况不一样，有的出现得早有的出现得晚，编辑们把内容放在了最常出现的月龄，你可以根据自己孩子的情况进行查阅。希望你手里的这本书能真正成为你的育儿好帮手。

其实，每一位妈妈都恨不得自己是育儿专家，饮食、睡眠、发育、疾病、教育都精通才行。在这里，我想告诉妈妈们的是，每一个孩子的成长都是不可复制的，只要孩子能健康快乐，真的不必过于苛求细节。

最后，祝愿你的宝宝每一天都开心、快乐！

和孩子共同成长，家长需要智慧

陈禾 教授

应用心理学教授、亲子教育专家、心理咨询师、家庭教育顾问、陈禾亲子教育研究室主任。

每天早晨，我都要花2个小时阅读来自全国各地的家长向我提问的育儿问题。问题很多，很杂，提问者叙述面对的育儿难题时，字里行间总是透露出情绪焦虑。不少妈妈的用语都带着强烈的情绪，例如：

"想做个好妈妈真难啊！"真是一把辛酸泪，叹息中表达着自己的无奈。

"我实在束手无策了，怎么办呀？帮帮我吧！"这是宣告自己已经无能为力。

"我彻底崩溃了，陈爷爷，救救我吧！"像是溺水前的挣扎求救声，撕心裂肺。

养育儿女、陪伴孩子成长，应该是人生中最为美妙与温馨的岁月，为什么许多妈妈会过得如此艰辛？会经常都有闯不过的重重难关？这世界变了？还是人心变了？

世界的确变了。生存条件、生活环境、人际关系、价值判断，都发生了天翻地覆的变化，要适应这些变化，你只能不断学习，尽可能地提高生存能力。然而，生存能力和养育儿女完全是两回事。当你的生活过得更好的时候，你还是无法面对"和孩子共同成长"的实践，为什么？孩子同样面对一个全新的，变了样也变了质的世界。这个世界不再是那种纯真，那种互信和宽容，可以和谐自然度过每一天的儿时记忆。而面对这样的世界，孩子同样过得很艰辛。

毫无疑问，现代年轻家长都很好学。因为有阅读能力，而且育儿书应有尽有，学习的资源十分丰富。

然而好学、读尽育儿书的家长，仍然在陪伴孩子成长时捉襟见肘，想努力做得最好却总感到不对劲，为什么？玄机尽在"缺乏智慧"。好学不见得就能产生智慧，知识丰富不会就换来智慧。没有智慧，你学历再高，育儿专业知识再丰富，面对天性各异的孩子，你的招数再多，依然要搞得焦头烂额。

那么什么是智慧？智慧从哪儿来？我要怎么做才能成为智慧父母？这就成为当前的最大课题。

什么是智慧

所谓智慧，就是能够把所学到的知识，在实践中用得恰到好处。这个"恰到好处"有三层涵义：

第一层，是认识并接受孩子的特质。特质因人而异，你不能把学来的知识生搬硬套，适合别的孩子的养育模式不见得就适合自己的孩子。因此，必须把学来的知识融会贯通，再根据孩子的特点决定自己的养育模式。

第二层，养育的方式方法必须是合理可行的。合理，是符合科学，也符合成长教育的理念；可行，是本身能力做得到，而且环境条件允许。只有合理可行才能产生良好的效果。

第三层，要有延续性发展的规划。培养孩子成人是个漫长的"系统工程"，不能只追求立竿见影，也不能只是瞄着一个目标，期望种瓜得瓜。

孩子的心智成长是许多要素互相交错，互为因果的"联动机制"，急于求成就会乱了章法，粗暴草率就会产生异变，因此，养育儿女的智慧说来虽然复杂，却有一定的规律可以遵循。这一点，我们的老祖宗早就说得明明白白：

"大学之道，在明德，在新民，在止于至善。"学习，目的是养成各种必需的能力，要着重实践，要不断根据环境的变化而更新思想。

"物有本末，事有终始，知所先后，则近道矣。"什么时候该做什么事，育儿、教养，必须循序渐进。

"知止而后有定，定而后能静，静而后能安，安而后能虑，虑而后能得。"只求做得最好，不必坚持完美，这样才能避免浮躁，能够冷静思考，就能找到最好的、可行有效的策略。

能明白古人的这 3 句箴言，就能明白什么是智慧。

智慧哪儿来

智慧的底层结构是"常识"。现代社会知识爆炸，但勤学苦读，即使不能说是"学富九车"，一车还是可以有的。然而，有知识未必有常识。所谓常识，就是平常生活中浅而易见的道理。然而，说它浅而易见，却又最容易被忽视、被遗忘，于是，在面对新情况，思考解决办法的时候，人们往往只是从大脑的记忆库中检索出有关的知识，却忘了应有的常识。这样也就没法把知识转化为智慧。用一句通俗的话来表达，就是"这样的思考与决策不接地气"，不接地气，就是忽视了具体现实，因此你知识再丰富，也还是没有智慧。

怎么判断自己有没有足够的育儿智慧呢？有 3 个衡量标准：

1. 当上帝为孩子打开一扇窗的时候，你有没有可能发现这扇窗，并且看到窗外的曙光？这个"上帝"没有宗教上的含义，只是用于说明生命的奥秘。孩子的能力发展是按照成长规律而有迹可循的。每一项能力都有一个学习的敏感期，也就是有个"机会窗口"。例如 2 岁左右的宝宝萌发自主意识，产生逆反心理，采用反向探索来检验自己的能力，有智慧的父母会接纳他的需求，以顺势引导提供孩子自主行为的时间与空间。相反，则是以管教的方式迫使孩子听话，扼杀了孩子的成长良机。

2. 孩子向你诉说他的需求时，你能不能看懂听懂，并做出适当的回应？由于语言表达能力的不足，或亲子沟通不良，孩子的需求经常是通过情绪特征表露出来，有智慧的父母能够及时判断出孩子的需要，给予正确的回应。相反，则会忽视而无作为，或错判而造成更多更难理顺的问题。

3. 当你向孩子表达某个期望或发出指示的时候，能不能表达得恰如其分？怎样才是恰如其分？就是态度、用词、语气都做到适时、适性、适能。该在怎样的情境下说？怎么说？能不能用孩子听得懂、愿意听的话语？怎么拿捏？都是智慧的体现。

《妈妈宝宝大百科》能给你哪些智慧

这套《妈妈宝宝大百科》是精选自《妈妈宝宝》杂志 13 年来的精华之作。《妈妈宝宝》自 13 年前应家长的需求而创办，集合了全国最为著名的数百位儿科医生、营养师、早教专家、心理咨询与情商指导专家，各自从专业的角度，本着适时、适性、适能的原则，费尽心力为妈妈们提供育儿指导与教养的策略。杂志的特色就在于杂，不像一般育儿专著的独沽一味，能够根据读者的需要和阅读特点，在提供专业知识的同时也侧重常识的结合，可以说都是"接地气"的指导。在传达科学育儿理念的同时，特别注重环境条件的配合，提供合理可行的操作指引，正是培养智慧妈妈的宝典。

《妈妈宝宝大百科》分为孕期、0～3 岁、疾病 3 册，对数以万计的育儿困惑进行了剖析和解答，是值得妈妈们用心细读，并作为育儿的案头参考秘笈保存。不论你现在正在怀孕，还是已经有了宝宝，都可以作为家庭育儿的好帮手。

我强烈推荐这套书，就是想向妈妈们传达一个概念：你不可能也不必是一个全能妈妈，但你必须是个智慧妈妈。在面对育儿无小事的繁重任务时，无论吃穿住用，还是性格培养，这些关乎孩子健康成长的问题，总是时时都会遇上烦心的事。那么，怎样才能不盲目育儿？怎样才能气定神闲地面对育儿过程中可能发生的种种问题？掌握正确的养育智慧，你就能不受歪理邪说或脱离现实、不计后果的育儿理论及无效的育儿手段所误导，能够善于思考、耐心细心地把宝宝照顾得恰到好处。

做一个心里"有底"的准妈妈

龚晓明 博士

医学博士，妇产科自由执业医生，前北京协和医院妇产科、上海市第一妇婴保健院医生。

"上医治未病"，一个优秀的医生不仅仅要帮助患者解决病痛，还要重视患者的心理感受，尽量多做正确医学理论的普及。好的科普读物可以帮助我们答疑解惑，绕开生活中的雷区，不被谣言困扰，做一个心里"有底"的人。

孕妈妈是妇产领域的特殊人群，她们不是患者，却需要更加周到的照顾。孕妈妈的健康关乎到宝宝的健康发育，关乎到整个家庭的幸福，关乎到我们国家新一代的素质。我们团队也创建了一个帮助孕妈妈的APP"风信子"，它可以为孕妈妈提供科普知识，并跟全国各地的妇产医生交流。在21世纪，我们的大部分孕妈妈都已经具备了不断学习的能力，在这里我希望所有的孕妈妈能够主动吸取各种科学知识，包括健康孕育的科学知识，这可以看做是胎教的最重要部分。

关于这套书，如果孕妈妈可以静下心来细细阅读，可以了解到孕育过程中的很多知识，帮助你解决常见的困惑，也能够更加顺畅地和您的产检医生进行沟通。

怀孕生子，总是每位女性人生最重要的时刻。漫漫40周，对于女性来说，是一段奇妙的旅程。

《我有多爱你》这本书以女性独有的视角，以时间为主轴，从第一周到最后一周，详细讲述了孕妈妈身心的各种变化，胎儿的生长发育以及准妈妈在10个月内及生产、月子期间应注意的各种事项，事无巨细地提醒准妈妈们如何避免怀孕中出现的种种麻烦，如何全方位细心呵护自己和宝宝一起顺利度过10个月。

特推荐此书，并想对所有的孕妈妈说，享受这一过程，40周并不长。放松心情，找对方法，让我们和宝宝一起共同成长！

余高妍

儿科医生，知名公益科普作者。毕业于上海交通大学医学院，儿童保健硕士。先后学习工作于上海市环境与儿童健康重点实验室、上海市儿童医院、上海市儿童保健所。新浪微博 @虾米妈咪的微博，微信公众号：askmommy，搜狐自媒体：儿科医生虾米妈咪。

新手父母在养育孩子的过程中很容易陷入各种误区，关于生长发育的、关于母乳喂养的、关于看病用药的，等等。有的是来自于老人，有的是来自于网络，也有的是来自妈妈自己的理解。这就造成了很多错误育儿理念的应用和传播。当然，要求妈妈们像儿科医生那样专业并不现实，所以，深入浅出又科学详尽的育儿实操指南就成为了每个有孩子的家庭必备的工具书。

《妈妈宝宝大百科》结合了近百位孕育工作者的经验，从孕期的注意事项一直讲到孩子3岁，涵盖成长发育、健康、营养、教育等多方面的知识，内容很细致，又很温暖，相信一定会让更多家长受益。

EXPERTS 专家顾问团

鲍秀兰　　薄三郎　　陈禾　　范志红　　弓立新　　谷传玲

李月萍　　练丽丹　　林薇　　林怡　　刘湘梅　　区慕洁

北京地区　　　　　　　　　　　　　　　　　　　　Beijing

鲍秀兰
中国优生优育协会儿童发育专业委员会主任委员，中国协和医科大学儿科教授

薄三郎
博士，科学松鼠会成员，著有《健康流言终结者》

程凯
中医学博士，北京中医药大学副教授

郝爱勇
2011年百集"郝医生优生优育系列讲座"主讲人，《中国优生科学》执行主编，华东优生协会秘书长

冀连梅
北京和睦家康复医院药房主任

籍孝诚
北京协和医院儿科学教授

李红雪
北京世纪坛医院妇产科主任

李月萍
中华预防医学会早产儿优化发展工程宝篮贝贝优化中心主任，儿科主治医生

陆红
北京大学护理学院副院长，硕士生导师

孙吉萍
首都儿科研究所附属儿童医院内科主任医师，教授，门诊部主任

孙淑英
首都儿科研究所内分泌科副主任医师

陶冶
北京大诚中医门诊部主任

王凯安
著名中医保健专家，世界中医药学会联合会美容专业委员会常务理事

王永午
上海长征医院儿科教授，主任医师，硕士生导师

吴霞
北京妇产医院主任医师

许鹏飞
中日友好医院儿科副主任医师

许怡民
北京和美妇儿医院妇产科主任医师，原北京复兴医院妇产科主任医师

于松
北京妇产医院产科副主任、主任医师

张思莱
原北京中医药附属医院儿科主任

赵天卫
妇产科主任医师，教授，原海淀妇幼保健院院长

郑景山
中国疾病预防控制中心免疫规划中心免疫服务与评

价室主任，公共卫生硕士生导师，副主任医师

周忠蜀
医学博士，中日友好医院儿科主任、主任医师，北京大学医学部兼职教授，中国协和医科大学博士生导师

童金狮
著名食品安全专家，环保专家，教授，国际食品包装协会常务副会长兼秘书长

范志红
中国农业大学食品科学与营养工程学院副教授，食品科学博士，中国营养学会理事

谷传玲
营养与食品卫生学专业硕士，国家二级公共营养师

刘遂谦
原北京新世纪儿童医院临床营养师，澳大利亚营养协会认证指导营养师

马冠生
中国疾控中心副所长，博士生导师

王斌
国家二级公共营养师，北京营养师俱乐部成员

万之选
资深时尚健康媒体人士，译作家，高级亚健康咨询师

文怡
美食节目主持人，美食畅

销书作家，"文怡美食生活馆"和"厨蜜网"的创始人

熊苗
北京营养师协会理事，国家高级营养讲师，央视健康节目嘉宾

杨月欣
中国疾病预防控制中心营养与食品安全所营养评价室主任，研究员，博士生导师

张召锋
北京市营养学会理事，北京市营养学会营养宣教分会主任委员

邹春蕾
出身于中医世家，国际注册营养师（新加坡），亚洲营养协会儿童营养中心理事

陈禾
亲子教育专家，心理咨询顾问

弓立新
中国青少年研究中心家庭教育研究所副所长，《少年儿童研究》杂志副主编，国家注册心理咨询师

练丽丹
中国家庭教育高级指导师，国家三级心理咨询师，中华家庭教育研究院副院长

高寿岩
红黄蓝教育机构副总裁，教研中心总监，北京师范大学学前教育硕士

林薇
中国教育学会儿童心理专业委员会学习障碍专业研究会副秘书长

刘湘梅
北京师范大学京师创智早期教育研发及培训中心主任

区慕洁
中国优生科学协会理事，北京东城区计划生育协会理事

谢军
国际棋联女子委员会主席，心理学博士，教育学博士后

晏红
清华大学早教专家，中国家庭教育专业委员会常务理事，国家二级心理咨询师

章蓉娅
北京协和医院妇产科医师

王旭峰
北京营养师俱乐部理事长，中央电视台嘉宾，中国营养联盟副秘书长

钟凯
国家食品安全风险评估中心风险交流部副研究员

林怡
林怡育儿会所创办人，著《别以为你会爱孩子》《上幼儿园不用愁》等

顾中一
北京友谊医院营养科营养师，北京营养师协会理事

余高妍　　　　徐灵敏　　　　邹世恩

上海地区　　Shanghai

曹兰芳
上海交通大学医学院附属仁济医院儿科主任医师

邵肖梅
复旦大学附属儿科医院主任医师，教授

余高妍
儿科医生，知名公益科普作者，毕业于上海交通大学医学院，儿童保健硕士

徐灵敏
儿科主任医师，复旦大学附属中山医院青浦分院儿科主任

袁坚
复旦大学文学博士，多家亲子杂志撰稿人，儿童教育咨询

陶黎纳
上海市疾病预防控制中心免疫规划科主管医师

张伟利
上海交通大学附属新华医院主任医师，儿科教授

邹世恩
复旦大学附属妇产科医院主治医师，临床医学博士

蒋一方
上海交通大学附属儿童医院营养研究室主任

曹兰芳　　　　邵肖梅　　　　陶黎纳

山东地区　　Shandong

王玉玮
山东大学齐鲁医院原小儿内科主任医师

张葆青
山东中医药大学儿科副教授，硕士生导师，

山东省中医院儿科副主任

尹振务
儿科教授，主任医师，硕士生导师，中华医学会儿科分会成员

叶萱
艺术学硕士，著有《纸婚》《红领：玻璃城》《同桌的距离有多远》

王玉玮　　　　叶萱　　　　张葆青

刘海燕　　　咪蒙　　　少个螺丝　　　王兴国　　　武志红　　　杨杰

其他地区　　Else

李清晨
哈尔滨儿童医院心胸外科主治医师

咪蒙
文学硕士，专栏作者，媒体编辑

李霞
中医儿科博士，山西省中西

医结合医院儿科主治医师

刘海燕
西安交通大学附属二院儿科主治医师

张树剑
医学博士，知名中医学者，南京中医药大学副教授

云无心
美国普度大学食品工程博士，科学松鼠会成员

王兴国
大连市中心医院营养科主任，大连市营养学会副秘书长

胡萍
儿童和青少年性健康教育专家及家庭教育专家

魏伟
医学博士，南京军区南京总医院儿科副主任医师

少个螺丝
科学松鼠会成员，中国科普

作家协会成员

杨杰
教育学硕士，著有《让孩子心悦诚服》

武志红
心理学家，咨询师，著有《为何家会伤人》

CONTENS

目录

出生 第1周
THE FIRST WEEK

第1周记

伴随一声美妙的啼哭，我终于见到了你，宝贝儿。虽然你还没有睁开眼睛，虽然你还不知道妈妈的模样，但是我们血脉相连，我们心意相通。你躺在我身边，小嘴使劲吸吮着妈妈的乳头，感动、幸福、欣喜、憧憬……瞬间，我湿了眼眶。

生命的足迹

在经历了280天的期待之后，终于和宝宝见面啦！相信你的心情一定十分激动吧？不过，新宝宝刚刚到来的这一个周，绝对会让你手忙脚乱，甜蜜的辛苦，应该是你最佳的心情写照。这个周，你会特别好奇，特别新鲜，因为，这是你从未有过的体验。

出生时体重超过2.5千克，就可以认为是个成熟的婴儿了。肌肤红润，富于弹性；哭声响亮，手脚活动自如，这些是健康婴儿的标志。

刚出生的婴儿，尽管有时也会哭一哭，但几乎始终处于睡眠状态。脸好像有些浮肿，特别是眼睑浮肿得厉害。大多顺产的宝宝头部严重变形，完全不是心目中想象的小婴儿的可爱模样。没关系，1周内，就会变得越来越漂亮，也越来越可爱了。有些小女婴的鼻梁低，不用担心，随着年龄的增长自然会高起来的。

脐带的结扎处由于盖着纱布看不见，揭开纱布时看见青黑色的脐带残端时会感到有点可怕。热了不会出汗，也不流口水，这是因为新生儿分泌腺还没有发育完全。

新宝宝的成长发育

刚出生时男女宝宝的成长数值

项目	男宝宝		女宝宝	
	正常范围	平均值	正常范围	平均值
体重	2.50~4.30千克	3.30千克	2.40~4.20千克	3.20千克
身长	46.3~53.7厘米	49.9厘米	45.6~52.7厘米	49.1厘米
头围	32.0~36.5厘米	34.3厘米	31.5~36.0厘米	33.9厘米
胸围	29.7~35.7厘米	32.7厘米	29.8~35.4厘米	32.6厘米

出生第1周的婴儿

第1周内的新生儿体温多在36.7度左右，上下午温差不超过0.1度，环境过热也可使体温升高。脉搏波动在120~160次/分之间，呼吸为每分钟40次左右，可以看到小肚子一起一伏，这是宝宝特有的腹式呼吸。

新生儿四肢经常弯曲、手握拳，在觉醒或哭闹时，身体和四肢能够自由地活动，比如抬胳膊、伸腿等，对此大人无需阻止，让宝宝活动就好。

在被竖直抱起时，新生儿的头能够挺立1~2秒。如果被扶着站起来，他还会有踏步的动作，在俯卧时则会有爬行动作，手心被碰触时也有抓握反应。这些都是先天反射性的动作，在出生后6个月内就先后消失，然后由随意运动取代。

新生儿醒着来到这个世界，一生下来就喜欢看人脸，不过有些近视，只能看清楚约20厘米处的物品。新生儿能够辨认红色，喜欢看活动的红色小球。妈妈可以把红球放在距离宝宝眼睛20厘米处轻轻晃动。当宝宝注视红球时，慢慢移动红球，这样宝宝的眼光就能追视红球。

新生儿在听觉上有着不错的辨别能力，当他听到什么东西发出声响时，会转头去找声音的来源。

可以找一个能发出声响的小盒子，在宝宝耳旁轻轻摇动，宝宝会去寻找小盒子。

自从出生的第一天起，新生儿就已经知道酸、甜、苦、辣的味道。经研究证明，出生5天后的新生儿已经能够辨别妈妈和其他人的奶香味，看来嗅觉和触觉都已经有了很好的发展。

刚出生的宝宝怎么喂

第一口母乳怎么喂

相信所有的妈妈都做好了母乳喂养的准备，可是母乳喂养并非都是一帆风顺的，尤其是第一口母乳。这是一段学习的历程，掌握一些实用的技巧是成功母乳喂养的开始，如果您能保持放松的心态，母乳喂养过程是您与宝宝共同享受的快乐时光。

1 好的开始让母乳喂养更容易

出生后尽快开始母乳喂养

宝宝一生下来就准备好吸吮了，在头 30 ~ 50 分钟内就能找到妈妈的乳房并进行首次吸吮。宝宝频繁的吸吮，有助于乳汁的更快分泌，因为这是促进泌乳的重要信号。

出生后头几天宝宝吸吮到的母乳，通常称为初乳，是一种黄色半透明液体。初乳含有特别丰富的蛋白质、矿物质和脂溶性维生素（A、E、K），并含有很多保护性免疫抗体（如 IgA 抗体），可为免疫系统尚未发育成熟的宝宝提供重要保护。

保持耐心

刚开始母乳喂养时，母乳的分泌量比较少，通常要在宝宝出生后的 2 ~ 4 天才大量分泌。这时乳房有涨满感觉，之后母乳分泌才源源不断。

喂奶的时间和次数

好多新手妈妈都会有这样的疑问，每次喂奶他都张嘴吃，会不会吃多了把小宝宝给撑坏了，新生儿一天究竟要喂多少次？其实，刚出生的宝宝按照按需哺乳的原则就可以了。妈妈也不用管什么白天和晚上，也不用管上次吃奶和这次吃奶间隔了多长时间，小宝宝吃了多少，只要他想吃了，就要给他喂奶。

母乳喂养应该是舒适安全的

母乳喂养给妈妈和宝宝一起放松的时间。所以，您要把自己弄得舒服一些，舒舒服服地坐下来，选择一种您和宝宝都感到舒适的喂养姿势，并帮助宝宝做到正确的嘴乳衔接。

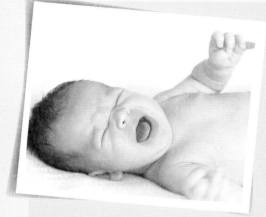

婴儿一哭就喂奶好吗？

宝宝哭时，首先排除是否尿了、拉了，如果是因为大小便，那换了尿布，宝宝可能就不哭了。其次可能是想让妈妈抱抱，只要抱起来哭闹就可停止。除上述两种情况外，新生儿如果哭闹，一般只能考虑是饿了。这时候一哭就喂，是不用担心会喂多了的，因为母乳的量不可能使婴儿吃多了。吃奶的时间和量应该让宝宝自己来决定。婴儿肚子饿了自然会睁开眼睛哭，肚子饱了又会安静入睡。

一哭就喂奶，在母乳还不是十分充足时，会存在两个问题。其一，母亲不能好好休息。产妇休息不好会导致泌乳不足。奶量不足，婴儿就会不断哭，形成恶性循环。其二，过度频繁地让婴儿吃奶，可导致乳头皲裂，剧烈的疼痛甚至会使有的妈妈不能继续哺乳。

如果已经出现了乳头皲裂，宝宝哭时可以先喂一点温开水，让孩子多坚持一会儿。这样尽量使得两次喂奶的间隔时间达到 2 个小时左右。

两次喂奶时间间隔怎么计算？

一般认为，两次喂奶时间间隔 2 个小时比较好，有利于产妇休息。那么，这 2 个小时是如何计算的呢？是从宝宝吃第一口开始算？还是从他结束这一餐开始算？正确的计算方法，应该是从宝宝吃第一口开始算。因为宝宝吃进第一口奶时起，他的肠胃就已经开始消化了，随吃随消化。比如说，宝宝 8 点开始吃，吃完两边 9 点，那么，到 10 点左右他再次想吃时，这两次喂奶时间间隔就是 2 个小时，而不是 1 个小时。

2 正确的嘴乳衔接

良好的嘴乳衔接可以让婴儿有效地吸吮，从而刺激乳头，保证良好的乳汁供应和流动，并确保妈妈的乳头在哺乳期间不会疼痛和受伤。所以，正确的嘴乳衔接是成功进行母乳喂养的关键。

1	拇指在上、食指在下握住乳房，用乳头轻触宝宝的下唇，这样可以刺激宝宝的觅食反射，他会将头转向乳头，并张开嘴。
2	当宝宝张大嘴的时候，把他向你拉近（而不是你倚向他）。如果宝宝正确地实现了嘴乳衔接，他的下唇会向下卷，他的嘴会包住乳头和尽可能多的乳晕。嘴乳衔接适当时，你会听到几下吸吮的声音，稍停之后，是吞咽的声音。
3	嘴乳衔接良好时，宝宝的嘴和妈妈乳房之间紧密相连。如果要把他的嘴从乳头移开，可以轻轻地把手指插入其上下牙床之间，阻断其吸吮动作。（要把指甲修剪好，以免刮伤宝宝的嘴。）

剖宫产也能尽早喂奶

经常有妈妈问，剖宫产会不会出生后没有奶？没有的话该怎么办呢？提倡要早喂宝宝，但剖宫产产后不能翻身，而且打了麻药，还能不能喂呢？答案一个字：能！有位小宝宝在产后1小时内就吃上了母乳，而妈妈却是剖宫产的。没错！伤口还在缝合的时候，他就在吃奶了！

1 有必要吗？

自然，这位妈妈为自己和宝宝留下了最宝贵的财富。有人会问，何必呢？虽然提倡早接触早吸吮，但这不就是个口号吗？也不差这几分钟吧，有这么重要吗？

一个健康足月、没有药物干预的新生儿，含接的本能在出生后20～30分钟达到高峰。	在产后第1个小时之后进行第1次的母乳喂养，之后每过1个小时，母乳喂养遭遇困难的风险会随之增加。	在产后1小时喂哺，纯母乳喂养的几率增加2倍。
		婴儿在产后2小时哺乳，产后第4天的乳汁量增加55%。
延迟新生儿洗澡（直到完成第一次母乳喂养之后），可以增加166%的开奶率和在院期间的母乳喂养率。	肌肤接触让新生儿的生理更加稳定，体温波动减少，日后喂养更顺利。同时可增加血氧，稳定肺功能。肌肤接触可以增加母亲的乳汁供应和母乳喂养持续的时间。	
尽早喂哺，可减少新生儿低血糖的几率，减少增加补给的需要。		

2 我躺着，用什么姿势喂？

事实上，新生儿很小，他趴到你的乳房上吃奶的时候，脚是踢不到伤口的。所以你可以这样喂：

把宝宝的脑袋放在两个乳房之间。

把宝宝的脑袋放在身体一侧，加枕头倚靠。

术中让宝宝横趴在妈妈身上吸吮。

总结下来就是，爱怎么喂怎么喂！

3 剖宫产后没有奶，原因何在？

乳房在孕早期就完成了导管的生长和发育，以及腺体成型。孕中期，分泌活动加速，乳腺内初乳积聚膨胀。此时，乳腺还是保持相对静止的状态，但是在产前便已经开始产生乳汁——初乳。所以，剖宫产手术本身并不会影响初乳的分泌。那么，为什么剖宫产的妈妈乳汁较少呢？

其实，剖宫产的妈妈部分乳汁较少的原因是，妈妈和宝宝没有经常在一起。她们产后因为"人为的不必要的分离"，而不像顺产妈妈那样被允许和孩子"贴在一起"，母婴之间的吸吮就会减少。吸吮减少，乳汁溢出自然相应减少，就有可能导致妈妈的乳量减少。这并不是剖宫产手术造成的，妈妈要解决这个问题，就要设法让宝宝尽早吸吮、多吸吮，母乳量自然会提高。

4 术中使用的麻药与抗生素，不要紧吗？

要知道，产后在泌乳二期来临之前，初乳的量是很少的。第1天的总量约为50~100ml之间。因此，即使有药物代谢到乳汁中，量也微乎其微。

新宝宝的人工喂养

尽管母乳是婴儿最好的食物，但有时却不能让妈妈如愿。如果妈妈本身有疾病需要治疗，确实不能母乳喂养的话，可以选择人工喂养。不过要注意，人工喂养要学会下面这些知识：

1 器具消毒

不论是奶瓶还是奶嘴，都需要消毒。煮沸法的杀菌效果较好，一天煮一次即可。不过，在使用煮沸法消毒时，必须留意器具的耐热度。在煮沸之前可先将冷水和奶瓶同时放入，待水煮开后5分钟，就可将奶嘴放入，再继续煮3分钟即可熄火。冷却后将水沥干，并将锅中水倒掉。经过煮沸的锅是比较卫生的容器，可将消毒过的奶瓶置于锅中。

奶瓶等器具的消毒最好坚持到宝宝3个月大之后，因为宝宝在出生后最初3个月的抵抗力较弱。如果是肠胃比较敏感的宝宝，则建议持续消毒至出生后满6个月。

2 洗手

手上接触的东西众多，隐藏着很多肉眼看不到的细菌，因此，在冲泡配方奶前一定要洗手。

3 使用开水

冲泡配方奶一定要使用经过沸腾的开水，并且要注意保持热水瓶的清洁与保温。在冲泡时，应先加入凉开水再倒入热水，温度介于40～60℃即可，因为过热的水可能破坏配方奶中的营养素。

4 倒入奶粉

一般奶粉罐中都附送舀奶粉的小汤匙，在舀奶粉时，一定要用平匙的方式，以便精确掌握配方奶的冲泡浓度。

5 充分溶解

在溶解奶粉时一般采用摇晃的方式，只要左右轻晃奶瓶即可，尽量避免上下摇晃奶瓶，否则容易使配方奶产生太多气泡。另外，不要让奶嘴孔与外物接触，以免沾染细菌。

6 试温

将冲泡好的配方奶滴在手腕上，感觉近似体温即可。

7 不要自行调整奶液浓度

配方奶的浓度非常重要，多少水量搭配多少奶粉，都是经过科学研究后所得出的结论，而这个奶液浓度正适合宝宝身体生长发育的需要。一旦配方奶浓度过高，宝宝的身体将无法负荷，而配方奶太淡则可能无法摄取足够的营养。

8 喝多少泡多少

泡好的配方奶尽量不要存放，建议吃多少泡多少，宁可少泡也不多泡，毕竟不够还可再加泡。尤其在天气炎热潮湿的夏季，一旦冲泡好的配方奶在25℃室温下存放超过半小时至一小时时，滋生细菌的几率将显著升高。所以，一旦泡好配方奶，就让宝宝一次性喝完，而且不能回温加热。

9 奶粉开罐后勿存放超过1个月

凡是开罐后的奶粉，尽量在1个月内食用干净，而且要将奶粉放在阴凉干燥处，并随时留意是否有变色或结块现象。请注意，奶粉开罐后就不要再遵循保质期，因为保质期通常是在未开罐的前提下可存放的最长期限。

10 选择合适的奶嘴

如果奶嘴过硬或奶洞过小，婴儿吸吮时用力过度，就很容易疲劳，吃着吃着就累了，一累就睡，睡一会儿之后还会再饿的。

确定奶嘴洞口是否适中的办法，一般是把奶瓶倒过来，以奶液能一滴一滴迅速滴出为佳。另外，哺喂时要让奶液充满奶嘴，不要一半是奶液一半是空气，这样容易使婴儿吸进空气，引起打嗝，同时造成吸吮疲劳。

什么时候需要混合喂养

在刚刚生完宝宝的一段时间里，几乎所有妈妈都曾经怀疑自己奶水不足，都很想添加配方奶。实际上，一般情况下妈妈的奶水都是够宝宝吃的，真正奶水不足的情况比较少见。喂奶时间问题，其实2个小时是这样算的：从宝宝吃第一口奶开始，到他下次吃奶，只要接近2个小时，就说明奶水量没有问题。并不是从宝宝吃完奶开始计算。所以你的奶量应该是足够的，给自己点信心，合理饮食勤哺乳，你的奶水绝对能满足宝宝。

刚出生的宝宝胃容量为7～10ml，也就是一粒玻璃球大小。所以，这个时候初乳的量正好是宝宝最初几顿所需的量。到第3天，新生儿的胃容量增到22～30ml。少量频繁的喂养能保证您的宝宝获得他所需要的母乳量。到了第7天，宝宝的胃容量为45～59ml，才跟兵乓球的大小差不多。所以，完全不用担心你的母乳不够宝宝吃，加油吧！

1 认清什么才是母乳不足

根据孩子体重的增长情况，如果1周体重增长低于200克，大便的次数和量都少，但大便并不干燥，也没有腹胀，就可能是母乳量不足，要添加配方奶，加多少根据孩子的需要而定。

2 这些情况，并不是母乳不足

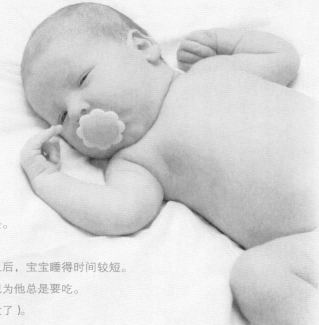

我感觉不到乳房的"奶阵"。

我的乳房比以前软。

我的乳房没有胀奶的感觉。

宝宝哭得比家人预期多，且常常不好哄。

宝宝每次都吃很久，乳房此时可能早就软了下去。

宝宝吃母乳时烦躁，或抗拒母乳。

添加配方奶后，宝宝睡眠时间较长；而喂母乳之后，宝宝睡得时间较短。

宝宝想吃奶的时间超过我可以哺乳的时间，表现为他总是要吃。

我从来不漏奶（或者我还没来得及喂，奶就漏没了）。

3 掌握混合喂养细节

混合喂养的量不容易掌握，母乳到底缺多少，每次配奶应该配多少，都难以确定。

一次只喂一种奶，吃母乳就吃母乳，吃牛乳就吃牛乳。不要先吃母乳，不够再冲奶粉，这样不利于孩子消化，也容易使孩子对乳头发生错觉，可能引发厌食牛乳、拒绝奶瓶。

要充分利用有限的母乳，尽量多喂母乳。母乳是越吸越多，如果妈妈认为母乳不足，就频繁减少喂母乳的次数，那只会使母乳越来越少。母乳喂养次数要均匀分开，不要很长一段时间都不喂母乳。

夜间妈妈比较累，尤其是后半夜，起床给孩子冲奶粉很麻烦，所以最好是母乳喂养。另外，在夜间休息时，乳汁分泌量相对增多，孩子需要量又相对减少，母乳也许能完全满足孩子的需要。但是，如果母乳量太少，孩子吃不饱，就会缩短吃奶间隔，影响母子休息，这时就要以牛乳为主。

乳头凹陷怎么办

造成乳头凹陷的原因，一种是先天性乳头发育不良，另一种是后天造成的。可以去测试一下乳头到底有多凹陷。如果用两个指头在乳晕上面稍微挤一下可以凸出来，这就不算乳头凹陷，这时可以母乳喂养。如果用手挤的时候乳头会更凹进去，没有办法拉出来，这种乳头可能的确是有一些困难。这就需要在哺乳时采取一定的措施。

解决办法

1 这种妈妈可以戴一种特殊的胸罩，像塑料贝壳，里面那一层有可能是塑料，有可能是橡皮类的，可以让乳头更凸出来。可以一天戴几个小时，看看有没有帮助。有的妈妈发现很有帮助，脱下来就可以直接喂孩子了。

2 可以拿一个大一点的针管，把针尖的部分去掉之后，用针管来吸乳头，也可以吸出来。如果宝宝在很饿的时候这样做会耽误一点时间，有妈妈嫌这个方法比较麻烦。如果家里有吸奶器，也可以先用吸奶器把奶头吸出来一点，再让孩子含入。也有专门的乳头矫正器可以尝试。

3 C字形喂奶。用手扶住将乳房重新塑形，以帮助宝宝含乳更多的乳晕，从而顺利吃到母乳。妈妈一手呈"C"字形半握乳房，其中中指贴于乳房根部，其余四指自然贴于乳房上。

乳头扁平如何顺利母乳喂养

乳头扁平时要避免在乳房过于充盈紧绷时喂奶，这样只会使乳头更难凸出，从而不利于宝宝的顺利含乳。此外，哺乳前在乳晕处进行反向施压按摩法使其柔软后再让宝宝尝试含乳；或者考虑先排除少量乳汁，使乳晕放松柔软后再让宝宝含乳。

乳晕反向施压按摩法：将拇指或食中二指第一指节的指腹横放在乳晕上，有规律地向胸腔方向下压，每次压下时缓慢地数数至50。之后将手指围绕乳晕移动1/4圈（对应之前按摩位置的垂直方向），进行相同的动作3分钟左右，直到被按摩的位置变柔软，再开始哺乳。

早产儿怎么喂

为尽量避免出生后发育迟缓等问题的发生，通常早产儿出生后都会被直接送进封闭室，接受静脉营养等特殊护理和喂养。虽然静脉营养支持足以满足孩子的生长发育需要，但新生儿早期千万不能忽视了"非营养性吸吮"和"胃肠营养"。"用进废退"的道理大家都知道，早产儿先天就吸吮力差、胃肠功能发育不全，如果再不让他早吸吮或通过胃肠消化吸收营养，这些功能只会越来越差。

这时候可以经常拿一个实心奶头让孩子吸吸，能锻炼他的吸吮能力。或采取插胃管等方式，让孩子通过胃肠道消化吸收一些营养，尽快健全他的胃肠功能。有条件的妈妈，还要尽可能地用吸奶器储存自己的母乳，送给封闭室里的孩子吃，因为妈妈的乳汁更适合早产儿的生长发育需要。

1 出院后尽可能喂母乳，必要时结合早产儿配方奶粉喂养

当早产儿体重达到2千克，室温下体温、脉搏等都维持在正常范围，全奶喂养也能满足正常生长发育需要时，他们就可以出院回家了。建议妈妈们尽可能母乳喂养，母乳最适合早产儿生长发育需要，能增强孩子的免疫力。母乳不足，或单纯母乳喂养，孩子身高体重增长仍不理想，就建议使用母乳强化剂，或母乳结合早产儿配方奶粉混合喂养。

母乳强化剂是第一选择，但国外应用普遍，国内却很难买得到，有条件的妈妈可以到国外购买或邮购。对大多数中国早产儿来说，母乳结合早产儿配方奶粉混合喂养是更适合的选择。早产儿配方奶粉不是普通的婴幼儿配方奶粉，相比后者，它添加了更多的蛋白质、维生素、矿物质等营养成分，更适合先天不足的早产儿生长发育的营养需求。等到早产儿矫正胎龄达到40周以后，再改喝婴幼儿配方奶粉。

2 加量补充维生素D和适量铁制剂

早产儿从妈妈那里获取并储存的营养物质常常不足，尤其是钙和铁。所以，早产儿出生后每天要补充800单位(是正常孩子的2倍)的维生素D，加强钙的吸收，一直用到2~3个月大。从出生后1~2周起，每天按照每千克体重补充2~4毫克元素铁的量给早产儿补充铁制剂。

出生第 1 周的健康护理

区分白天和黑夜

在睡眠方面，父母面对的第一个问题就是昼夜颠倒。宝宝似乎更喜欢白天睡觉晚上清醒。这个问题太正常，因为宝宝不在乎白天还是黑夜，只要自己有奶吃，有人抱，身上暖和又干爽，他就什么都无所谓。反正他在子宫里的时候就是很暗的，根本没机会去适应昼夜变化。

白天的时候多陪宝宝玩，但到了晚上就不要这样了，天黑以后给他喂奶，一定要喂饱，而且尽量不要逗他玩。要让他从小就知道，白天是有趣的可以玩儿的时候，而晚上则是无聊的应该睡觉的。这样，到了2~4个月的时候，大多数婴儿都能调整自己的生活规律，白天睡得少，晚上睡得多。

小小脐带如何护理

通常在宝宝出生后4~15天，残留的脐带就会自然干枯并脱落。不过，有少数宝宝可能会到出生后2~3周才会掉，只要脐带没有发炎的状况，妈妈们也不需要刻意去拉扯脐带，让它自然脱落就好。

1 出生第1天

医师剪断脐带，并用脐带夹固定在宝宝身上残留的脐带。这个时候的脐带会呈现半透明状，经过几天的干燥后，脐带就会慢慢萎缩，变得干硬，护理人员就会帮忙把脐夹拆掉。

2 出生第2天至脱落期间

拆掉脐夹后，宝宝的脐带上会留有一段尚未脱落的脐带，外观较黑且干硬。脐带刚脱落时，由于伤口尚未愈合，肚脐会渗出一点血丝与分泌物，此为正常现象，妈妈们不必太过担心，一般在出生后的7~10天，脐带会自然脱落。

3 脱落后

脐带经过2~3周的风干后，宝宝就有肚脐了。为了避免引发后续的相关感染，脱落后的最初3~5

天，妈妈仍要持续对宝宝进行规律的清洁，直到完全干燥为止。清洁脐带并没有一定的次数限制，通常建议1天1次就可以。只要给宝宝洗澡，最好就清洁一下脐带。主要是视宝宝个人的状况而定，如果妈妈们觉得肚脐有分泌物的情形，就可以进行清洁。脐带护理最重要的原则，是要保持干燥，潮湿的环境容易造成细菌滋生，所以妈妈们一定要特别留意。

4 出现这些异常要看医生

1 流出大量血水或脓。宝宝脐带流出大量血水或脓，妈妈们应该立即带宝宝去看医生，检查真正的原因。

2 分泌物色黄且恶臭。肚脐底部发炎，会有过多的黄色分泌物，有时候还会发出恶臭，这种炎症现象是比较常见的。

3 肚脐周围红肿。通常发炎都会造成周围红肿的现象，妈妈们要特别留意。

4 肚脐长出肉芽或小肉瘤组织。这种情况多为伤口愈合不良，需到医院就诊，与医师讨论后，做进一步的割除手术。

新生儿黄疸莫着急

一般出生后第3天可发生新生儿黄疸，皮肤出现黄染。新生儿黄疸是一种常见现象，大约有60%以上的足月新生宝宝在生后2～3天出现黄疸，4～5天达到高峰，5～7天消退，一般不超过2周，也有持续1个多月的。多数新生儿的黄疸是生理性的，是不需要干预的。

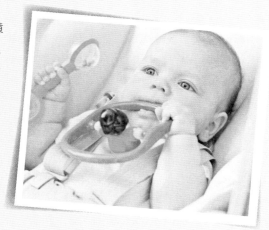

不过也有部分宝宝由于母婴血型不合及胆红素代谢异常等，引起病理性黄疸。对于初为人父人母的爸爸妈妈来说，在宝宝出现黄疸后，如何识别哪些是正常现象、不需紧张哪些是异常情况，这部分内容我们会在《生病不可怕——0～3岁宝宝常见病护理》一书中作详细介绍。

注意新宝宝的便便

刚生下来的宝宝，出生后6～12小时会排出胎便。胎便比较黏稠，通常没有臭味、颜色近墨绿色，这是你在怀孕期间宝宝肠道里积累的排泄物，主要由胎宝宝吞入的羊水和分泌物等组成，可能会包含胆汁、黏液、肠壁细胞。胎便的排出说明小家伙的胃肠道已经开始正常工作了，随时准备好迎接你带来的饮食挑战。

1 胎便何时能排完

胎便一般在2～4天内排完，每天3～5次。若出生后24小时后还不见胎便，应怀疑是否消化道先天畸形而致粪便便梗阻，须及时诊治。待出生一两天后，当宝宝能够正常吃奶，而且胎粪也已经排完后，宝宝大便就会变成黄绿色的，呈稀软的颗粒状，然后逐渐进入黄色的正常阶段。看见这种大便，就说明肠道是通畅的。早产儿排胎便的时间有时会有所推迟，主要和早产儿肠蠕动功能较差或进食延迟有关。

2 如果你的宝宝吃母乳

母乳有通便的作用，所以出生两三天后，当你的乳汁分泌正常，宝宝便便的颜色就会变为金黄色或者暗黄色，偶尔会微带绿色且比较稀，有时呈颗粒状，有时呈软膏样，均匀一致，带有酸味且没有泡沫。此时宝宝的便便并不是很难闻。

母乳喂养时，你还可以通过宝宝的便便审视你的饮食结构是否均衡，从而做到科学哺乳。

新生儿的大便呈黄色，且粪与水分开，大便次数增多，说明新生儿消化不良，提示母乳中含糖分太多。因为糖分过度发酵使新生儿出现肠胀气、大便多泡沫、酸味重，妈妈应该限制糖的摄入量，适当控制淀粉的摄入量。

当母乳中脂肪含量过多时，新生儿会出现大便次数增多，粪便中含有不消化的食物。这时可缩短每次喂奶的时间，让孩子吃前奶（母乳的前半部分）。因为前奶中蛋白质含量较多，热量较低，容易消化，富于营养，而后半部分脂肪含量较多。

当母乳中蛋白质过多或蛋白质消化不良时，新生儿的大便有硬结块，恶臭如臭鸡蛋味。此时妈妈应该注意限制鸡蛋、瘦肉、豆制品、奶类等蛋白质含量高的食品的摄入量。

当母乳喂养不足时，大便色绿量少且次数多，呈绿色黏液状，新生儿常因饥饿而多哭闹。这种情况只要给予足量喂养后，大便就可以转为正常。

Tips 如果新生宝宝的大便里看上去似乎有种子似的颗粒状的东西，那么你应该好好高兴一下。因为这些颗粒是宝宝吸收了充足的母乳后，用不完的残余后乳，这说明母乳很充足，宝宝吸收的营养很好，很充分。

3 如果你的宝宝吃配方奶

以配方奶喂养的宝宝，大便色淡黄或呈土灰色，质较硬，比较干燥、粗糙，由于配方奶不能像母乳那样完全被消化，所以配方奶喂养的宝宝，便便看起来好像更大坨，这是配方奶吸收后的残留物所致。此外，由于牛奶中的蛋白质多，有蛋白分解后的臭味，更像成人的便便。如果增加奶中的糖量，大便可能变软，并略带腐败样臭味，而且每次排便量也较多。

乳痂要不要洗

婴儿刚出生时，在皮肤表面有一层油脂，这是一种由皮肤和上皮细胞分泌物所形成的黄白色物质。如果婴儿出生后不洗头，时间一长，这些分泌物和灰尘聚集在一起就会形成较厚的乳痂。虽然乳痂不疼不痒，对孩子的健康没有明显的影响。但由于乳痂一般都有些湿润或者油腻，容易和其他灰尘粘在一起越积越厚。而且囟门处如果乳痂太厚，还会影响对宝宝囟门的观察。所以，妈妈们还是应该通过正确的办法去除，头顶进风是没有科学道理的。

如何去除乳痂？

需要注意的是，给孩子去除乳痂不能直接用梳子刮，或者用指甲抠，否则容易损伤孩子薄嫩的头皮。可以这样去除：

1	可以先将橄榄油加热待冷却后使用，也可用石蜡油局部涂擦，然后将浸湿的纱布敷在头上，让胎垢充分软化。一般在 24 小时以后可用纱布轻轻擦拭，或用小梳子轻轻梳头发，痂皮就会脱落。如果痂皮很厚，抹一次油可能清除得不是很彻底，可重复上述做法 2 ~ 3 次，也可以每天涂 1 ~ 2 次植物油，直到痂皮浸透后再梳去。
2	痂皮去掉后，要用温水将婴儿头皮洗净，然后用毛巾擦干头皮。最好用毛巾盖住婴儿的头部，直到头发干透，以免受凉。

第一次给宝宝洗澡，这样上手

新手父母们面对软软的新生儿，生怕自己粗手粗脚弄伤了宝宝，该怎么给新生宝宝洗澡？ 其实，帮新生宝宝洗澡并不难，新手父母若是掌握三大要领：①准备适当的用品；②掌握正确的抱姿；③掌握正确的清洗步骤。这样就能轻轻松松帮宝宝洗个舒服澡。

1 洗澡姿势

妈妈的手掌心和虎口相对，让掌心呈大C型，用虎口托住宝宝对侧腋下，翻身时要让宝宝的下巴枕在妈妈的手腕处，就能避免发生宝宝滑入水中的意外。

2 做好保暖措施

冬天要注意做好保暖措施以免着凉，洗澡前先将宝宝的干净衣物、尿布、脐带护理等物品准备好，并注意保持室内空气流通。建议父母应注意将自己的指甲剪短，以免洗澡时不慎抓伤宝宝。下水前，如果感觉到宝宝体温有偏高或偏低的情形，应在洗澡前用耳温枪测量宝宝体温，确认有无发烧或发冷的情况。

　　放洗澡水有许多要注意到的细节，应先放少许冷水再放热水。新生宝宝因为体型尚小，洗澡盆的容量也不宜过大，洗澡水应放2/3满，以免宝宝滑入水中发生溺水意外。放好水以后，再用自己的手腕测试水温。冬天的洗澡水温度不应超过45度，夏天水温则建议在37～38℃之间。

3 掌握清洗步骤

　　清洗宝宝身体的顺序，应该是从面部五官开始，依次序清洗头部、脖子、胸部、小手，再将宝宝翻身，清洗背部、臀部、大腿皮肤褶皱处，最后再将宝宝转为正面，清洗脚趾头和生殖器等部位。此外脖子皮肤褶皱处、胳肢窝、手肘内侧、脚趾头、手掌心、大腿内侧、男宝宝包皮内侧、女宝宝会阴等部位特别容易藏污纳垢，更要注意仔细清洗。

洗脸	用手指包住纱布一角沾水拧干，再轻轻依次序擦拭宝宝的五官。
洗头	准备洗头前，用手指轻轻压着宝宝耳朵，以免耳朵进水。在洗澡水中加入几滴新生宝宝专用沐浴产品。将整条纱布巾沾水后拧干，再以顺时针方向将宝宝头部擦拭一遍。头脸清洗完之后，开始准备洗身体。
清洗身体	将包巾打开，妈妈左手手臂穿过宝宝背部，用左手手掌托着宝宝上半身，就可以轻松将宝宝抱起来。宝宝身体突然碰到水会因为害怕大哭，这是正常反应。妈妈可将沾了水的纱布巾轻轻覆盖在宝宝身上，用手轻轻拍宝宝胸部，并温柔地跟宝宝说话。
翻身	两只小手都清洗干净以后，准备清洗背部。帮宝宝翻身的第一步：妈妈必须用右手虎口托着宝宝腋下。让宝宝上半身重量移到妈妈右手虎口位置，就能轻松帮宝宝"翻身"，然后依次序清洗宝宝背部和腹股沟等位置。
洗背	让宝宝的头枕在妈妈手腕处，妈妈右手虎口托着宝宝腋下，就不怕宝宝突然滑入水中。清洗完背部以后，再将宝宝翻回正面清洗脚趾和生殖器等部位。男宝宝包皮褶皱处肌肤也要注意清洗。
出浴	全身上下清洗一遍之后完成了。立刻将宝宝放在已经准备好的干净包巾上，并迅速用浴巾将宝宝的身体轻轻擦干。

宝宝吐奶了别害怕

婴儿期孩子主要食物是母乳或配方奶，由于婴儿的特殊生理构造问题，偶尔会发生溢奶现象，这时应该如何处理呢？

1 为什么会溢奶

婴儿的食道和胃贲门连接处的括约肌尚未发展成熟，胃与食道的交界处较松弛，而婴儿多食用液态食品，容易从胃内反流出来，造成溢奶。通常满月之后的婴儿，因需奶量开始快速增加，加上食量增大，相对胃容量小，发生溢奶几率将大大提升。另外，由于婴儿胃容量较小，喝完奶后，如果出现哭闹、咳嗽或扭动身体等动作，会使腹腔压力上升，将胃中的奶水挤压出来，也会造成溢奶。

溢奶是婴儿期的常见现象，当宝宝4～6个月大时，肌肉发展逐渐成熟，溢奶情况就会逐渐变得好些，父母必须注意的是如何改善和紧急处理溢奶状况。

大多数婴儿的溢奶情况不会太严重，但也有个别宝宝会因严重溢奶导致营养摄取不足，如果幼儿每个月的体重无法增加0.5～1千克，建议可挑选低溢奶奶粉供幼儿饮用。

2 溢奶的紧急处理

当宝宝溢奶时，父母必须镇静并且快速处理，如果不小心处理，溢出的奶水有可能流入气管，造成吸入性肺炎。当父母发现婴儿出现溢奶现象时，如果正处于平躺状态，必须立刻将婴儿翻成侧躺，以免溢出的奶水呛入气管，造成吸入性肺炎。

快速清洁	家长可用手指包覆干净的小毛巾，帮孩子擦去嘴唇外的奶水，以免婴儿产生噎食的危险。
拍出奶水	若家长发现婴儿溢奶时，肤色已经变暗，此时须让婴儿趴在家长腿上，父母轻拍其背部，让他咳出口腔内的奶水。

当父母执行以上步骤后，情况会有所改善，幼儿开始会哭闹，且未持续溢奶。尚若情况未见改善，婴儿不哭闹、脸色变暗、唇色变深，甚至出现不呼吸症状时，必须立即送医治疗。

3 改善溢奶4大重点

喂食器具	若奶瓶孔洞过小，吸吮牛奶时容易同时吸入空气，间接提升溢奶几率，奶瓶孔洞太大则奶水容易淹住婴儿咽喉，阻碍呼吸气管通路。适当的奶瓶孔洞应是将奶瓶斜放时，牛奶可以一点一点滴出。
控制奶量	如果婴儿容易溢奶，建议以"少量多餐"方式喂食，以免喂食过多，造成婴儿肠胃负担，容易溢奶。
休息姿势	宝宝吃饱之后，不要直接让孩子躺下，应先让孩子趴在自己的肩膀上，并且轻拍宝宝背部，将胃中的空气排出，然后，至少维持直立约 10 ~ 15 分钟，再把婴儿平放。平躺时，需将婴儿头部垫高，最佳状态是婴儿身体与床面成 30°。
激烈活动	喂完奶之后，父母不宜和孩子进行剧烈活动，例如过度摇晃、上下抛接，以免造成宝宝溢奶。

拍打嗝要学会

给宝宝喂奶的时候，如果吃得太饱，或喝奶时吞入空气又没有打出嗝来，就会发生吐奶现象。因为小宝宝胃部贲门处肌肉发育不成熟，所以吐奶是很常见的现象，新手爸妈们不必过于担心。只要吃完奶后给宝宝拍一拍，吐奶就不会那么频繁了。那么，给宝宝拍嗝，你该如何"下手"呢?

1 姿势和次数要注意

手的姿势要正确 五根手指并拢靠紧，掌心弯曲成杯状，这种姿势给宝宝拍打时，力量比较均衡，而且能引起胸腔振动，宝宝也不会感觉到疼痛。

多次拍打 每顿奶可分2~3次来拍嗝，不要等宝宝全部喝完才拍。遇到容易胀气、溢奶、吐奶或宝宝很饿的时候，在开始喂食之后不久就要先帮他拍嗝，这样可有效避免胀气或吐奶。

2 3种常见拍嗝姿势

直立抱在肩上 不论是站还是坐，妈妈都要将宝宝尽量直立抱在肩膀上，以手部及身体的力量将宝宝轻轻扣住，再以手掌轻拍在宝宝的上背部即可。妈妈可以在自己肩膀上放置小毛巾，以防宝宝吐到自己身上。在拍嗝时，要将宝宝抱稳，但是要注意不能遮住宝宝的口鼻，以免影响其呼吸。 拍打和按摩可以交替进行，试过几次后如果宝宝还是没打嗝，可将宝宝换到另一侧肩膀继续拍。

端坐在大腿上 妈妈坐着，让宝宝面朝自己坐在大腿上，一只手轻扶着宝宝的下巴和脖颈处，另一只手轻拍宝宝的上背部。准备好小毛巾，随时应对宝宝吐奶。

侧趴在大腿上 妈妈坐好，双腿合拢，将宝宝横放，让其侧趴在自己的腿上，头部略朝下。妈妈的一只手扶住宝宝下半身，另一只手轻拍宝宝上背部。在妈妈大腿上放置小毛巾，应对宝宝吐奶。这个姿势更适合年龄较小的宝宝，为了防止宝宝滑落，要适当用力把宝宝身体固定在妈妈大腿上。

避免胀气很重要

肚子胀会让宝宝感觉很不舒服。所以，除了帮宝宝将已经吸入的空气排出体外，妈妈们也要多花点心思，比如注意喂奶姿势、奶嘴大小合适等，使宝宝在吃奶时尽量避免吸入多余空气。

1 正确的喂奶姿势

注意喝奶姿势 不论直接吸吮乳房还是用奶瓶哺喂，在宝宝一吸一吐之间，究竟会将多少空气吸到肚子里，喝奶的姿势和速度都非常关键。因此，如何让宝宝以正确的姿势喝奶相当重要。

母乳喂养 妈妈要仔细学习各种哺乳姿势，在每次喂奶前先把姿势调整好，再让宝宝开始吸吮。

奶瓶喂养 不论抱着宝宝喝奶，还是让宝宝靠着其他物体喝奶，注意保持头高身体低的姿势，而且保持一定的倾斜角度也很有必要。

2 合理冲泡奶粉

妈妈在冲调奶粉时，应先加入适量的温水，再加入奶粉，这样可避免奶粉结块，造成奶嘴阻塞，从而能够避免宝宝吸入过多空气。另外，摇匀奶瓶时最好握住奶瓶侧身，以左右摇匀的方式进行，避免上下摇动而增加奶瓶内的气体。

3 选用合适的奶嘴

把乳头或奶嘴放入宝宝的口中时，应至少让宝宝含住2/3乳头或奶嘴，并确定是否放在了宝宝的舌头上，否则奶水会溢出，而且容易让宝宝吸入过多的空气。对于经常胀气的宝宝，可适当选用防胀气的奶嘴、奶瓶。

新宝宝的这些"异常"其实是正常

怀胎10月，你终于见到了肚子里的宝宝。从这一刻起，你的视线完完全全被他吸引走了。为什么他喉咙里经常呼噜呼噜地响？为什么他会冷不丁抖一下？他打喷嚏是因为感冒吗？别急，新宝宝的很多表现，看似异常，其实是再正常不过的。

1 为什么会不经意抖一下？

新生儿常在入睡之后局部的肌肉抽动，尤其手指或脚趾头会轻轻颤动，或受到轻微的刺激如强光、声音或震动时，会表现出双手向上张开，很快又收回，有时还会伴随啼哭的"惊跳"反应。这是由于新生儿神经系统发育不完全所致，此时，只要妈妈用手轻轻按住宝宝身体的任何一个部位，就可以使他安静下来。这种反应在刚出生时经常出现，之后逐渐缓和，并在4个月左右消失。

2 什么是击剑反射？

当宝宝头部转向一侧时，同侧的手臂和腿伸直，另一侧的手和腿弯曲(像击剑姿势一样)，这也是未成熟神经系统的正常原始反射。这种表现通常在4个月后消失。此外还会出现下巴、下唇颤抖等正常反应。

3 为什么喉咙里有怪声？

空气经过正常的唾液或逆流的乳汁时会发出喉咙杂音，这种声音在宝宝睡着时更明显。等到新生儿逐渐学会增加吞咽次数，这种现象就好转了。注意要避免让新生儿吸入香烟烟雾，因为这会造成鼻腔阻塞或打喷嚏。也要减少室内空气中的绒毛、灰尘或任何强烈的异味。如果清洗鼻腔不起作用，宝宝呼吸变得困难，请尽快联系医生。

4 打喷嚏是感冒吗？

新生儿偶尔打喷嚏并不是感冒，因为新生儿鼻腔血液的运行较旺盛，鼻腔小且短，若有外界的微小物质如棉絮、绒毛或尘埃等便会刺激鼻黏膜引起打喷嚏，这也可以说是宝宝自行清理鼻腔的一种方式。

5 呼吸为什么这么快?

新生儿的呼吸运动很表浅而且没有规律,呼吸频率较快。在出生后的前2周,呼吸频率一分钟大约在40次以上,有的新生儿也可能多达80次,这些都属正常现象。这是由于新生儿肋间肌较为柔软,鼻咽部及气管狭小,肺泡顺应性差。由于呼吸运动主要是靠横隔肌肉的升降,所以新生儿以腹式呼吸为主,胸式呼吸较弱。又因为新生儿每次呼气与吸气量均小,不足以供应身体的需求,所以呼吸频率较快,属于正常的生理现象。

瞬态呼吸急促	有时候,新生儿会出现快速、逐渐加深的呼吸来扩大他们的肺活量。如果这种情况在1分钟之内缓解,就是正常的。
跷跷板式呼吸	呼吸时,腹部鼓起的时候胸部凹下去,这是因为有些新生儿的柔软胸腔容易随着隔膜的向下移动而被吸得凹陷。另外,打哈欠或间歇性叹息声,也是新生儿为了打开肺部而做的动作。这些都属正常。

6 打嗝是因为胃肠有疾病吗?

通常打嗝都是由于吃得太多或是小部分酸刺激到食管下部造成的,给宝宝喝几口水就好了。这是极为常见的现象,由于新生儿的神经系统发育还不完善,因此打嗝、放屁的次数都较成人来得多。

若家中的宝宝持续打嗝一段时间,可以喂宝宝喝一些温开水,以止住打嗝。

Tips 新生儿在睡眠转换时会翻身,偶尔还会抽搐,喉咙里发出咕噜声,肚子里还有食物通过胃肠道的声音;轻睡眠时,宝宝会啜泣、呻吟或发出其他怪异的声音,这些都是正常的。

7 像蛇一样脱皮?

几乎所有的新生宝宝都会有脱皮的现象,不论是轻微的皮屑,或是像蛇一样的脱皮,只要宝宝饮食、睡眠都没问题就是正常现象。这是因为新生儿皮肤最上层的角质层发育不完全,容易脱落。

此外,新生儿连接表皮和真皮的基底膜并不发达,使表皮和真皮的连接不够紧密,造成表皮脱落的机会增多。若脱皮合并红肿或水泡等其他症状,则可能为病症,需要送医就诊。

Tips 这种脱皮的现象全身部位都有可能会出现,但以四肢、耳后最为明显,只要在洗澡时使其自然脱落即可,无需特别采取保护措施或强行将脱皮撕下。

8 牙床上出现小白点

新生儿的齿龈边缘或上颚中线附近,常会有一点一点的乳白色颗粒,表面光滑,数目不一,少的话可能1~2颗，多的话可能有数十颗。这是由于当胚胎发育6周时，口腔黏膜上皮细胞开始增质变厚形成牙板，为牙齿发育最原始的组织。在牙板上细胞继续增生，每隔一段距离形成一个牙蕾并发育成牙胚，以便将来能够形成牙齿；当牙胚发育到一个阶段就会破碎断裂并被推到牙床的表面，即我们俗称的"马牙"或"板牙"。

Tips 这些乳白色的小·颗粒一般在2周左右就可以自行吸收，不要用针去挑或用布擦，以免损伤黏膜，引起感染。

宝宝成长信号全记录

天数	吃奶情况	头皮血肿
第1天		
第2天		
第3天		
第4天		
第5天		
第6天		
第7天		

1周至1个月
TO THE FIRST MONTH

第1个月记

亲爱的宝贝儿，我逐渐适应了你到来后的日子，虽然你偶尔的哭声还是会让我担忧让我紧张。清晨的阳光透过窗帘悄悄洒在你的身上，阳光下酣睡的你就像一个小天使。粉嘟嘟的小嘴巴也开始发出各种可爱的声音了，更让妈妈感动的是你的笑容，犹如春风，犹如细雨，瞬间带走了所有的疲惫和不适。宝贝儿，谢谢你，给了我战胜一切困难的勇气。

生命的足迹

产后第1周大多是在医院度过的，护士们会按时给宝宝量体温，帮宝宝洗澡并指导喂奶、拍隔等很多事情。有医生护士们在，家长们多少心里会觉得踏实。

1周后，大多数婴儿就从医院回来了。首先，体重与出生时相比一般没有太大变化，甚至会有生理性减重。睡眠、排泄、食量都与婴儿的个性有关。

这一时期的婴儿，睡眠的时间还是要比醒着的时间长得多，但也没有必须睡多长时间的规定。有的婴儿吃得很少，吃五六分钟就不吃了，或者是睡着了，但一会儿就又饿了，吃完30分钟就开始哭闹。这样的宝宝，喂奶的时间和间隔都不好确定，这也是一种个性，妈妈们不要着急。

排尿的次数，每天五六次到十多次不等。大便的情况更多，既有1天1次大便的宝宝，也有每次排尿、放屁时都会有排便的宝宝。尤其是母乳喂养的宝宝，排便次数越多，便便就越不成形，渗到尿布中，可以看到黏液或颗粒物，发出酸味，多呈绿色，这些情况都正常。

有的宝宝吃奶后两三分钟或20分钟左右，吐奶像喷水一样，吐完就没事儿。有的妈妈奶水冲，宝宝喝奶常被呛。还有的宝宝小脸上开始长出小小的粉刺一样的小疙瘩，还有的宝宝眉毛上出现浮皮。这些，也都正常。

正常的婴儿，这一时期基本是不会患病的，所以不用每天给婴儿量体温。

另外，臀位分娩的婴儿，在颈部的左侧或右侧，可以摸到硬的、活动的筋疙瘩，

生命的足迹

而且宝宝躺着的时候，颈部总是偏向一侧，这就是常见的"斜颈"。婴儿在子宫内时，采取了不正确的姿势，妨碍了血液循环，形成了这个"筋疙瘩"。如果去医院的话，医生们会建议去按摩，也有的医生说不处理也行。现在，认为任其自然发展的医生越来越多，因为事实证明不按摩反而好得更快。4周以后，筋疙瘩就开始逐渐变小。1年以后，基本就消失了。如果开始的筋疙瘩很大，有时1年也不能消退，就要考虑手术了。不手术任其发展，脸或头部就会左右不对称，不过这种情况很少见。

平时要有意识地让斜颈婴儿的脸部转向另一侧，用玩具、声音来吸引他抬头、转头，尽量让他用自己的力量转动脖子。用外力勉强转动宝宝头部的方法不太好，如果医生用这样的手法给宝宝按摩，建议换一位医生。

宝宝发育知多少

满月时男女宝宝的成长数值

项目	男宝宝		女宝宝	
	正常范围	平均值	正常范围	平均值
体重	3.40~5.70千克	3.30千克	3.20~5.40千克	4.20千克
身长	51.5~58.4厘米	54.7厘米	50.0~57.4厘米	53.7厘米
头围	35.5~40.3厘米	37.5厘米	35.0~39.7厘米	37.0厘米
胸围	33.2~40.8厘米	37.0厘米	32.4~40.0厘米	36.2厘米

1 身体运动

1个月俯卧位时有短暂抬头动作。将婴儿靠肩抱时，他会竖头数秒。宝宝颈部的力量最早开始发育，可以进行短暂的竖立抬头练习。也就是将宝宝竖直地抱起来，让他的头有短暂挺立的机会。另外，在换尿布时也可进行俯卧位的抬头练习，每天可以分几次来练习。

妈妈们在每次喂奶竖抱拍背时也可以让婴儿竖头片刻，每日3～4次。婴儿背部贴着妈妈胸部抱的时间可稍长，婴儿竖头累时，头可靠在妈妈怀内。

2 视觉

1个月能注视人脸、色彩鲜艳的物体和图画，听到成人说话声有愉快的表情或张嘴模仿。手偶尔放进口内吸吮。妈妈用充满爱心的语言对宝宝说话，同时轻轻晃动自己的头部，以吸引宝宝的注意力。当宝宝注视时，试着慢慢移动自己的头，此时宝宝会转头追视。

3 听觉

在给宝宝喂奶、做护理时，温柔地对他说说话、给他唱歌。每天睡觉前或在特定的时间内，播放优美的音乐给宝宝听。当呼唤宝宝时，宝宝会转头寻找声音的来源。

4 语言

1个月婴儿能感知语言音节。婴儿出生后，家长要对婴儿多说话，使他感知语言。在日常哺喂护理中经常和宝宝说话，用婴儿爱听的儿语说话。儿语的特征是多样化和夸大柔和的音调、简短的言词、缓慢的速度。言词之间较长停顿，较多使用重复话语，如"哦——小宝——宝，你今天好——不好呢？哦——宝宝——真可爱"。

5 社交

1个月婴儿能用哭声表示生理需要，如饥饿、尿湿、疼痛、不适等。宝宝最喜欢妈妈的声音和笑脸。婴儿睡醒时或给宝宝喂奶时，妈妈应常与宝宝目光对视或用柔和、亲切的声音与宝宝说话。这种目光交流和爱抚性说话是孩子享受母亲、与母亲进行情感交流的重要方式。

追奶妈妈们加油

1 一定要增加亲喂的次数

如果你现在一天8次都喂不到，那么配方奶一定要减少，然后每天喂到12次以上。很多妈妈说喂得很频繁了，但其实还不频繁。就算有12次，就是平均2小时一次，其实是从这一次开始到下一次开始，如果每边吃30分钟，那么两边1小时，然后间隔1小时再开始喂，这很正常，喂到15次也可以。要注意观察宝宝的大小便。

如果你发现宝宝吃了配方奶后，吃你的奶很快睡着或者没什么兴趣了，说明配方奶给多了，下次要减量。如果宝宝在你的乳房上哭闹打挺，不要马上就怀疑是自己奶少了，然后急急忙忙就用奶瓶把宝宝嘴堵上了。妈妈可以用乳房按压的方法帮助乳汁流出，此外可以安抚宝宝，和他做皮肤对皮肤的接触，和他温柔地讲话。把他放在妈妈胸前（最好宝宝的脸贴妈妈的胸脯），让他暂时休息，然后让他自己来找妈妈的奶，不要硬塞。

2 在妈妈的乳房上结束这一餐

关于增加产奶量，99%的妈妈都是采用先母乳、然后配方奶的方法。很多妈妈发现，吃了母乳后宝宝还能吃下不少配方奶，有的甚至会吃下上百毫升。这使得妈妈非常沮丧。常常感觉自己的母乳就好像零嘴。然后就是配方奶越加越多，感觉自己的奶越来越少。先吃母乳后加配方奶还有个问题就是，宝宝这一餐吃了足足的配方奶，就干扰了下一次的母乳喂养。因为配方奶不容易消化，这样下次再要吃的时间间隔拉长了，导致妈妈每天亲喂的次数减少，也不利于增加产奶量。

增加产奶量，我们要做到的就是让乳房多得到宝宝的吸吮，让乳房里的乳汁频繁地移出，这样乳房有积极的产奶信号，从而积极地产奶。所以，可以先加配方奶，再吃母乳。

先加配方奶后吸母乳的方法，可以让混合喂养的宝宝在吃了一点配方奶后，不那么饥饿，然后有更好的心情和耐心来吸妈妈的奶。请记住，目的就是让宝宝在妈妈的乳房上多吸吮，因此之前的配方奶的量一定比平时少。少加配方奶，然后尽量多鼓励宝宝在妈妈乳房上多吸吮，每次都在妈妈的乳房上结束一餐。这样妈妈会感到有些信心。下次哺乳，可以先尝试让宝宝吸吮妈妈的奶。在追奶过程中要监测孩子的大小便和体重增长情况。

Tips 如果以前配方奶吃得多，小便大便多，现在配方奶减量，小便大便可能变少，但不意味着就不够。比如以前一天尿8次，现在6次，那么也够了。而且混合喂养转为纯母乳喂养，宝宝的大便可能频率上和量上有改变，但是只要宝宝大便性状好，也不必过分担心。

挤母乳的方法

正确的手挤奶动作很难靠用眼睛观察来学习，因为手的动作快于肉眼的观察。多数妈妈们即使见过示范或读过文字解说，也经常不得要领。当然，使用较低效率的徒手技巧仍可以挤出奶，但如果频繁地使用这些技巧，容易造成乳房组织受损、乳房瘀青，以及皮肤灼伤。

1 徒手挤奶技巧——将乳腺导管内的奶充分排出

摆放好手指 将拇指、食指和中指摆在乳头后方约2.54～3.8厘米的位置。拇指摆在乳头上方12点钟处，食指与中指于乳头下方6点钟处，形成一个C字状。

使用这个计算方法是因为每个人的乳晕大小不同，不容易以乳晕边缘为计算值。注意，乳腺导管开始聚集的位置是位于手指下。避免形成握杯状。

往胸壁推 避免将手指分开。如乳房较大，可先往上抬，再往胸壁推。

滚动手指 轻轻地向前滚动拇指，有如盖指印般，同时将中指的力道转移至食指。拇指的滚动有类似婴儿舌头波浪般的刺激作用，而其他两指的压力则类似婴儿上颚的刺激。这个动作通过模仿婴儿的吸吮，压缩及排空乳腺导管内的乳汁，却不会伤害到敏感的乳房组织。

规律性的重复排空 摆放好手指、往胸壁推、滚动手指……摆放好手指、往胸壁推、滚动手指……轮流将拇指及手指摆在不同的位置，以便排空。同一侧的乳房可交替利用左右手来挤奶。

Tips 避免以下的动作：
1 挤压乳房可能造成瘀血。
2 拉扯乳房和乳头可能造成乳房组织伤害。
3 在乳房上滑动可能造成皮肤灼伤。

2 协助喷乳反射——刺激乳汁的流出

按摩 从乳房上端开始，轻轻地往胸壁压，用手指环状式地按摩一个点，按摩数秒钟之后即可移到下一个部位。以此按摩方式环绕整个乳房，逐渐朝向乳晕方向进行。力道和动作如一般乳房检查。

抚摩 由乳房上端往乳头方向搔痒般地抚摩，由胸壁往乳头方向抚摩整个乳房。这个方式有助于放松及刺激喷乳反射。

摇晃 轻轻地摇晃乳房，身体同时往前倾，借助地心引力来帮助乳汁排出。

催奶汤怎么做

虽然食物的功效因人而异，但多数前辈妈妈的经验总是值得尝试。以下我们汇集了多数人公认的催奶食物，希望给哺乳初期催奶以及中期追奶的妈妈们做个参考：

1 大豆及豆制品

大豆中的钙含量非常丰富，铁含量也很高，是很多不能耐受牛奶的女性的最佳补钙食物。大豆中的异黄酮还有双向调节人体雌激素的功能，会刺激泌乳素的产生，这是其他食物所不具备的。豆浆、豆腐等都是很好的选择。

2 原味蔬菜汤

原味蔬菜汤就是将各类蔬菜主要是根茎花果不加任何调料煮汤，一般有黄豆芽、西兰花、菜椒(青椒、黄椒、红椒均可)、紫甘蓝、丝瓜、西葫芦等，每次选择4种以上。蔬菜汤原味清香，可以当茶喝，在产后当天(剖宫产次日排气后)即喝有极佳催奶作用。清淡的蔬菜汤还有助于增进新妈妈的食欲。

3 坚果类食物

坚果中富含蛋白质、维生素和钙、铁、锌等矿物质，特别适合作为新妈妈的营养食品。但由于产后体质原因和喂奶的补水需要，建议将坚果粉碎后冲水喝。

4 各种汤水

黑芝麻 250 克，炒熟研末，用猪蹄汤送服。

猪蹄 1 对、茭白 15 克、通草 10 克，煨汤或煮熟吃。

花生米炖猪蹄或炖猪肚，或用花生米与大米同煮粥。

红小豆煮粥，加红糖。

鲜鲤鱼汤或用鲤鱼与大米同煮粥。

黄花菜煨猪蹄或黄花菜炖老母鸡汤。

鲜鲫鱼、豆腐炖汤。。

黄花菜 30 克、黄豆 200 克、猪蹄 1 只炖汤。

什么时候开始补维生素 D 和鱼肝油

婴儿因处于快速生长发育期，对维生素D的需求量相对较大，而母乳中维生素D的水平较低。维生素D既可由膳食供给，又可经适宜阳光照射皮肤合成。家长应该尽早抱孩子到户外活动，接受适宜的阳光照射。但是，在寒冷的北方冬春季和南方的梅雨季节，适当地补充维生素D制剂对预防维生素D缺乏尤为重要。

1 《中国居民膳食指南》中明确规定

母乳中维生素D的含量很低，根据研究表明，平均初乳每升的维生素D含量为16.9国际单位，成熟乳中每升母乳含维生素D平均26国际单位。尤其在北方寒冷的季节和南方的梅雨季节，因为孩子户外活动少，不能进行日光浴，单纯依靠母乳喂养不能满足孩子发育所需要的维生素D，容易出现维生素D的缺乏。因此，

母乳喂养的孩子必须每天额外补充维生素D 400～800国际单位。

根据2007年卫生部发布的《中国居民膳食指南》，纯母乳喂养的婴儿可于出生后1～2周开始每天补充维生素D 400～800国际单位。南方在梅雨季节，婴儿每天需要补充400～600国际单位。北方在寒冬季节，婴儿每天需要补充600～800国际单位。早产儿也要加至每天600～800国际单位。对于每日口服维生素D有困难者，每月可一次给婴儿口服维生素D 5万到10万国际单位。

2 按量补充，排除过量风险

纯母乳喂养0～6个月：在生后7～14天，开始每天给予维生素D 400～800国际单位(南方梅雨季节每天400～600国际单位，北方寒冷的冬季每天600～800国际单位)。

人工喂养0～6个月：假设婴儿吃的是某品牌1阶段配方奶粉，每天摄入配方奶总量是800毫升，此奶粉每100毫升奶含有维生素D 48国际单位。那么，这个孩子从配方奶中获的维生素约D 400国际单位，基本可以满足孩子每天的生理需要量。如果遇到北方的寒冷冬季或者南方的梅雨季节，则需要额外补充维生素D不足的部分。

母乳宝宝要不要喂水

母乳中含有充足的水分，吃母乳的孩子不用另外加水，即可满足宝宝的需要。未满4个月的小宝宝因为尚未添加辅食，饮食来源几乎完全靠吃奶。母乳中近85％以上都是水分，吃奶和喝水几乎是一样的意思。

所以说，母乳喂养时，只要母乳充足，就用不着担心宝宝会缺乏水分，只要按需喂养就行了。如果是夏天宝宝出汗多，可以根据情况给宝宝喝点水。

月子里宝宝的护理

为什么体重下降了

新生儿在出生后的头几天，体重不但没有增长，相反会比出生时的体重下降。对于这种情况，妈妈们不用担心，新生儿出现的这种暂时的体重下降是正常的现象。

新生儿体重暂时下降的主要原因为生理性脱水（由于皮肤表面面积较大，水分散失较多），但出生后脱水会慢慢恢复。另外，宝宝在出生后的几天，通常睡得多，哺喂的次数少，加上宝宝的吸吮能力较差，或是母亲奶水不充裕，都会对宝宝的体重有影响。

1 降低程度在10%以内

在正常情况下，体重大部分会下降在出生体重的10%以内。也就是说，如果新生儿的出生体重是3000克，暂时性的体重下降不会超过270克。如果能在新生儿出生后及时哺乳，妈妈乳汁丰富、宝宝吸吮能力佳，应该可以减少宝宝体重下降的程度。

2 出生后3~4天会回升

一般新生儿体重下降在出生后3~4天达到最低点，以后会逐渐回升。在出生后第7~10天，体重应恢复到出生时的重量，以后以每日20~30克的速度递增，到满月时体重至少比出生时增长500克。

如果发现新生儿体重下降的范围超出正常标准，或者体重恢复正常的时间延迟，父母可以试着寻找原因，例如哺乳量够不够，是否按时哺乳，宝宝身体状况是否健康等。如果是新生儿喝奶有问题，或者患有其他疾病，应该赶快到医院做检查。

了解哭声里的需求

很多小宝宝一哭起来就没有停下来的意思，这又该怎么办？别着急，只要我们仔细分辨宝宝的哭闹类型，找出其中的确切原因，然后便可以对症下药啦。

1 肚子饿了

宝宝是通过哭让你知道他到底需要什么的。第一个原因是他感到肚子饿了，他肯定会觉得不舒服，那么哭闹也就是再正常不过的反应了。当你抱起开始哭闹的宝宝，他会嘟起小嘴四处找你的乳房，那么基本上就可以确定宝宝是饿坏了，那么就要在宝宝开始大哭之前喂他了。你要注意观察，他什么时候想吃奶，什么时候不想吃奶，你很快就可以判断宝宝的哭是否因为饿，还是因为不舒服或想引起别人关注。

2 尿布湿了

有的宝宝如果需要换尿布，他会马上让你知道，最直接的当然是哇哇大哭啦。当然也有些有趣的宝宝们尿布脏了，他们却不在乎，反而觉得挺暖和、挺舒服的。有的父母在抱起宝宝时，可能会惊奇地发现小家伙的尿布已经弄脏了，而他却不声不响。不管你的宝宝属于哪一种类型，尿布脏不脏很容易检查出来，由此引起的哭闹也很容易安抚。

3 想要你抱

宝宝喜欢看爸爸、妈妈的脸，听爸爸、妈妈的声音和心跳，他甚至还能分辨出爸爸、妈妈独特的气味（尤其是妈妈乳汁的气味）。如果宝宝已经吃饱了，也换了尿布，却还是哭闹不止的话，他可能只是想让你抱抱他了。

4 外界环境刺激过度

刚出生的宝宝喜欢别人关注，但是也很容易因受刺激过量而"崩溃"。你可能发现宝宝玩的时间一长就会哭闹，或者每天晚上给你来一阵没有理由的哭。这是因为刚出生的宝宝不能完全接受他们每天受到的外界刺激，比如光线、声音、被人抱来抱去。如果活动太多，宝宝可能会受不了，他们会通过哭来表达"我受够了"！

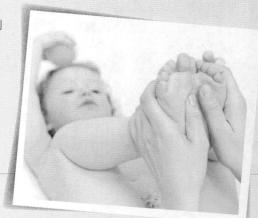

5 衣服不合适

宝宝的衣服件数和大人一样，外面再包一层抱被就可以。摸摸宝宝的脖子后面，感到温热，没有汗，就表示宝宝穿得差不多。宝宝的衣服应该选择柔软的棉质衣服。3个月内的宝宝，不要给他穿套头的衣服。如果要穿毛衣，要注意领子那里不要接触宝宝的皮肤，不然会把宝宝扎痛。

手	如果宝宝穿得过少，手掌摸起来就是冷冷的；穿太多时，身体各部位都会有出现流汗的现象，这时不妨依照宝宝的实际情况增减衣物。
脸	如果宝宝出现可爱的苹果脸，千万别只是以为这样很可爱，那多半还表示宝宝穿得太多了，应适时适量帮宝宝减少衣物。

囟门能不能摸

宝宝刚出生时由于颅骨未发育完全，头部颅骨之间会有两个间隙，枕部一块三角形的是后囟门，而头顶正中接近前方呈菱形的一块地方就是前囟门。一般常说的囟门多指的是前囟门。如果仔细观察，就会看到前囟门区会有一下一下的跳动。

囟门是脑颅的窗户，家长尤其是年轻的父母应该掌握观察囟门的简单知识。正常囟门可以随大血管博动而跳动，哭吵时较饱满，哭声停止后囟门会变平软。如果出现囟门明显隆起要引起注意。

1 囟门膨出或凹陷

囟门一般是平坦而软的，如果突然变得紧张或高出头皮，同时宝宝又出现发热、呕吐，甚至出现昏迷、抽搐的情况，是颅压急性增高的表现，提示可能患有脑炎、脑膜炎、颅内出血或各种原因引起的脑水肿。如果囟门明显凹陷，同时宝宝又有呕吐腹泻，提示可能有脱水。

囟门逐渐隆起伴有头围明显增大，要想到脑积水或是脑肿瘤；如果长期大剂量服用鱼肝油要警惕维生素A中毒引起的颅压增高。

2 囟门大小异常

正常囟门的斜位在2.5厘米左右，生后逐渐变小，1岁至1岁半闭合。如果囟门逐渐变大，头围明显比同龄儿大，而且运动和智力发育落后，这种大头娃娃可能患了脑积水。如果囟门和头围都偏大，额部和顶骨两侧突出，伴有多汗或惊跳，可能患了佝偻病。婴儿到1岁半时囟门还不闭合应考虑佝偻病、脑积水、呆小病等。如果囟门过小，闭合过早，头围又小，运动和智力发育落后，同时伴有呕吐等颅压升高的表现，可能患了小头畸形。如果发现囟门有这些异常情况应立即去医院请医生诊治。

3 新手妈妈如何护理宝宝的囟门

由于新生儿囟门处没有颅骨，比较软，很多新手妈妈都害怕触碰。但如果不注意清洗，有时会引起某些病原微生物的侵入引起头皮感染，严重时病原菌会穿透没有骨结构的囟门而发生脑膜炎、脑炎，所以囟门的清洁护理也很重要。

可用宝宝专用洗发液而不宜用强碱肥皂，以免刺激头皮诱发湿疹或加重湿疹。清洗时手指应平置在囟门处轻轻地揉洗，不应强力按压或强力搔抓，更不能用利器在宝宝囟门处乱刮。如果囟门处有头垢，不易洗掉，可以先用麻油或煮熟的精制油湿润涂擦2~3小时，待这些污垢变软后再用无菌棉球按照头发的生长方向擦掉，洗净后再轻轻拍点婴儿粉。如果不慎擦破了头皮，需立即用酒精棉球消毒以防止感染。

4 囟门护理小窍门

带宝宝外出时要戴好帽子。冬天外出戴较厚的帽子，既可以保护囟门同时又减少了热量的散失；炎热的夏天宜戴白色凉帽外出以保护囟门。

避免烈日直晒囟门。家长都爱带宝宝晒太阳，要注意晒太阳的时间，更要避免烈日直射宝宝囟门，以免发生中暑。

不要给婴儿用枕头，他不需要

刚出生的婴儿脊柱基本是直的，平躺时后背和后脑勺在同一平面上，即使不用枕头，也不会造成肌肉紧绷而导致"落枕"。另外婴儿的头比较大，几乎与肩同宽，侧卧时头和身体也在同一平面，比较自然。因此，这个时候没有必要使用枕头。

给新宝宝做做按摩吧

按摩是一种肌肤的接触，当宝宝舒服的时候会笑，父母也会报以微笑，所以宝宝面对的都是微笑的人，而不是冷冰冰的玩具。这样宝宝就能和人有大量互动，日后也不会害怕接触人群。从小就在爱的环境中长大，宝宝日后必然有良好的人际关系，独立性和自信心也会高人一等。宝宝躺在小床或者大床上都可以，床上要先铺一块干净的垫子，大人可以站在宝宝脚前，按下列顺序按摩5~6分钟。整个按摩过程中大人要多和宝宝说话，微笑面对宝宝。

1 让宝宝先放松下来

对于从未有过按摩经验的新生儿来说，请千万不要操之过急，不妨先从抚触开始，让宝宝逐渐熟悉抚触的感觉。

可以多多重复这样的按摩手法，让宝宝习惯抚触的感觉之后，才能享受到按摩的乐趣。

方法

◎第一步，可以拿双手碰碰宝宝的脸和耳朵，看着宝宝的眼睛和他说说话。

◎第二步，将手掌放在宝宝的胸部，慢慢往下推至腹部。

◎第三步，将宝宝的手臂轻轻往下按。

2 上肢按摩

让宝宝上肢自然伸直，大人用手掌从手腕向肩部方向抚触4～5次，然后再将婴儿的上肢抬起、伸直，以同样的方法轻抚4～5次。另一侧操作相同。

3 腹部按摩

用手掌以婴儿肚脐为中心，顺时针方向呈圆形轻轻按摩6～8次，力量不要太重。这项操作可使宝宝的肠蠕动增强、排气通畅，也可以锻炼婴儿的腹部肌肉。

4 腿部按摩

握住宝宝的脚踝，使腿伸直，用手掌从脚踝内侧开始向大腿根部方向按摩4～5次。然后换另一只手握住同一脚踝，按摩大腿外侧，也是从踝部向臀部方向按摩4～5次。另一侧下肢做法相同。随着月龄的增大，按摩力量可以适当加大。

5 脊柱按摩

让宝宝侧卧位，大人用拇指和食指由臀部向颈部自上而下沿脊柱两侧对捏12～15下。此时宝宝会反射性地弯曲身体，使脊柱成弓状。然后可以将宝宝的身体转过来做另一侧。

宝宝成长信号全记录

周数	每日奶量	身长	体重	其他
第2周				
第3周				
我们满月啦				

出生1~2个月
FROM 1 TO 2 MONTHS

第2个月记

宝贝儿，经过前1个月的磨合，妈妈已经跟上了你的脚步，你高兴或者不高兴，妈妈都能感觉得到。你的一哭一笑，都能击中妈妈心底最柔软的地方。妈妈的微信微博，早就已经是你的地盘啦，记录你成长的点滴，看着你一天天长大，是最幸福的事。

生命的足迹

终于满月啦！看着越长越漂亮的他，是不是觉得怎么亲都亲不够？满月后，宝宝醒着的时间变长了，情绪好的时间增多了，手脚的活动也多了起来，握着拳的小手能放到小嘴里了，看见妈妈就会露出甜甜的笑容，有时还会笑出声来。妈妈会觉得宝宝的笑声，才是真正的天籁之声呢。

这个时期，可以把红色的小球放到他眼前，他会盯着小球看，眼睛也会随着小球移动。

因为头部经常左右摇动，所以头后面的头发变得很少，甚至出现枕秃，这是正常现象，并不表示缺钙。

不管是母乳喂养还是人工喂养，这个时期都不建议给孩子添加奶之外的东西，比如果汁、蔬菜汁等。

在排泄方面，大便、小便的次数都比上个月减少。之前每天大便10次以上的宝宝，会减少到5~6次，有的宝宝甚至出现五六天大便一次的情况。母乳喂养的宝宝，一天五六次，或者五六天一次，都是正常的。无论是母乳喂养还是人工喂养，只要婴儿健康，体重增加，就不要把大便的次数放在心上。

这一时期的婴儿，有的宝宝舌头后部能看到一层很白的舌苔，这种现象会自然恢复正常，无需治疗。给宝宝换尿布时，有的孩子膝关节会发出一种声音，这不是脱臼，这种声音也会慢慢自然消失，不用去医院。

婴儿湿疹开始成为这一时期最困扰妈妈的问题，涂药就好，停药就复发，有时脸上、头上长满了红红的小疙瘩，感觉宝宝都"破相"了。不过，妈妈们要有信心，湿疹最终会好的，而且不会留下任何疤痕。

宝宝发育知多少

第60天时男女宝宝的成长数值

项目	男宝宝		女宝宝	
	正常范围	平均值	正常范围	平均值
体重	4.40~7.00千克	5.60千克	4.00~6.50千克	5.10千克
身长	54.7~62.2厘米	58.4厘米	53.2~60.9厘米	57.1厘米
头围	37.4~42.1厘米	38.9厘米	36.8~41.3厘米	38.3厘米
胸围	34.7~42.7厘米	38.7厘米	34.1~41.7厘米	37.9厘米

1 身体运动

大运动 2个月的宝宝俯卧时头能够抬离床面了。所以，要给宝宝提供俯卧的机会，并用带声响或鲜明颜色的玩具逗引宝宝抬头，从下巴贴床到下巴和肩部离床抬头。开始每次训练10~20秒钟，渐增加到1至数分钟，每天数次，直到小儿抬头达90°并稳定。还可以在不同的方向用玩具逗引宝宝，促使宝宝左右转头。

精细动作 这个月，如果放置波浪鼓在宝宝的手中，他能握留片刻。所以，平时可以在宝宝仰卧位时拉起他的手轻摇着说"手手"，使之注意双手并放在一起玩耍。还可以经常让宝宝伸开手掌，用手轻抚掌心和手指。用不同质地的物体刺激宝宝手部，从柔软的开始，然后换成粗糙和坚硬的。先刺激掌心，再慢慢移向手指。

2 语言能力

2个月的宝宝能发a、o、e等母音。妈妈可以向宝宝做笑脸或鬼脸，逗引宝宝发笑。抱起宝宝说不同声调的话，诱导其模仿发单音如啊、呜、哦等，并在发音时给予适当的鼓励，如抚摸、抱起、给孩子喜欢的玩具等。

3 认知能力

2个月时宝宝能够出现预期现象，比如抱到固定位置就等待哺乳，能立刻注意眼前的大型玩具等。这时大人可以一边摇动发声的玩具一边说"宝宝看，宝宝看"，将玩具放在宝宝视线范围的不同的方位，逗引宝宝寻找玩具。然后把玩具放在宝宝视线之外，让宝宝用听觉寻找玩具。

也可以将家里的环境布置得丰富多彩，经常抱起宝宝，引导其观察周围的事物，反复向宝宝指认周围的事物及颜色。

4 社会适应能力

这个月龄的宝宝能够发出自发性的微笑。所以，平时要经常抚触宝宝的头面部、腹部使其微笑，微笑时家长要报以微笑等积极的反应。多用亲切的语气和宝宝说话，用慈祥的目光注视他。

营养饮食细安排

用母乳喂养时

出了月子之后，大部分妈妈的母乳变得很充足，喂奶的时间和次数也逐渐确定下来。食量小的宝宝白天即使超过3个小时也不饿，晚上不喂奶也可以，这样的孩子晚上醒的次数也少。相对应的，胃口好的宝宝，每次都会把两边乳房吃干净，大小便的次数自然也多，而且很多都是"腹泻便"。但是也有不少母乳宝宝吸收得非常好以至于"只吃不拉"，两三天甚至三五天才拉一次，这都是正常，只要孩子拉的不干，大便颜色正常，拉的时候也没有哭闹异常，妈妈们就不用担心。

因为各种原因不得不给宝宝喂奶粉时，最重要的是注意不要喂养过量，以致增加消化器官的负担。1~2个月期间，每天800毫升左右正好。

哭，不是宝宝饥饿唯一"线索"

新生儿阶段，他只能通过哭来表达他的情绪，以期待妈妈和其他家人能够了解他，并给予他及时回应。有时候，他也会因为不高兴或烦躁，需要通过哭来发泄一下。新妈妈试着在宝宝哭的时候先放松自己，不要宝宝一哭就只想到哺乳。

而且，如果宝宝已经开始哭闹，通常这不是最好的哺乳时机，这时你可能需要先将他安抚好，再考虑是否要哺乳。当宝宝主动有以下行为时，妈妈可以尝试哺乳，这时哺乳宝宝一般不会哭闹，并容易满足：

- 手指握紧靠近胸腹，常常是在宝宝刚睡醒时很容易有这个动作。

- 手脚弯曲，呈放松状态，主动将拳头放进嘴巴。

- 嘴巴如吸吮般张开闭合、伸舌头。如果这时你从旁经过，他的眼神会发亮，并期待与你互动。

- 主动寻乳动作。请注意，是"主动"而非是你点触宝宝唇周才出现的"觅食反射"。

"一点就找"并不是饥饿的信号，这一反射通常要到3个月左右才会消失。

夜奶很频繁是不是有问题

有的妈妈可能会发现宝宝白天吃母乳很有规律，一两个小时吃一次，晚上6点以后吃得特别频繁，一吃就要半个多小时，刚吃完没有20分钟就又要吃。其实宝宝的这种需求在1个月内是正常的，不会自己吃撑的，如果饿就给他吃就行。很多纯母乳喂养妈妈发现，在每一天某一个时间段，比如下午五六点或者六七点开始一直到八九点甚至九十点，宝宝几乎一直都在吃，从6点开始，左边半个小时，换到右边，右边半个小时，停不了几分钟，又哭着要吃。在左右轮流，始终挂在妈妈怀里，一直到睡觉。弄得新手妈妈几乎没有休息的时间，感觉很累很崩溃，忍不住会怀疑，是不是自己奶水不够？其实，这是一个很普遍、也很正常的现象，可以按照孩子的需求来喂。

另外，家里其他人，尤其是爸爸，要学会哄宝宝，让新手妈妈有休息的时间。很多时候，宝宝傍晚的哭闹，并不是饥饿所致。如果各种方法都用过了，宝宝还是哭，那就抱着他，让他哭一会儿吧，要相信，这样的状态，终究会过去的。

很多宝宝在出生一两岁以内夜里不睡整觉，孩子有时候醒了没有安全感可能会找妈妈的乳房，找到乳房有安全感了就入睡了，吸吮对他也有安眠的作用。睡了一会儿吃的东西被消耗掉了，觉得饿了又醒了，睡一会儿醒一会儿，对于刚出来的宝宝头两三个月也是很正常的。

可以开始进行户外锻炼啦

满月后，可以让宝宝开始进行空气浴和日光浴了。做室外空气浴时，应该先从室内空气浴开始，比如换尿布时有意识地把衣服打开得大一些，时间略久一些，使宝宝的皮肤得到一定程度的锻炼。

吃奶1个小时后，情绪很好时，可以做简单的腿部体操一两分钟，屈曲膝关节，伸曲腿部，一边哼着小曲一边做。

除了做室内空气浴，满月后可以抱孩子去室外了。即使是寒冬，只要没有雾霾，风也不是很大，就可以每天出去1次，让孩子呼吸下外面的空气。开始时可以只在外停留2~3分钟，逐渐增多，每天总计时间达到30分钟以上。即使是冬天，也要注意不要让太阳直接照射到宝宝脸上，可以给孩子戴上帽子。

做做体操，舒缓胀气

婴幼儿按摩的好处很多，除了有助宝宝的生长发展之外，还能建立和强化甜蜜的亲子关系。尤其对于有肠胃问题的宝宝来说，适度的按摩还可以帮助舒缓肠胃的不舒服症状，如胀气、便秘等。不过，按摩前仍应充分了解造成宝宝胀气、便秘的原因，然后对症下药，才可真正达到舒缓的功效。

1 引起胀气的4种常见原因

1 **配方奶冲泡浓度** 胀气的形成与配方奶的冲泡浓度息息相关，浓度过稠容易形成胀气或腹泻，如果冲泡过淡，则会出现便秘。因此，新手爸妈必须确认调配牛奶的方式是否正确，避免宝宝肠胃产生不适症状。

2 **喝奶时间是否正常** 如果宝宝一哭，大人就当作肚子饿而赶紧喂食，反而容易造成宝宝的胀气问题。配方奶的消化速度比母乳要慢一些，通常隔3~4小时喂食一次就已足够。另外，当宝宝哭闹时，应该给予适时的安抚，一旦哭得太久，反而容易吸进过多的空气，同样会让宝宝出现胀气。

3 **奶量增加速度过快** 给小婴儿增加喂奶量必须循序渐进，刚出生的宝宝的胃容量仅有一颗弹珠大小，出生后第 10 天大概只相当于一个乒乓球大小。也就是说，宝宝的胃容量是逐步变大的，因此应该依宝宝的需求逐渐增加喂食量，尤其是喝牛奶的宝宝，奶量增加速度更加不能太快。如果您对如何增加宝宝的奶量没有把握，可以参考宝宝体重及出生天数，至于方式，则可以采取每天增加 5 ~ 10 毫升，而不是过几天一次性就增加 30 毫升。比如今天喝 30 毫升，那么明天可以增加到 35 毫升。在增加奶量后，如果还是发现宝宝不到 3 小时又想喝奶，那么隔一天可以再酌量增加 5 毫升。

4 **喝奶过后有无排气** 用奶瓶喂奶时，宝宝比较容易吸进过多的空气，因此，在喂完奶后一定要谨记帮宝宝排气，否则吸进的空气就会累积在腹部，进而形成胀气。虽然吃母乳的宝宝不太容易胀气，但有时宝宝哭闹过久也会吸入一些空气，这时可以让宝宝趴在妈妈胸前，妈妈帮他轻轻拍拍背部，等排气之后再让宝宝躺睡，或者让宝宝采取右侧睡（宝宝右边肩膀朝下，用毛巾卷成圈状垫在背部），以帮助消化，同时注意观察宝宝的嘴角是否溢出奶水。

2 舒缓胀气按摩法

按摩前的准备

1. 按摩前可先准备好毛毯或毛巾，以免宝宝受寒着凉。
2. 先用双手将乳液搓热，再给宝宝最温暖的抚触。
3. 掌握按摩力道的原则：按压宝宝肌肤时出现淡淡的白色小印子，就表示力道适中。
4. 按摩时可以播放轻柔音乐或与宝宝说说话，帮助放松情绪。

摇桨法

利用手掌的外端（妈妈手掌朝向自己），由上往下，轻轻抚过宝宝腹部。两只手轮流进行，动作就像摇船桨一样。

漫步法

用食指、中指、无名指的指尖在宝宝的腹部由左往右，以点压或按揉、漫步的方式直线进行。

我爱你

用右手在宝宝的腹部画写英文字（I、L、U），象征"我爱你"。
1. 先从宝宝的左侧腹部开始，由上至下，画写"I"。
2. 再从宝宝右侧腹部到左侧腹部，转折画出倒写的"L"。
3. 接着从宝宝的右侧腹部下方开始，顺着肠胃生长的方向，画出倒写的"U"。

3 按摩时机与时间

1 新生儿按摩每次约 10 分钟，较大的宝宝可以增加到 20 分钟，以配合宝宝的反应为主，如果宝宝不想继续，随时可以停止。

2 在喝完奶后的 1 ~ 2 小时内不要进行按摩（母乳 1 小时、配方奶 2 小时）。

3 如果新生儿脐带尚未脱落，则不要利用婴儿油进行腹部按摩。

4 不建议在宝宝睡着时进行按摩，最好在宝宝清醒安静时进行，充分利用宝宝清醒的时间与他互动。

有一种哭叫黄昏闹

几乎85％的健康宝宝都会在3周到三四个月的这段时间，每天在一定的时辰，固定哭闹一段时间。这种哭闹似乎毫无缘由，在数日或数周内反复循环发生，简直像钟表一样准点。 通常，这种难以安抚的哭吵始于出生后2周左右，常常在第6～8周达到顶峰，不过到了3～4个月后就不常见了。由于大都发生于日落后的特定时间段，大部分是发生在傍晚的5～8点（当然也有部分是发生于一天中其他的固定时间段），所以常被称为"黄昏哭吵综合征"，儿科医生和育儿书籍常称之为"肠痉挛"或者"腹绞痛"。

1 是什么引发了"黄昏闹"

其实我们都非常想要知道，为什么白天很乖巧的小宝宝们会在这个特定的年龄段、特定的时间段里变得如此焦躁不安。尽管近年来，医学专家们对此也有较多的研究和报道，但原因至今尚未明确。

腹绞痛 哺乳过度或不足、营养过剩或不足、奶水过热或过凉、奶水流速过快或过慢、食物过敏等都可能引起腹绞痛。

适应行为论 美国著名心理学家Brazelton认为，宝宝的神经系统尚未发育成熟，在一天中不断接收和处理外界环境中的新信息，难免会有负荷过重的情况出现。当一天即将结束，神经系统终于支撑不住，爆发成为一种哭闹不安的现象，借此发泄一天的压力。等这一段哭闹结束，神经系统又可以开始重新整顿，准备迎接下一个24小时。

母亲与婴儿情绪交融学说 宝宝从母亲舒适的子宫里出来，不得不做出巨大的改变以应对周围的一切变化。也许在白天的大部分时间里，宝宝都在努力自我安慰以适应新的周围环境和生活规律，但是到了傍晚时分，正是身体最为疲倦和情绪最为低落的时候，也正是宝宝对母亲（主要照顾人）的依恋程度

更为增加的时候，他终于觉得无法忍受开始哭泣。甚至下班后的其他家庭成员轮番照顾，也会令疲劳困倦的宝宝感到烦躁不安。最为凄厉的哭声往往发生在家人们都非常疲惫需要安静的时候，此时，疲倦的母亲来照顾焦躁的宝宝，母亲深感无力的情绪、紧张的呼吸也会令宝宝感到烦躁。

2 调整情绪，采取各种可行办法

尽管医疗无法治愈"腹绞痛"，但我们还是应该想方设法积极应对。近年来，很多研究调查发现，"腹绞痛"时遭受成人忽视的宝宝与受到成人安抚的宝宝相比，后者啼哭的强度和频率会小很多。有实际经历的母亲们或许也深有体会。所以，如果你也认为你的安抚能明显让宝宝减少痛苦，那么就应该积极去做。

Donation box

调整你的情绪

几乎所有的父母在无法让宝宝安静下来的时候，都会感到担心、沮丧；大多数的父母在努力安抚宝宝但丝毫无效的时候，都会觉得怨恨、恼火，随之又会为自己的愤怒感到内疚、自责。要知道，紧张的父母是无法让哭闹的宝宝安静下来的，宝宝在紧张的父母怀里只会感到更加紧张。所以首先务必让自己冷静、放松。

采取各种可行的办法，尽力而为轮流看护。以下安抚宝宝的办法，你要尽力去尝试，每种坚持10分钟以上。

1	使用柔软、轻薄、略有弹性的小毯子或披巾舒适地将宝宝包住，包裹要松紧适度，让他如同有回到妈妈子宫内的安全感。新生儿自然的姿态是双臂屈肘抱于胸前，双腿自由活动，所以要以这样的姿势包裹他，要让他的双手放在他能够随意吮吸到的地方。跟着宝宝的感觉走，当他想要离开包裹时，会小腿乱蹬，身体狂扭，这时候就该换一个安抚的办法了。
2	轻轻摇晃宝宝。以往的研究表明，最能起到有效安抚的摇晃频率是每分钟60次，摆幅在8厘米左右，不过这样的频率和幅度手动很难达到，那么就带宝宝在房间里来回走动，这种摇摆震动频率产生的舒缓效果似乎来自婴儿在母亲腹中的经历。但是，绝对不要用力摇晃宝宝，以免发生摇晃综合征，损伤宝宝的大脑。
3	对宝宝吹口哨或发出轻轻的嘘声，让他如同回到妈妈的子宫内，听到脉搏或血流的嘶嘶声。
4	轻抚宝宝的头部或者轻拍宝宝的背部，甚至可以给他做一个全身的抚触。
5	给宝宝播放轻柔的音乐，与宝宝说话，为宝宝哼唱。怀孕时播放过的音乐和怀孕时哼唱过的歌曲对宝宝都可能很有安抚作用。
6	让宝宝感受有规律的声音或震动。吹风机、吸尘器、洗衣机等工作时的声音和震动通常也能有效。
7	给宝宝喂一些水或奶，并且给他拍嗝，把哭闹时咽下的空气嗳出来。
8	试着帮宝宝洗个温水澡，流水的声音以及妈妈皮肤的接触会让宝宝安心。

如果上述的安抚你轮流做了一遍又一遍，还是毫无效果，那么应该带宝宝去看医生，让医生帮助你检查宝宝，以排除疾病，这样至少会让你对宝宝的健康心中有底。

拜托，炎夏请给宝宝开空调吧

炎热的夏季，为宝宝创造良好的生活环境极为重要。空调既会带来舒适也可能带来不适，因此要学会正确使用。

1. 每年夏天开始使用前清洗一次空调滤网，如果是冬天也需要使用空调制热的南方城市，夏天结束后也要清洗一次，当然夏天使用中1～2个月清洗一次也不错。

2. 在高温高热天气，一定要开空调！如果拒绝空调，实际上是让宝宝面对中暑、过敏、呼吸困难、痱子、湿疹等各种风险甚至威胁生命。

3. 中央空调大多有换气系统，分体空调则没有，加上家里空间小，一直开空调会有缺氧、空气质量下降等问题。所以，空调不要整天开，最好只在高温的中午到下午，以及晚上睡觉时候使用。而早上和傍晚较凉爽的时候一定要开窗换气。

4. 注意出风口的风向，避免直接吹到人，尤其是宝宝。婴儿床要在房间中远离空调的位置，这样可以保证温度不会骤然降低，而是缓慢柔和的变化。

5. 温度调节不应过低，中国家庭基本都很注意这点。美国儿科医生的建议一般是20～22℃，国内家庭估计都在25～28℃。

6. 长时间在空调房间里呆着，注意多喝水和皮肤保湿。

7. 如果实在不能使用空调，比如老人不能受凉，那么最好的替代方案是电风扇+除湿机。前提是你能忍受除湿机的噪音。

8. 过度依赖空调也不好，不要真的试图给孩子创造"恒温"环境。需要合理使用空调，让宝宝逐渐适应热和冷，增强免疫和体温调节能力。

颈部泳圈太危险，别给孩子用

颈部泳圈是个非常危险的设备，这种设备并没有通过国家正规医疗机构的安全验证，所以不要给这么小月龄的孩子使用。因为颈部泳圈特别容易压迫脖子部位的颈动脉，小月龄的孩子不会呼救，也没有任何能力自救，一旦泳圈压迫住颈动脉，便可引起血压快速下降、心率减慢甚至心脏停搏，导致脑部缺血，引起昏厥。这是十分危险的事。

此外，这种泳圈是依靠浮力从而让孩子漂浮在水面上，对于宝宝稚嫩的颈椎负担是很重的，很容易造成颈椎关节的损害，这种损害往往是终身的、不可逆的。

Tips 按照美国儿科学会的建议，4岁以下的婴儿无法掌握必要的游泳技能和水中生存技巧。换言之，让小婴儿下水游泳，完全是为了玩乐罢了。有报道称，有的婴儿溺水就在家长转身取物时瞬间发生。换言之，婴儿自己在水里，完全没有自救能力和意识。脖子上的项圈，也可能导致婴儿的损伤，造成颈椎关节的损害，甚至压迫气管，引起呼吸困难。它还可能压迫颈部的颈动脉窦，引起血压下降和心率变慢，导致休克。

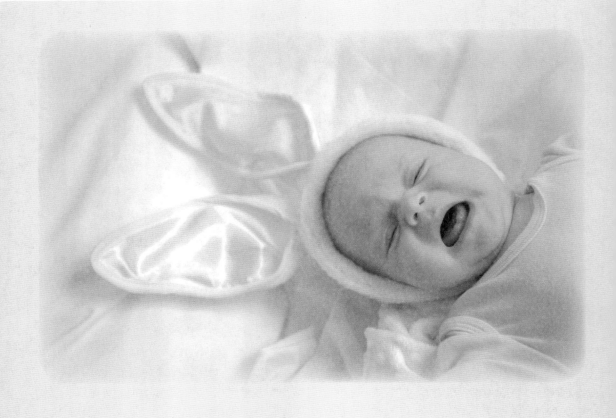

婴儿突然哭闹时

　　一直情绪很好或者睡着的宝宝，突然就像哪里痛了一样地哭了起来，怎么哄都不行，宝宝一直哭的很厉害，这或许是腹腔的某个部位出现了疼痛，或许只是胀气，这种情况孩子可能过一阵就好了，也不会反复哭闹。但也有可能是疝气或者肠套叠，如果是这种情况，孩子会持续哭闹，或者哭一阵停一阵再哭。

突然出现又马上消失的疹子

　　月子里的小婴儿，有时会出现红色的、细小的、类似痱子的小疹子。这种疹子与过了6个月之后经常出现的幼儿急疹，既相似又有些不同。这种疹子一般1天基本就能消失，不会有发热等异常症状。在天热的季节里，容易和痱子混淆而不被注意，但是痱子不会1天就消失。这种疹子是由于什么原因引起的还不清楚，但是这个月龄的小婴儿经常出现，妈妈们不必惊慌。

总是堵奶真闹心

　　堵奶是指乳房出现硬结，奶水流出不畅甚至阻塞，也就所谓的奶结，这时会出现很明显的乳房胀痛，让妈妈十分难受、痛苦。但是只要处理方法得当，还是能够疏通奶结，解除疼痛的。一般有三个步骤：热敷或冷敷、按摩、吸奶。

1 热敷或冷敷

热敷的目的是为了加强乳房内部血液流通，使乳房变软。最简单常用的是用热毛巾，但不能用滚烫的开水来烫毛巾，只能是温开水。把温热的毛巾由乳头中心往乳晕方向成环形擦拭，两侧轮流，每侧各一刻钟。如果毛巾太烫，会让乳房皮肤变得脆弱，按摩时容易擦破皮。

不过，如果不是热敷后立即进行哺乳，这样做可能会加重乳房肿胀。另外要注意热敷时的温度，要以乳房舒适为宜，避免烫伤。

还有一些偏方，但也很实用。比如去馒头店买一些发酵用的生面团，裹住乳房，注意避开乳晕，直至发面变干再把面粉剥除；用新鲜的卷心菜叶子包住乳房，再用保鲜膜裹好。等到被卷心菜裹着的乳房变得很湿后，就可以拿掉菜叶了。

2 按摩

轻柔的按摩也有助于治疗，先从疼痛点的后方开始，用清水浸湿并清除乳头上干涸的乳汁。简易的方法之一是侧躺在浴缸里温热的洗澡水中，或者站在温热的淋浴中，浸泡并且轻柔地按摩乳房。两只手掌一上一下托住乳房，轻柔而坚定地进行环状运动，从硬块后方开始，逐渐过渡到乳头。热处理和按摩之后立即哺喂宝宝或者吸奶，有助于缓解堵塞。

3 频繁地喂奶

有助于避免乳房过度涨满，也保持乳汁流畅。只要乳房摸上去饱胀或温热，就要鼓励宝宝至少每2个小时吃1次，包括夜间。请先用堵塞的一侧哺乳。

4 休息

休息是治疗手段的第三要素。乳腺导管堵塞或者乳腺炎通常标志着母亲过于操劳，过度疲惫。如果有可能，推掉一切工作和活动，和宝宝一齐上床休息，直到感觉好一些。如果现实不允许，那么至少取消额外的活动，每天给自己多安排一到两个小时的休息时间。

5 堵奶时别这样做

盲目使用吸奶器 如果宝宝的有力吸吮都不能帮助你解决乳汁淤积，盲目使用吸奶器，机器的负压会造成乳头水肿加重，堵塞的乳汁也更难排出。

大力揉捏 一旦乳腺堵塞时，大力搓揉往往会使乳房内部组织损伤得更为严重。淤积未除，又添新伤！

乳头上有小白点

有很多妈妈堵奶的时候会发现乳头上有比较干的白色小颗粒，去除之后，奶水流出就很通畅。这是脱水的乳汁形成的类似脂肪粒状的物质，多见于乳汁淤积或乳腺炎后，由于胀奶的时间长了，乳汁脱水后形成的。

出现脂肪粒后，不要用手挤或者用针挑，让宝宝勤吸吮，堵塞乳管的脂肪粒可能会被吸出来。每次喂完奶后涂抹乳汁，勤喂奶，多做手法疏通，乳汁淤积的次数会逐渐减少。

此外，喂奶之前可以用温水浸泡乳头，水温不用太高，温热就可以，浸泡5～10分钟再给宝宝吃。温水可以软化乳头，能让堵塞的乳腺管通畅。改变饮食习惯也可能有所帮助。每天加1勺卵磷脂可以帮助一些妈妈预防乳腺导管堵塞反复发生。有些妈妈发现，如果取消或者至少降低对饱和脂肪酸的摄取，乳腺堵塞就会减少。

通过便便颜色看肠道健康

"为什么我们家孩子的便便不是黄金色？"或许你也经常有这样的疑问。那么，给宝宝换下纸尿裤后，先别急着团起来扔掉，仔细观察一下，看看便便是否正常。如果颜色或气味不对，那么下面的解释，你可以找到宝宝可能的疾病隐患！

当宝宝的便便呈现红色、黑色或白色，则说明宝宝可能患了某种比较严重的疾病，这时要立即连粪便一起带到医院让医生诊断。

1 红色便便

血便的表现形式多种多样，通常大便呈红色或黑褐色，或夹带有少许血丝、血块、血黏膜等。首先应当看看宝宝是否服用过铁剂或大量含铁食物，动物肝、血易造成假性便血。

排除饮食因素后，则可能是疾病所致。如果宝宝排出的大便是鲜红色血便，则是肛门或临近肛门的大肠出血的征兆。通常可考虑是否患有肠套叠、肠炎、大肠息肉或食物过敏等疾病。如果大便呈红豆汤样，颜色为暗红色并伴有恶臭，可能是急性出血性坏死性肠炎。

肠套叠	肠套叠是指一段肠管套入与其相连的肠腔内，并导致肠内容物通过障碍。可引起周期性的剧烈腹痛，特点是每5~15分钟发作一次，婴幼儿表现为间歇性的剧烈哭闹，并会排出类似草莓果酱的血便。发现上述症状后，要立即赶到医院就诊。切忌耽误，有些患儿由于发现得过晚，病情被拖延，需要通过手术才能救治。
细菌性肠炎	如果大便变稀，含较多黏液或混有血液，且排便时宝宝哭闹不安，应当考虑能否因为细菌性痢疾或其他感染性腹泻。如果宝宝出现血便、呕吐、腹泻症状，则立即带着沾有血便的纸尿裤和呕吐物到儿科就诊。腹泻、呕吐症状容易引起脱水，及时补充水分是非常重要的！

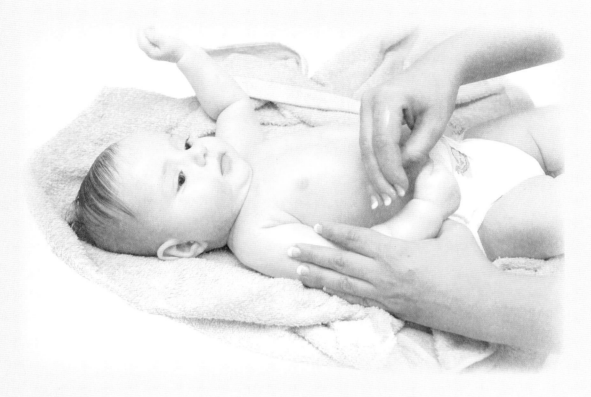

2 黑色便便

口腔或胃部有出血现象，就会出现黑色大便。有可能是胃部或者十二指肠出现炎症，要引起极高的重视。有时，流鼻血或妈妈乳头出血被婴儿喝奶时不小心饮入，也会导致黑色便。

假性黑粪症	是在分娩时吸入了母亲的血液，或在吃奶时从乳头的伤口吸进了血液。假性黑粪症是暂时性的，不必担心。
真性黑粪症	是食道、胃、肠的溃疡或糜烂处出血，或因凝血功能障碍所致。真性黑粪症需要尽早用止血剂止血，无效时则需要输血。多数患儿在未出院前会被发现，遵医嘱治疗即可。

Tips 有时候粪便里跟撒播了黑芝麻一样，会有一些灰色颗粒，这是奶粉里的脂肪凝结的结果，并不意味着消化不良，正常的消化吸收后排出的粪便也会有这样的颗粒。老一辈的人管这种颗粒叫做"拉生屎"。可以让孩子多喝稀的，吃奶粉的话要定量。其实吃母乳的孩子的粪便中间或也会有这种颗粒。

3 白色便便

出现白色便便，通常是由于肝脏分泌的胆汁无法被输送所致，常见于胆道闭锁、新生儿肝炎等病症。冬季高发的轮状病毒性腹泻的典型特征就是白色便。

轮状病毒性腹泻	这种腹泻是秋冬交替季节常见病，大便呈现像冰淇淋一样的淘米水色，有酸味，呕吐、腹泻等症状持续数日。持续数日的呕吐、腹泻症状会使宝宝容易脱水，补水是重中之重。然后带着沾有大便的纸尿裤到医院就诊，必要时需要静脉注射。
胆道闭锁症	输送胆汁的胆管部分或者全部闭锁的疾病，多因胚胎时期肝胆发育障碍所致。胆汁不能被排出，而使周身出现黄疸、大便发白等症状。一旦发现后，应尽可能早地接受手术治疗。如果发现宝宝出生后不久持续排出米白色或是灰白色、冰淇淋状的大便，则需要立即就医。

Tips 3个月以内的宝宝，除大便外，如出现尿色重、黄疸加深、眼白发黄等症状，也需要立即就医。

4 绿色便便

棕色、黄色都是正常的便便颜色，不过很多时候宝宝拉出来的却是绿色便便。为什么便便会是绿色的呢？

食物中铁过量	有些吃配方奶的孩子，排出的粪便呈暗绿色，其原因是一般配方奶中都加入了一定量的铁质，这些铁质经过消化道，并与空气接触之后，就呈现为暗绿色。此外，给宝宝服用铁剂也会出现此种情况，不必担心。
绿色稀便	绿色稀水样便便常为宝宝受凉或添加辅食不当所引起的食物性腹泻。出现此种情况要注意调整辅食添加的顺序及量，让便便逐渐恢复正常。

Tips 有的宝宝初加菜泥时，大便中常排出小量的绿色菜泥，有的父母往往以为是消化不良，停止添加菜泥，实际上这种现象是健康婴儿更换食物时常有的事。只要不是稀水样绿便，不必停止添加辅食。

受凉引起的绿色大便，可能还有像感冒一类的症状。如果只有绿色大便，注意腹部保暖，尤其在晚上，过几天就会恢复。如果有感冒症状，应同时对感冒进行对症治疗。

饥饿性便便

粪便量少，次数多，呈绿色黏液状，这种情况往往是因为喂养不足引起的，这种大便也称"饥饿性大便"。这种情况下要判断宝宝是否吃饱，宝宝在没吃饱的情况下，肠道蠕动加快，也会出现绿色大便。这种情况只要增加奶量，让宝宝吃饱就可以了。

豆腐渣便便

大便稀，呈黄绿色且带有黏液，有时呈豆腐渣样，这可能是霉菌性肠炎。患有霉菌性肠炎的宝宝同时还会患有鹅口疮，如果孩子有上述的症状，需到医院就诊。

Tips 造成霉菌性肠炎最常见的是一种叫白色念珠菌的真菌，它也是"鹅口疮"的致病菌。可能伴有"鹅口疮"的症状，如口腔黏膜出现乳白色微高起斑膜，形似奶块，无痛，不易擦去。

宝宝成长信号全记录

周数	每日奶量	身长	体重	其他
1个月零1周				
1个月零2周				
1个月零3周				
我们满2个月了				

出生 2 ~ 3 个月
FROM 2 TO 3 MONTHS

第3个月记

宝贝儿，你每天都能给妈妈带来惊喜。早上一睁开眼，就看到你笑眯眯地看着妈妈，眼神清澈而透明，充满着好奇。你逐渐熟悉了妈妈的气息，躺在妈妈身边，你是那么乖，嘴里还咿呀咿呀。我已经迫不及待想要听你叫"妈妈"了，那该是世上最美妙的语言。

生命的足迹

这个月龄小宝宝的手脚动作逐渐准确起来。2个月时还只能看的花铃棒，快到3个月时，就可以长时间抓握在手里了。不过，还没到有意识地抓取东西的程度。3个月大的宝宝几乎都有用嘴吸吮手指或小拳头的动作，这是他很快活的表现。

不同季节、不同地域宝宝的运动发育情况是不同的。比较热的地方，孩子穿得少，活动方便，所以动作发育快一些；寒冷的地方，小宝宝穿着厚衣服，包着棉被，想活动也很困难。

腿脚的力量越来越大，所以这个月龄宝宝最容易发生的意外是坠床。虽然还不会翻身，但因为婴儿睡觉时经常用脚蹬被子，蹬几下就会窜到床边掉下来，所以千万不能因为他不会翻身不会爬，就心存侥幸以为让他自己睡在没有栏杆的床上没关系。

塑料布或塑料袋对于这个月龄的宝宝来说非常危险，因为2个月的婴儿还不能自己伸手拿开它，一旦掉到脸上，很容易引起窒息，所以宝宝的枕边要保持整齐利落。尽量不要给孩子使用塑料围嘴，卷到脸上会盖住宝宝的口鼻。塑料的隔尿垫不能直接铺在宝宝身下，当孩子偶然成俯卧位时，塑料布就会堵住孩子的口鼻引起窒息。

宝宝对周围越来越好奇，最喜欢被抱着上街。在没有雾霾的时候，应该每天抱着宝宝去户外，让他充分呼吸外面的新鲜空气。即使是寒冷的季节，每天也应保证30分钟的户外活动时间，暖和的天气每天要坚持2个小时左右。笑出声的时候也比以前多，高兴的时候还会发出一些声音，而且时间越来越长。

睡眠方式开始有所改变，有的上午下午各睡2个小时。晚上有的醒两三次，也有从9点一觉到早上6点的。

习俗认为，把这个月龄的小宝宝剃成光头，之后就会长出浓密的黑发，这只是一种美好的愿望而已。但是如果真要给宝宝剃成光头，剃刀很容易在宝宝头皮上留下肉眼看不到的伤痕。所以我们建议，即使剃头，也要给宝宝保留一定长度的头发。

这个时期婴儿体内还有从母体获得的免疫抗体，因此不会患麻疹及流行性腮腺炎之类的病。最多见的是父母的病毒性感冒传染给婴儿。婴儿得了感冒，会出现鼻塞、打喷嚏、咳嗽等症状。这个时期的宝宝，即使得了感冒一般也不会出现高热（38℃以上），如果超过38℃，大多是因为中耳炎。

2~3个月时，宝宝可能出现的重病就是先天性心脏病，此外还有疝气嵌顿。当发现婴儿忽然大哭时，要考虑这两种病的可能性。可以认为，这个月龄的宝宝一般都不会得什么严重的病，不需要一点风吹草动就去医院，更不要把宝宝的个性生理特征当做疾病，因为没有人比妈妈更了解自己孩子的特性。

宝宝发育知多少

第90天时男女宝宝的成长数值

项目	男宝宝		女宝宝	
	正常范围	平均值	正常范围	平均值
体重	5.10~7.90千克	6.40千克	4.60~7.40千克	5.80千克
身长	57.6~65.3厘米	61.4厘米	55.8~63.8厘米	59.8厘米
头围	38.5~43.5厘米	40.4厘米	38.0~42.4厘米	39.5厘米
胸围	36.8~44.4厘米	40.6厘米	35.4~43.8厘米	39.6厘米

1 身体运动

大运动 俯卧抬头可达45°，拉坐时头部稳定。俯卧抬头练习使肩背肌肉发展到一定程度时，可抱起宝宝进行竖头练习。开始抱起要注意保护孩子的头颈部，动作要柔和。

让宝宝仰卧，抓住其双手或前臂，让宝宝用力配合将自己拉起。开始时可由另一人轻轻托住宝宝的后脑，使其头部恰好能竖直，逐渐减少帮助到将宝宝拉起坐着时头能竖立片刻。

精细动作 两只手能放在一起玩耍；能抓握拨浪鼓30秒钟。将小玩具如小积木块等放在宝宝的手中让他被动握物，可在床上放些小积木、小铃铛让宝宝抓握。用有柄的玩具如拨浪鼓、小木棒等让宝宝抓握，并引导其拿着摇动。可在宝宝的脸部上方悬挂色彩鲜艳、便于抓握的小玩具，给宝宝伸手抓握的机会。

2 语言能力

能发出笑声，见到喜欢的物体时有兴奋的表情。向宝宝做笑脸或鬼脸，逗引宝宝发笑。抱起宝宝说不同声调的话，诱导其模仿发单音如啊、呜、哦等，并在发音时给予适当的鼓励，如抚摸、抱起、给孩子喜欢的玩具等。其他家庭成员要经常和宝宝逗趣、讲话，使宝宝感受不同人的声音。

3 认知能力

可追视物体达180°，用手和口探索玩具等。用不同外型和质地的玩具，引导宝宝用手和口来感知各种玩具的外型、质地。但玩具要清洁、无毒、不易破碎，不要太小，以防宝宝咬破或咽下。

4 社会适应能力

见人会笑。经常抱起宝宝，不要总是等宝宝哭了再抱。抱时妈妈要向宝宝微笑、拍手，抱起并亲吻，逗笑。反复重复这一过程，一定时间后母亲要等宝宝伸手要抱时再抱起。与宝宝玩耍时做出不同的表情，并让他分辨、适应这些表情。和宝宝一起玩玩具，偶尔从宝宝手中拿走玩具，看宝宝抵抗玩具被拿走时的反应。

营养饮食细安排

母乳不足继续追奶

产奶是由妈妈的乳腺组织决定的。一次产量小的妈妈可能在喂奶的频率上会更频繁些，而频繁的喂奶会让他人误认为产奶不足。或许家人为了延长喂奶间隔，添加了配方奶。其实，导致妈妈产奶下降的原因不是她的乳房小，而是一些错误的干预导致她的乳房得不到足够的宝宝的吸吮刺激。

在追奶过程中，大家都非常关注产奶量的上升。有时因为一些干预，妈妈们一边自己挤奶，而一边家人用奶瓶来喂孩子。妈妈们会用挤出奶的量来衡量她的产奶有没有上升，其实是一种无奈之举。正确的方法是要让孩子尽可能地多吸吮你的乳房，让孩子在你的乳房上结束每一次哺乳是很重要的。不要先让宝宝在你的乳房上吸吮一小会儿，然后其他人来喂奶粉。这样乳房得不到足够的吸吮，而之后的人工喂养会又快又多地给宝宝灌下去过量的配方奶，拉长了本来应有的喂奶频率。这样，乳房不但更得不到宝宝的吸吮，而且奶瓶里的奶粉量还会打击妈妈的自信。

喂奶时吃几口就睡或边吃边哭怎么办

有些吸吮能力弱或在吃奶前已哭闹很久的宝宝，吃奶时往往吃几口就睡着了。因为没吃饱，不到下次吃奶时间又会因饿而哭闹，哭累了又会吃几口就睡，形成不良的生活习惯，既影响孩子的生长发育，又影响妈妈的生活安排。这时妈妈应将乳头动几下，刺激宝宝的唇部，或捏捏宝宝耳朵，挠挠脚心，把孩子弄醒，使他继续吃奶，直至吃饱。

宝宝边吃边哭的原因，一般有鼻塞、乳汁过急、乳汁太少及混合喂养时代乳品太甜等。如因感冒鼻塞，应请医生开些生理盐水让鼻腔通气，在喂奶前使用；奶流太急时，可用拇指、食指将乳房捏住一些，使乳汁流得慢些；乳汁太少时，宝宝往往吮几口才咽一次，或根本不咽，说明母乳已空，若仍让宝宝吮吸，孩子可因吸不到奶或吃不饱而哭闹，这需要延长每次喂奶的时间或增加喂奶次数以促进母乳分泌。

别喂得太多

每个宝宝因胃口、活动量等差异，食入量也会有很大的差别。为了防止婴儿肥胖病，一定不要让婴儿过食。在这个月龄期，婴儿每日的配方奶食用量应该限制在900毫升以下。一天喂6次配方奶，每次不超过150毫升；一天喂5次配方奶，1次不超过180毫升。妈妈还应该定期给婴儿称体重，以5天增加体重不超过200克为好。

这一时期，宝宝体重的增加速度一般会有所下降，平均每天增加5~10克左右。如果平均每天增加15克以上，说明宝宝有肥胖的趋势，就要引起家长的注意了。

孩子睡着不用叫醒喂奶

宝宝睡得香甜的情况下，只要睡眠时间不是太长，妈妈不必要叫醒宝宝喂奶。如果超过4个小时，妈妈可以温柔地叫醒宝宝。

一般宝宝饿了自然会醒过来，妈妈无需将宝宝叫醒。但是，从生理角度看，宝宝的胃每3~4 小时左右会排空一次。因此，如果超过4 个小时宝宝还在睡觉，你可以叫醒宝宝了。

母乳喂养的宝宝，如果睡眠时间超过4个小时，妈妈可把乳头放到宝宝嘴里，宝宝会自然吮吸起来，再慢慢将宝宝唤醒比较好。

混合喂养或人工喂养的宝宝，也应每隔3~4小时喂奶1次。妈妈可以用一只手托住宝宝的头和颈部，另一只手托住宝宝的腰部和臀部，将宝宝水平抱起，放在胸前，轻轻地晃动数次，宝宝便会睁开双眼。宝宝清醒后，妈妈就可以给宝宝哺乳。

当然，如果宝宝睡得香甜，妈妈很难叫醒，就不要叫了，硬将宝宝叫醒，宝宝没有睡够，会感到不舒服而哭闹，反而会降低他的食欲。

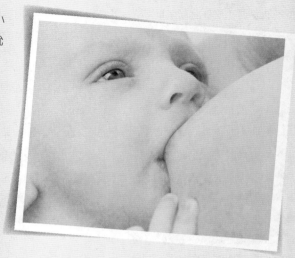

混合喂养的宝宝对母乳不感兴趣了

其实这个问题也很普遍，因为很多孩子如果混合喂养可能会觉得奶瓶比较快，宝宝很饿的时候能很快喝下去很多，不习惯用力吸妈妈的乳房。如果妈妈想恢复母乳，还是要孩子多吃妈妈的乳房。不拒绝妈妈乳房的话，可以先用奶瓶喂奶粉，但是要喂少一些，减少10~15毫升。如果平时泡100毫升，现在就泡85毫升，喂完奶瓶之后把孩子放到奶头上看看孩子还吃不吃。孩子很饿的时候也想很快得到满足，妈妈可以先喂奶瓶，接着再喂乳房。慢慢减少奶瓶的量，母亲的乳量也会增加，然后再过渡到纯母乳喂养。

如果孩子拒绝妈妈的乳房，不含入，而妈妈又想坚持母乳喂养，她就得用别的办法喂孩子。停止用奶瓶喂，可以用小勺子一口一口喂，或者一个小杯子、或者用管子喂孩子，让他不要接触奶瓶。有可能一段时间之后孩子又会吃母乳。

纯母乳喂养孩子会缺钙吗

母乳就是非常好的钙的来源，而且母乳里的钙是最适合婴儿的，因此无需额外补钙。也就是说，一个婴儿每天的饮食就是吃最富含钙的"食物"，就是妈妈的奶。而市场上出售的钙剂，通常都是无机钙，这些钙真正能被吸收多少，还有待考证。因此，婴儿无需额外补钙。

维生素D目前争议还是比较多的，但是现在世界上的权威机构都推荐母乳喂养的婴儿补充维生素D。这主要是考虑到现代生活方式对母亲体内的维生素D的水平的影响，一些世界范围的研究表明，各个国家都有着不同比例的妇女体内缺乏维生素D。但是究竟需要补充多少维生素D，目前还没有定论。美国儿科医师学会2008年的推荐，是纯母乳喂养的婴儿是每天400U。还有一个方法，就是妈妈们自己补充维生素

D并且让宝宝接受一定的日晒。尽管妈妈们到底要吃多少维生素D才能使得自己乳汁里的维生素D含量正常，尚在研究中。

当然，如果你生活在很北的城市，孩子出生的季节正好阳光很少，室外很冷，无法接受阳光照射，那么可以考虑给孩子补充维生素D，可以每天补充400U（市场上有的是300U的，也可以）。不少妈妈说，她们买不到纯的维生素D，只有AD，是不是可以用？答案是可以。只是要按照剂量服用，不要让维生素A过量就可以。

母乳宝宝需要补铁吗

婴儿出生后体内有一定的铁储存，够他们在最初的6～9个月使用。母乳中的铁含量虽低，但是也非常利于婴儿吸收。这两项因素加起来就可以知道，纯母乳喂养的婴儿前6个月不需要补铁。当宝宝满6个月后开始添加辅食，要注意从富含铁的饮食里摄入铁，以保证不发生缺铁性贫血，比如牛肉猪肉。猪肝含铁也很高，但不宜多吃。绿色蔬菜和黑木耳、芝麻一类的食品含铁也丰富，不过吸收率稍差。但不推荐一个健康婴儿常规补充铁剂，因为给一个体内铁的水平正常的婴儿补充铁也是有害的。还值得注意的是，用于补充铁的补剂，通常也是无机铁，非常难吸收，而且会造成黑便和便秘。因此，平时饮食上注意补充铁是很重要的。

小心发生乳头错觉

宝宝出生后，妈妈暂时没有母乳，就用奶瓶给宝宝喂配方奶。没过几天，妈妈开始下奶了，而且奶还真不少，于是立即改成母乳喂养。可是，宝宝偏偏不吃妈妈的奶，这可如何是好？难道要放弃母乳喂养吗？

其实这是典型的乳头错觉。无论从人工奶嘴换成母亲的乳头，还是从母亲的乳头换成人工奶嘴，都会存在这种情况。为了避免婴儿产生乳头错觉，从新生儿一出生开始，就要做好两手准备。无论有没有母乳，都要让宝宝吸吮妈妈的乳头，中间穿插着给宝宝用奶瓶喂水，使宝宝既能吃妈妈的乳头，也能在不得已暂停母乳时，接受奶瓶喂奶。这一点非常重要，一定要从一开始就做好准备，这样宝宝才能适应不同的喂养方式。

宝宝瘦小就是营养不良吗

很多家长都是从感官上判断自己的宝宝偏瘦或者偏矮，依据往往是和同龄的孩子相比较得出的。这样的方法其实不科学，很容易造成误判。判断宝宝是否营养不良，就是要看目前的身高和体重是否在标准范围内。

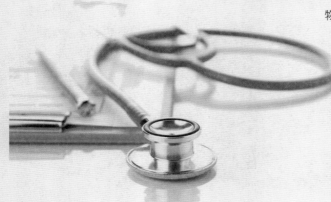

生长曲线的走势是宝宝长期生长发育趋势的直观提示。虽然生长发育曲线是在正常范围内，但曲线如果不是正常向上生长的抛物线，而是出现了停滞甚至下滑的趋势，这就需要引起妈妈警惕了。排除疾病影响，妈妈需考虑宝宝在饮食方面是否出现问题，及时调整，避免营养不良的发生。如果宝宝的生长发育曲线不仅在正常范围内，而且一直呈现向上的抛物线趋势，那说明宝宝目前的饮食是符合生长发育需求的。

吃小手，了不起的进步

在婴儿期，吮指是觅乳反射的一种表现。在宝宝饥饿时，90%的婴儿会将自己的手指放在口中吸吮。请妈妈们不要担心，小家伙正在享受这个过程呢。

1 吃手指的好处

感觉舒适 心情舒畅	对于刚出生的小宝宝而言，吸手指一方面能给他带来舒服感，另一方面，宝宝出生后本来就有吸吮的反射和需求。吸手指所带来的满足感和吃母乳带来的感觉是不一样的，是两种不同的现象和需要。所以，即使已经吃饱了，宝宝也还是会有吸手指的行为。 著名心理学家弗洛伊德和埃里克森认为，在宝宝吃手指的活动中，还包含了人类性快感需要的自然反映。当然，这里的性快感只是一种近似于成人快感的情绪。吃手可以消除宝宝的不安、烦躁、紧张，具有镇静作用。
促进神经 功能发展	宝宝在吃手的时候，能加强触觉、嗅觉和味觉刺激，促进神经功能发展，还能提高吸吮水平。妈妈会感觉宝宝吸起奶头来一天比一天有力，这对生长发育大有好处。
智力发展 的信号	当宝宝真正能把手放在嘴巴里吸吮的时候，就说明宝宝的运动肌肉群与肌肉控制能力已经能够很好地相互配合、相互协调，这是宝宝智力发展的一种信号，爸爸妈妈应当为宝宝的这个举动感到自豪才对。
锻炼手眼 协调性	很小的婴儿不能准确地把手放到嘴里，而吃手指的过程能够锻炼宝宝手部的灵活性和手眼的协调性。当他能用手把东西往嘴里放时，就代表他在进步，意味着已经为日后自己进食打下了良好的基础。

2 吃手虽好，不可过度

婴儿在口欲期是需要被满足的，如此才不至于造成长大后的心理不平衡及缺乏安全感。当然，也不能让吸吮手指成为长久的习惯，在纠正或帮助宝宝戒除吸手指的习惯时，应该循序渐进找对方法，千万不要因为太过紧张而导致宝宝产生心理压力。最重要的是，父母的态度不能操之过急，尽量不要把焦虑的情绪带给宝宝，先分析吸吮手指的原因，然后再对症下药，才能迅速有效地解决问题。

多给宝宝玩具	多让宝宝用手去拉、扯玩具，例如悬吊玩具、手摇铃等，可提升宝宝的手部能力。他会自然而然地明白，手不是只能放进嘴里，还可以拿、抓、扯，而且做这些动作会比吸吮手指来得更有成就感，于是慢慢就会减少将手放在嘴里的动作。
提升认知能力	让宝宝多接触各种不同类型的东西，比如看看花、树、车子，同时跟他说说话。一方面可以带着宝宝牙牙学语，另一方面也能让宝宝多接受周围事物的刺激，增加他对其他方面的注意力，以免只想着去吸吮手指。

户外活动去吧

2个月后宝宝的眼睛已经能看清楚东西了，每当看到室外的东西都会非常高兴。使宝宝心情愉悦的同时，通过室外空气的刺激锻炼婴儿的肌肤，对宝宝也是非常有利的。活动时间的长短要根据宝宝头部的直立情况来定。如果宝宝的头立得很稳，抱着在外面待上20～30分钟，宝宝也不会感到很累。

如果让宝宝躺在婴儿车里外出，要选择比较好的路，不要走不平的路。这么小的宝宝，还不能抱着去商场购物，毕竟人太多，病菌传播对宝宝的威胁很大。炎热的夏天最好不要抱着宝宝走远路，因为抱着的时候双方体温都会升高，宝宝有可能会中暑。

宝宝开始有"压力"了

以前我们都认为刚出生的宝宝就像一张白纸，什么都不懂，正等着这个美好的世界来给他上色。其实，打从娘胎开始，宝宝早就对外面的世界充满好奇而又相当敏感的反应。除了一开始对物理性刺激像是冷热、声音、光线有所反应，渐渐地，宝宝也会产生"情绪"。所以，各位爸爸妈妈，别以为你家的小宝宝就只会吃奶、睡觉，他对环境刺激的感觉早就开始了！

1 宝宝哭泣不知如何安抚？

别忘了先满足宝宝生理需求，例如换尿布、吃奶等，接着只要自己平心静气抱着宝宝和他说话，让他知道有你在陪他、照顾他，让宝宝有安全感，他也会渐渐安静下来。千万不要因为宝宝哭得大声而对他做出不适当的行为。

2 无忧无虑的小宝宝，压力哪里来？

也许你会想，宝宝都没有出门也不需要上课或工作，哪来的压力！其实，引发宝宝不舒服感觉的来源很多，有自发性的像是肚子饿、无聊想玩，也有外界环境的影响，例如突然巨响、无人互动，都有可能让宝宝不开心。但因为宝宝还没有学会其他的传达方式，只能用哭起来告诉妈妈"我需要你"。若妈妈无法找到宝宝哭的原因，无法满足他的需求，宝宝就会用更强烈的方式，比如哭得更大声甚至尖叫，在这样的情况下妈妈也许会越来越心急。一直找不到原因又无法安抚宝宝，妈妈变得焦虑，而这样的情绪又会转移到宝宝身上，不断地交互作用下去。

在宝宝的世界中也许他不懂什么是压力，他只是觉得很不舒服，于是他就用扭动身体或是哭闹来表达情绪。这时，爸爸妈妈可在允许的范围内，让宝宝发泄情绪，当他渐渐平静下来，再尝试着表达你对他的了解，用温柔的方式亲亲他、抱抱他。当宝宝知道他能发泄坏情绪又能被父母接纳，负面情绪自然会获得缓解。

睡觉难，为哪般

宝宝睡眠问题很普遍，最多的是入睡困难和睡着后易醒，这是为什么呢？

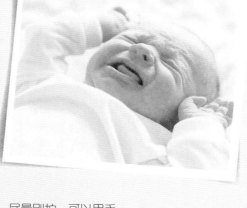

1 入睡困难

宝宝入睡困难常与出生后未养成良好的睡眠习惯有关，比如妈妈抱着宝宝边拍边摇边走，这样哄宝宝入睡其实是一种很不好的习惯。很多宝宝往往在妈妈怀里睡得很熟，放在床上就睁开眼睛哭闹。所以，从出生开始，就要注意培养正确的入睡习惯。

有时候宝宝入睡是在你哺乳的时候，可能吃着奶就睡了。这时要及时抽离乳头，放到床上，让他自己入睡。不过妈妈别着急离开，让宝宝能感受到你的气息，尽量别拍，可以用手轻抚宝宝，等他睡沉了再离去。如果没有喂奶，但是看到宝宝有困意，比如揉眼睛、对你的逗引不感兴趣、烦躁哭闹等，也要放到床上，安抚宝宝，减少其他的照顾行为，让他自己入睡。

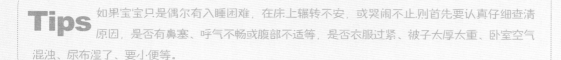

Tips 如果宝宝只是偶尔有入睡困难，在床上辗转不安，或哭闹不止,则首先要认真仔细查清原因，是否有鼻塞、呼气不畅或腹部不适等，是否衣服过紧、被子太厚太重、卧室空气混浊、尿布湿了、要小便等。

2 睡着后易醒

小宝宝睡眠浅，睡着后易醒是一个常见的现象。如果宝宝精神好，饮食正常，发育良好，妈妈们不用过于担心。等宝宝大一些，这些情况自然会慢慢好转。为保证孩子的睡眠，首先要安排一个光线柔和、空气清新、温度(22～24℃)湿度(60%～65%)适宜、避免各种强光刺激的卧室。床垫不可太软，冬季可以给宝宝使用睡袋，以免受凉。

Tips 如果是严重的易惊醒（轻微声响都会醒过来），而且睡眠时盗汗（睡着出汗，醒了就不出），可以去医院查下是否缺钙。有些宝宝长得快，骨骼的发育需要大量的钙，尤其是身高、体重增长迅速的宝宝，一旦其体内的摄入量不足，就会在睡眠上有所表现。如果真是缺钙引起，在医生的指导下补充钙剂，睡眠质量也会好转。

夜灯会影响孩子发育吗

　　网络上有传闻说用夜灯会使得宝宝和孩子发育提前。这件事情让妈妈们非常担心。毕竟晚上有一盏小夜灯提供一些微弱的光亮，对于妈妈照顾小孩而言是非常有帮助的。但如果这盏灯会对孩子的健康造成不利影响的话，那妈妈们的好心可就做了坏事。

1 夜灯对宝宝的生物钟会有影响吗？

　　说到晚上开灯，不管是亮是暗，最容易让人想到的就是对生物钟的影响了。不过似乎对婴儿而言，开灯与否对于其生物钟的影响并像我们想象的那么明显。

　　科学家对医院新生儿病房内的人造光源进行了一番分析。医生们发现，宝宝出生之后很快睡眠节律、体温节律会逐步地形成。而且随着宝宝逐渐长大，他们的体温、睡眠的生物节律就会越来越显著。但科学家们也指出，在新生儿病房里，人造光源对宝宝们这些生物节律的影响似乎并不明显。这样的结果其实并不十分令人意外。我们不难想象，除了灯光之外，还有太多其他的因素可能影响到宝宝们的节律。最常见也是最要紧的就是喂奶；除此之外，例如医疗操作、医务人员走动等许多因素都可能对宝宝的睡眠、代谢造成影响。在这么多因素的综合作用下，夜间少量灯光的影响也就没那么大了。

当然，研究人员们也很"严谨"地指出，由于相应的研究所采用的衡量指标大多是体温、睡眠等方面，因此不能够就此论定人造光源对婴儿的生物节律毫无影响。

2 更重要的是睡眠规律与质量

我们对于夜灯的担心大多集中于其对于宝宝生物钟以及激素分泌的影响。针对这一点而言，妈妈们实际上更应当重视的是孩子的睡眠规律与睡眠质量。如果睡眠被影响，那么很多情况下孩子就会更多地在夜间暴露于强光下，从而对其生物钟和激素分泌造成影响。

实际上随着宝宝的生长，孩子们的睡眠规律会逐渐形成，在正常情况下孩子的睡眠节律是非常规律的。不少家长有过类似的体验，孩子上一秒还活奔乱跳，但只要固定时间一到，立刻就黏着妈妈要睡觉，即便在全家在外做客或是旅行时也不例外。实际上孩子的这种睡眠节律从学龄前至青春期发育前都很稳定，因此如果孩子夜晚睡眠质量较差的话，家长们应当更加给予重视。当家长去照顾夜间哭闹醒来的孩子时，有时会打开大灯。黑暗中高亮度的灯光直射（哪怕只是几分钟）会激发起神经和生物钟基因表达的变化；与之相比，微弱的夜灯的作用似乎就显得微不足道了。培养孩子良好的作息习惯，避免因为大人的作息或是社交活动而影响孩子的睡眠——这些细节（尤其是后者）看似简单，但实际上很容易被我们忽略，而它们对于孩子睡眠的影响却是非常明显的。

通过目前所能够获得的研究数据，我们并不能直接将使用夜灯和发育提前直接联系起来。网络上的传言也仅仅是对于少数个例的推测，并没有相关检测检验结果的支持。此外，市场上的夜灯种类繁多，灯光颜色、亮度、柔和度各有差异，因此笼统地去分析"夜灯"对婴幼儿的睡眠以及发育的影响是有失妥当的。当然，如果家里确实需要一盏小夜灯来照顾孩子的时候，家长们尽量购买灯光柔和的产品，并且使用时避免直射孩子的眼睛。过分担心其使用对孩子的影响是不必要的。

哭，抱还是不抱

　　每个孩子都需要父母的拥抱，即使他已经长大了，也还是不可或缺。因为拥抱本就是人类的天性。下面两个实例就很好地说明了我们为什么需要拥抱。

　　第一个实例是美国心理学家哈洛教授做过的一个很有名的猴子实验，他将一只刚出生的猴子和母亲隔离，然后准备了两只"铁丝网妈妈"，其中一只用绒布包裹，比较温暖，另一只则没有，但身上放了一个奶瓶。实验结果发现，这只小猴子几乎所有时间都在抱着包裹了绒布的猴妈妈，这和小孩跟妈妈抱在一起情况很相似。而它只有在肚子饿的时候，才去找有奶瓶的"猴妈妈"。

　　另一个例子在罗马尼亚的孤儿院进行，院中的工作人员每天都会在固定的时间喂食孩子，但是这些孩子几乎没有任何与他人拥抱的机会。最后研究人员发现，虽然他们每天都定时喂饱院中的孩子，但是他们的生长发育仍旧不尽如人意，而且智力发展也明显迟缓。

　　由此可以看出，父母除了让孩子衣食无缺之外，更应该用心去感受孩子的内心世界，了解他们真正的想法。而拥抱就是一种最直接的表达爱意的方式，它直接带给孩子最强烈的信息："我是爱你的！"通过亲子肌肤接触的拥抱，孩子能感受到父母的温暖，进而建立起对人的信任与安全感，将来也才能有足够的勇气向外探索世界。

1 孩子一哭就抱，好吗？

　　许多父母或许都有过这样的经验，当孩子嚎啕大哭时，有人会严肃地"告诫"你，这个时候不要去抱小孩，因为会养成孩子依赖的习惯。此时心中难免挣扎，看着哭得面红耳赤的宝贝，到底是去抱抱他、安抚一下他不安的情绪，还是不理会他呢？

　　1岁以前孩子的哭是一种运动，而且他们需要父母来满足生理需求，并快速做出反应才能建立信任感与安全感。所以，这个月龄的孩子怎么宠都不过分，多抱一抱他吧，及时满足他的生理需求比什么都重要。

2 抱抱也是锻炼

　　宝宝被抱起来时因为想看东西，就要抬起脑袋和脖子，这时就锻炼到他的颈部肌肉。同时上身总想挺直，这时就会用到背、胸和腹部的肌肉。另外，高兴时宝宝还要挥动小胳膊，这样就又活动了胳膊和手部的肌肉，对小宝宝来说，这些都是在进行身体锻炼呢。

3 拥抱培养性格

　　也许是东方人不像西方人那么热情，人与人之间拥抱的动作实在是不多见。就算是对自己的孩子也是如此，特别等他们长大到一定的年龄后，就很少有亲密拥抱的动作出现。但千万不要小看拥抱这个再平常不过的动作，它对孩子可是有很大的影响，我们需要从孩子小时候就开始培养拥抱的习惯，养成习惯后就会变成一种很自然的行为了。

拥抱对孩子的影响可以从"质"与"量"这两个方面来讲。在质的方面，时常被拥抱的孩子，一定是被父母关怀、接纳的孩子。当他长大向外发展时，以往收到的拥抱经验更能鼓舞他独立探索，发展独立性格，就像一艘扬帆待发的船，时刻准确出发，航向惊喜的旅程。另外，在智能发展上，充分被拥抱的孩子由于拥有安全感与自信心，所以发展得也较为出色，更容易取得好成绩。

在量的方面，时常拥抱孩子、用心接纳孩子，可以让他们获得更好的身体发育状况。正如先前提到的罗马尼亚孤儿院内的孩子，他们为什么会生长迟缓呢，就是因为缺乏充分的爱。

4 拥抱不分时间

或许你以为，孩子长大了、上学了，就已经不需要拥抱了。其实，不论人的年龄有多大，人人都喜欢被拥抱的感觉，尤其是自己喜欢的人。所以，拥抱可以随时在平日生活中展开，自然又时常的肢体、肌肤接触、抱抱孩子、摸摸头、碰碰鼻子、拍拍背、搭搭肩膀，这些小动作都可以充分传递爱的讯息。虽然只是一个小小的动作，但等孩子充分熟悉这些动作的含义后，亲子沟通会更好，亲子关系也会更加紧密。

怎样给宝宝正确测量体温

有些家长习惯用手或额头去接触幼儿的额头，以此来感觉宝宝的体温，看来似乎简便易行，不过其准确性却得不到保证。正确的方法应该是使用温度计或者耳温枪，而且还要注意一定的步骤与方法。一般人测量身体温度的方法：口腔、耳温、腋温、肛温等4种。

1 量体温的正确步骤

当使用耳温枪测量宝宝体温的时候，要稍微将宝宝的耳朵拉直，并且要调整好耳温枪的角度。最好一次测量2次，取其平均值。当耳温枪有破损时要马上更换，以免测出的体温有误差。

测量体温的正确步骤，若是利用水银温度计，使用前，先握住体温计水银泡的另一端，将水银柱用力甩至35℃以下，再以75％酒精棉消毒。若是要测量口温，则需将水银端置于舌下，紧闭嘴巴测量3分钟；量腋温则是将水银端紧紧包覆于腋下，不要让水银端与空气接触，测量5分钟；肛温则要将水印端抹上婴儿油或凡士林后，再插入肛门2~3厘米，约测量1~2分钟即可。

2 正常体温是多少

正常测定肛门温度为36℃~37.5℃，超出37.5℃称为发热。38℃以下是低热，38℃~39℃是中等热，39℃以上是高热。对于发热的婴儿应每2~4小时测量一次体温，吃退热药或物理降温后30分钟应测量体温，以观察婴儿热度变化。

3 什么时候别量体温

不论以哪种方法帮宝宝量体温，前提必须在宝宝安静的状态下进行才可测得正确的温度。因为宝宝

眼屎耳屎鼻屎怎么清除

宝宝出生后，有时眼角会发红，睡醒后眼内会有很多眼屎，有的因鼻腔内分泌物阻塞鼻孔而影响呼吸。这些看似不起眼的小问题，也需要年轻的新手爸妈细心处理。

1 眼屎

新生儿有眼屎较为常见，眼屎是在新生儿通过母亲产道时，将含有细菌的阴道分泌物浸到眼睛中来而引起的各种新生儿眼结膜炎。如果眼睛里的分泌物较多，每天可用药棉蘸生理盐水给孩子擦拭一次眼角，注意方向为由里向外，千万不可用手拭抹。如发现眼屎过多或眼睛发红，待擦拭干净后可用氯霉素眼药水滴治，每天3～4次，每次1滴。

给新生儿滴眼药水是一件很麻烦的事情，当你用手指将宝宝的上下眼睑分开时，他反而会将双眼闭得紧紧的。此时可背着光线水平地将新生儿抱起来，轻轻地上下摇动新生儿的上身和头部，他会自动睁开双眼，这时就可将眼药水或眼膏滴进去，主要滴在下眼睑的里面。点眼药时不能使眼药瓶碰到下眼睑，否则新生儿会瞬间将眼睛再闭起来而影响滴药。

有的新生儿不仅有眼屎，而且常常见到其眼睛里总是泪汪汪的，经多次使用眼药水后仍不见好转。这有可能是新生儿的鼻泪管被上皮细胞残渣堵塞或鼻泪管黏膜闭塞，时间久了而引起的泪囊炎。如果轻轻压迫其眼睛内侧的泪囊部，可见到有黏液性或脓性分泌物从眼睛内角下缘的泪点中溢出。凡是新生儿有眼屎、溢泪，经抗生素眼药水或眼膏治疗不见效时，就应到医院眼科做进一步检查，并进行治疗。

2 鼻屎

若发现宝宝的鼻腔内分泌物较多，也不可用手去掏挖，鼻腔分泌物一般可随着宝宝打喷嚏而排出。如果有较多黏稠的分泌物，可用棉签蘸水或植物油在鼻腔前部擦拭，但不可过深，以免损伤鼻黏膜。

1	使用棉棒时，两侧的鼻孔要分别用不同的棉棒，而且只有用于清除鼻孔入口的硬邦邦的鼻屎时比较好。如果鼻孔堵塞，先滴入生理盐水，让鼻屎软化后再清除。
2	有的母亲因为孩子鼻孔堵塞在其鼻孔滴入牛奶或母乳，牛奶或母乳中的蛋白质成分会在鼻内诱发细菌繁殖，从而可能引发更大的疾病。
3	鼻吸入器最好不要经常用。因为吸入器虽用一两次很有效果，但如果使用过于频繁或者力度过大会把鼻内的益性成分同时去除。况且，鼻黏膜干化或损伤的话，鼻子就更容易堵塞。鼻吸入器一天使用3次以下为宜。

3 耳屎

耳屎是由外耳道内皮肤上的盯聍产生的一种分泌物，多数新生儿的耳屎呈浅黄色片状，也有些呈油膏状，附着在外耳道的壁上。由于宝宝吃奶时面颊需要活动，耳屎常有松动，有时能自行掉出。如果结成硬块，家长不可自行掏挖，可请医生滴入盯聍软化剂，用专门的器械取出。一般耳朵内的分泌物是不需要清理的，只要洗脸时注意耳后及耳外部的清洁就可以了。

不明原因剧烈哭闹，解开尿布看一看

男宝宝的睾丸最初是在腹部，出生前会降入阴囊，睾丸下降的通道一般在出生后就关闭了，但也有个别闭锁不好的情况。这样的宝宝在出生后，会由于剧烈的哭闹等原因导致腹腔压力增高，肠管就会沿着这个闭锁不好的通道掉进阴囊中，这就是腹股沟疝。腹股沟疝多见于男宝宝，但是女宝宝也会有类似的疾病，卵巢或者肠管也会从腹股沟降至大阴唇。所以，如果宝宝不明原因突然大哭，不要只是着急喂奶或者抱起来哄，一定要解开尿布或者纸尿裤看一下大腿根部，有没有肿胀。如果与平时不同，要立即去医院。

宝宝成长信号全记录

周数	每日奶量	身长	体重	其他
2个月零1周				
2个月零2周				
2个月零3周				
我们满3个月了				

出生3~4个月
FROM 3 TO 4 MONTHS

第4个月记

你稚嫩的身体里到底蕴藏着多么大的力量？好像一颗小树苗，努力地向着蓝天生长。不管妈妈在做什么，你都笑眯眯地看着妈妈，眼神里充满着好奇。宝贝儿你知道吗？你灿烂的笑容是对妈妈最好的赏赐。

生命的足迹

这个月的宝宝，各项发育都已经有了很大的进步，他们的小脑袋也对周围这个世界越来越好奇了。因为头立得越来越稳，每当想看感兴趣的东西时，脸就会转来转去。洗澡时一向乖乖让妈妈抱着洗头的宝宝，这时有的会因为不喜欢洗头而把头抬起来，让妈妈很为难。

躯干的肌肉渐渐发育起来，再也不像以前那样老老实实平躺着，总想侧侧身，或者乱动腿脚，虽然这个月还不会翻身，但小身体已经能在床上移动了，所以妈妈不能把宝宝单独放在床上后离开。

接近4个月时，有的婴儿能用手抓着毛巾放到嘴里吸吮，还会用双手扶着奶瓶喝奶。睡眠时间的个体差异日益增大。这个月龄的大部分宝宝，上午下午要各睡2个小时，晚上8点左右入睡，夜醒两三次。

饭量也拉开了距离。饭量大的，每次200毫升还好像没吃饱，而饭量小的，只喝120毫升就不再喝了。以前常吐奶的孩子，这个月吐奶次数明显减少。排便的个体差异依然很大，便秘的婴儿依然便秘。体重增加在这一阶段可能放缓，这很正常。

这个月龄开始，就有着急的姥姥或奶奶开始给孩子把尿了。这时候给孩子把尿，没有太大的意义，即便偶尔成功一两次，大多数情况还是要失败的。比排便训练更重要的事情时让婴儿到户外进行空气浴。日光浴的时间随季节而定，但每天至少应保证2个小时。哪怕是寒冷的冬天，也应该在没有雾霾的天气里，让孩子到室外呼吸新鲜空气。接触室外的新鲜空气，可以锻炼婴儿的皮肤和呼吸道粘膜。而且，外面的一切更会令婴儿心情愉快，这种良好的精神状态有利于孩子的健康。

这个时期是婴儿几乎不得病的时期，即使兄弟姐妹中有患麻疹、流行性腮腺炎的，也不会传染给他。父母感冒有时会传染给孩子，但不会高热，只是出现流鼻涕、打喷嚏等轻微症状。

宝宝发育知多少

第120天时男女宝宝的成长数值

项目	男宝宝		女宝宝	
	正常范围	平均值	正常范围	平均值
体重	5.6～8.6千克	7.0千克	5.1～8.1千克	6.4千克
身长	60.0～67.8厘米	63.9厘米	58.0～66.2厘米	62.1厘米
头围	39.3～43.9厘米	41.6厘米	38.5～43.0厘米	40.6厘米
胸围	38.5～45.5厘米	41.9厘米	37.2～44.4厘米	40.8厘米

1 身体运动

大运动 能俯卧撑胸，拉坐时头不后垂。平时可以锻炼宝宝俯卧撑胸，不过俯卧要在空腹时进行，大人用玩具或声响来逗引宝宝抬头。逐渐减少大人的帮助，使宝宝能独立撑胸抬头。

精细动作 能注意桌上的小丸，开始伸手抓东西。妈妈可以在桌面上向宝宝的方向滚动小球，让宝宝接住拿起。桌面上放一些小糖丸或小豆豆，引导宝宝注意并用手抓起。

2 语言能力

开始咿呀作声。用发声玩具如拨浪鼓、花铃棒等让孩子感受动作产生的有节奏的声响。和宝宝一起玩耍，根据游戏内容和行为内容发出有关的声音，如用手掌拍着口腔发"啊呜"、"啊呜"声，玩鸭子玩具时发"嘎嘎"声，小狗玩具发"汪汪"声，汽车玩具时发"呜呜"声等，并尽量让宝宝模仿发声。

3 认知能力

追踪面前运动的大物体或人像。将宝宝喜爱的玩具交给他玩耍，然后用半透明的纱巾把玩具盖住，引导宝宝揭起纱巾拿玩具。用不透明的布盖住玩具的1/3、1/2或3/4，引导宝宝从布下拿出玩具玩耍。

4 社会适应能力

注视镜子中的影像。大人用一张纸挡住面部，然后从纸的一边露面并发出"喵喵"声，和孩子玩躲猫猫的游戏。让宝宝多与人接触，观察对熟人和生人的反应。教宝宝用微笑和发音与熟人交往，并提供孩子接触生人的机会，逐渐适应与生人交往。

营养饮食细安排

吃多吃少宝宝说了算

母乳喂养的宝宝，除了有稀便或四五天便便一次的"毛病"以外，其他方面都让母亲很省心。大多数婴儿吃了3个月母乳后，对配方奶和奶瓶很抵触。3个月的小婴儿已经有自己的主意了，一旦不喜欢，无论怎样都不会喝，有的甚至看到奶瓶就大哭。这种时候不用着急，因为到了4个多月，可以开始慢慢加辅食了。

对于人工喂养或混合喂养的孩子来说，每天的奶量最好不要超过1000毫升，否则可能引起厌食牛奶或者过胖。过胖的婴儿由于背负着多余的脂肪，动作迟缓，站立行走时间也会比其他婴儿晚。

对于奶量小、怎么也胖不起来的宝宝来说，没办法使他胖起来也好，因为没必要让婴儿太胖。一次喝120毫升奶还是喝180毫升奶，这是婴儿的自由。只要孩子精神饱满，脸上常常露出笑容，腿脚跳跃灵活，就是个健康的好宝宝。

发生了乳头错觉怎么办

　　宝宝越小，使用奶瓶的时间越短，纠正乳头混淆就越容易。纠正方法也没有更多选择，就是停止使用奶瓶，在宝宝重新接受妈妈乳头之前使用小勺喂奶，或者任何宝宝能接受的奶瓶以外的喂奶方式。

1 喂奶前刺激奶阵
乳头混淆的宝宝拒绝妈妈乳头的最大原因是觉得这样吃奶没有吃奶瓶来得快、来得容易。所以妈妈可以在喂奶之前刺激出奶阵来，让宝宝一吃上奶头就能大口地吃到母乳。具体做法是，放松心情，想着宝宝吃奶的可爱样子，用洗净的手指轻轻捏住乳头左右转动，并不时触碰乳头的前端。当乳房有痒痒的感觉、乳房变硬、乳头潮湿，轻轻一捏，会有奶水喷出来，就表明奶阵来了。赶快抱起宝宝来喂吧。奶阵刺激法对使用吸奶器吸奶也很有帮助哦。

2 最好在宝宝不太饿、心情好的时候尝试给母乳
这样宝宝会更有耐心多尝试一会儿。有的家长以为，饿着宝宝，宝宝最后就不得不吃母乳了。这是错误的。饥饿的宝宝不会有耐心来探索吸吮母亲乳头的技术的。妈妈可以先抱着宝宝玩，让宝宝接近胸部，然后自然地把乳头送到宝宝嘴边。不要突然喂母乳，不要强迫喂，也不要过于频繁地尝试喂奶。这都会让宝宝更讨厌吃母乳这件事。

3 让宝宝学会等待
宝宝并不完全拒绝吸吮妈妈乳头，也会用正确的衔乳和吸吮姿势来吃母乳，只是还不明白妈妈的乳汁是一个奶阵一个奶阵分泌的，不像奶瓶里的奶那样能一直大口吃到没有。所以，当一个奶阵过去，下一个奶阵还没到来的时候，不能耐心地一边吸吮一边等待，会吐出奶头大哭。这时妈妈有两种做法可以尝试：一是把宝宝抱起来哄逗，等情绪好转了再喂奶。二是用上喂奶辅助器，在两个奶阵之间缓慢地释放奶水，"挽留"宝宝继续吸吮，以便刺激出下一个奶阵来。

体重一直不增加怎么办

　　父母可以参考儿童健康手册，里面有一项男女宝宝体重生长曲线图，如果宝宝的生长值在3%～97%都算正常。观察宝宝的成长最好是看曲线图的百分比的稳定度，而不是增加几千克。例如宝宝9个月左右时，体重增加不是很明显，因为此阶段，宝宝刚开始学会爬行或走路，体力消耗较多，体重当然增加不多。所以，只要曲线图的记录维持在一定的范围，例如每次记录都在50%～75%，就属于正常，但不能忽高忽低。

1 高于97%者需要做什么？

通常宝宝成长能够到达97%多是受到父母遗传的影响，若身高发展也是配合高百分比，且无健康不良或行为发展异于同龄小孩，父母无需担心。

2 低于3%者需要做什么？

宝宝体重若低于3%，父母应留意是否有疾病或营养不良等问题，家长可以先观察以下3个方面：

进食情况	当宝宝4个月大以后，饮食就会开始不专心，若大人也跟着不专心或疏忽了宝宝的营养，宝宝的体重自然增加得不如预期。若宝宝进食情况十分不良，可以先详细记录宝宝一天进食的分量，然后带到医院找小儿肠胃科医师诊断。
观察大便	是否容易腹泻、慢性腹泻或呕吐，或者吸收不良、尤其脂肪吸收不良等，若有，也应带到小儿肠胃科去做诊治，
是否有疾病	若有心脏病、尿酸症等代谢问题的疾病，也可能会影响宝宝体重。

健康护理全知道

有一种腹泻叫饥饿性腹泻

这个月龄宝宝的腹泻不是什么可怕的事。因为这时候的婴儿没有吃什么不易消化的食物，大部分宝宝只是吃母乳、配方奶或蔬菜汁。大便里带有颗粒状物，并混有黏液，大便由黄色变成绿色，由有形便变成水样便，次数增多。如果带宝宝去看医生，往往被诊断为消化不良。但仅仅以便便的形态判断是不准确的。如果宝宝的情绪与平时完全一样，爱吃奶、不发热、体重增长正常（平均每天增长20克），这就说明"腹泻"对孩子是无关紧要的。实际上，婴儿常常在没有任何明显原因的情况下出现"腹泻"。母乳分泌量忽然增多，或配方奶过量，或蔬菜汁种类改变等，都经常会导致便便的次数增多、水分增加。

"腹泻"最麻烦的是痢疾杆菌或病原性大肠杆菌进入配方奶中，引起的肠炎而出现"腹泻"。如果是这种情况，婴儿会有异常的表现，如发热、不如以前爱吃奶、吐奶、笑容消失、体重骤减等症状。但是只要严格消毒清洗宝宝的奶瓶，就不会感染上细菌。如果妈妈自己腹泻，那么在喂奶前必须将手彻底洗净，否则容易使病菌侵入婴儿体内。不过，细菌引起的腹泻用抗生素就可以治愈，不会延续很长时间。

延续较长时间的"腹泻"大都是因为母亲过分小心所致。开始出现无原因的"腹泻"时，母亲惊慌失措，将一直吃的母乳和配方奶混合喂养改成只喂母乳（不仅母亲，医生也会这样要求），想等婴儿大便正常后再加配方奶。可是"腹泻"一直不见好转，不得不只用纯母乳坚持。这样一来，"腹泻"往往要持续1周以上。如果"腹泻"的婴儿状态很好，可以逐渐增加配方奶，慢慢恢复原来的喂养方法，这样大便不久会恢复正常。吃辅食出现"腹泻"时也是一样，停掉辅食只喂配方奶，"腹泻"不会立即改变，只有在恢复辅食后才能逐渐恢复。如果宝宝没有异常，轻微的腹泻不改变原来的喂养方法同样能治愈。

　　当出现腹泻的婴儿精神很好，只是因饥饿才哭闹，这时如果妈妈只喂母乳或者只喂稀配方奶，腹泻就会持续下去，通常把这种腹泻叫做"饥饿性腹泻"。

如何带小宝宝出门

　　从宝宝出生后，大部分时间都是待在家，很多新手父母都有疑问"究竟什么时候才可以开始带宝宝出门呢"？下面，我们针对不同月龄的宝宝，介绍带宝宝出门的方法。

0～1个月 户外空气和日光浴	出生3～4周时，可以打开窗户，让宝宝呼吸一会儿外面的新鲜空气。等出生1个月时，可以在天气好时抱着宝宝外出10～15分钟。但要注意，在宝宝出生满1个月前，要避免让宝宝直接受阳光的照射。
2～3个月 简单的散步	在这段时期，可以带着宝宝进行简单的散步，建议多往公园、绿地走走。可将宝宝放在婴儿车里，散步的时间最好在早上10点左右，在家的周围转一圈，并将时间控制在20～30分钟最为适当。这个期间宝宝抵抗力较弱，所以建议父母们避免到人多的地方，以及太长时间的外出。
4～6个月 适时的外出	此时宝宝对周围的事物开始感觉到更多乐趣，所以可以经常带着宝宝外出。而随着宝宝的成长，妈妈照顾起来也较顺手，因此出现了一些闲暇时间，能一边散步一边认识其他的妈妈们，相互交流育儿经验。外出时，最好让宝宝乘坐婴儿车，夏季时给宝宝戴上帽子避免紫外线伤到宝宝娇嫩的皮肤，并注意随时为宝宝补充水分。冬季则要准备小毯子及保暖衣物，放在婴儿车底下，注意温度变化，随时做好保暖工作。

男女宝宝护理有何不同

1 男宝宝

男宝宝经常把小便弄得到处都是，家长换完尿布后，要仔细地清洗臀部。洗好手后把宝宝放在垫子上，解开衣服及尿布，用卫生纸擦去尿布上的粪便。清洗顺序为：

1	调皮的男宝宝经常会在解开尿布时撒尿，因此，解开后应将尿布保留一会儿再打开，小心擦去尿液或粪便。
2	抬起宝宝的双腿（将其中一手指放在宝宝两踝之间，起分开双腿的作用），用毛巾蘸温水清洗宝宝的肛门和屁股，撤去尿布。
3	换另一块干净毛巾由内向外清洁宝宝大腿根部及阴茎部的皮肤皱褶，注意清洁阴茎下和睾丸下的尿渍和大便。清洁睾丸下面时，应用手轻轻托起睾丸。清洁阴茎时，应顺着阴茎的皮肤，不要拉扯阴茎的皮肤，也不要将包皮上翻。
4	最后用小干毛巾擦干尿布区，让宝宝光着屁股蹬一会儿脚。水分完全消失后，在肛门、臀部、大腿内侧、睾丸附近擦上护臀霜即可。

2 女宝宝

给女婴换尿布时，注意要彻底清洗婴儿的臀部，否则臀部很快就会发红和疼痛。家长要先洗净手，把宝宝放在垫子上，解开衣服及尿布，用卫生纸擦去粪便，然后抬起婴儿的腿，用浸过水或清洁露的湿棉花，擦洗她的小腿各处。清洗顺序为：

1	用一块干净的棉花擦洗她的大腿根部皮肤皱褶,擦时注意由上而下,由内向外。
2	抬起宝宝的双腿,并将一手指置于她的双踝之间。接下来要清洁宝宝的外阴部,注意也要由前往后擦洗,防止肛门内的细菌进入阴道,更不要清洁阴唇里边。
3	用干净的棉花清洁肛门,然后是臀部和大腿,向里擦洗至肛门处。洗完后,撤走尿布,家长洗净双手。
4	用卫生纸擦干她的尿布区,然后让她光着屁股玩一会儿,使臀部暴露于空气中,尽快晾干。
5	在外阴部四周、阴唇及肛门、臀部等处擦上护臀霜或爽身粉。

开始流口水了

1 口水太多会引发这些问题

长湿疹	口水如果流得太多,加上没有及时擦拭或清洗,有时就会在脸颊、嘴巴周围、脖子、胸前部位出现红疹子。这是因为肌肤长时间处于潮湿状态,受刺激而导致湿疹或发炎。一旦发现宝宝肌肤略为粗糙、发红,可以先从生活照顾来改善,尽量维持各个部位的干燥及清洁,肌肤就会恢复健康。但是,如果某些部位已经明显出现长疹子或红肿现象,则应该带宝宝就医。通常只要遵照医师指示,涂抹宝宝专用的安全药膏即可,几天之后就会有所改善。
吞咽、咬合异常	一般来说,绝大多数宝宝流口水都是正常的生理反应,通常等宝宝再大一些,就能远离口水流不停的情况。但是,如果宝宝的流口水情况一直到2岁后还是很明显,就要留意是否有吞咽发育异常、咬合异常等特殊原因。
口鼻问题	通常在宝宝生病时,例如口腔炎、咽峡炎、鼻塞、发生蛀牙等,也可能出现较明显的流口水现象。所以,在宝宝流口水的时候,需要留意是否有伴随其他的不舒服症状,并视情况尽早就医检查。

保护嘴巴周围干燥	建议父母准备几条质地比较柔细、吸水力较好的棉手帕或毛巾，在宝宝流口水时，用轻轻按压吸干的方式，避免用力擦拭，以免肌肤因为过度摩擦而红肿或发炎。
勤换围嘴或上衣	如果流口水状况比较严重，可以多准备几件换洗的围嘴，或是直接更换上衣，如此也能够减少口水产生的异味。一般来说，考虑到换洗晾晒的需要，准备 5～8 条围兜基本就够了
照顾嘴部周围肌肤	如果口水流得比较多，可用温清水稍微清洗一下嘴巴，并等下巴或脖子周围肌肤干爽之后，适量涂抹一些宝宝专用的护肤用品，以减缓肌肤受到的口水刺激。
训练咀嚼能力	从出生后四五个月开始，宝宝流口水的情况就会日益明显，此时可让宝宝吃一些牙饼，来训练咀嚼、吞咽能力，流口水情况也会慢慢改善。
缓解出牙不适	宝宝在乳牙萌出时多半牙龈发痒、胀痛、口水增多，可给宝宝使用软硬适度的口胶，6 个月以上的宝宝可啃点磨牙饼干，也可使用干净的固齿器来缓解出牙的不适。

湿疹再严重也不能用激素药膏吗

国内外的临床经验均表明，对于中重度湿疹的治疗，外用激素药膏是首选。但用关键词在百度上检索"湿疹 激素"，显示出来的绝大多数信息是不要使用激素，这很容易误导家长，延误宝宝湿疹的治疗。

1 真的不能长期用激素？

湿疹本身就是反复发作的疾病。尤卓尔属于弱效激素，小面积断断续续使用不会有严重不良反应。激素药膏的副作用常常被高估，很多妈妈选择让宝宝硬扛着也不愿意选含激素药膏来减轻宝宝的痛苦，导致最初也许很容易就控制住的小面积湿疹被拖成了大面积不易控制的难治湿疹。一般长期大剂量口服激素才会抑制幼儿生长。

外用激素长期用的不良反应局限于皮肤，包括皮肤变薄或色素沉着等。另外，即使不用激素药膏，湿疹的皮肤在恢复期也会造成皮肤色素的改变，是疾病自身引起的皮肤颜色变化，不一定是激素造成的色斑，随着时间的推移，色斑会慢慢褪去。

2 激素类药膏的使用原则

宝宝湿疹外用激素药膏的使用原则：

1	治疗时尽可能选用低等强度的药膏，除非是控制中重度湿疹的急性发作（此时可以选用强一点的激素）。
2	激素类药膏一般每日一到两次。
3	全身涂抹时，使用面积尽量不要超过体表面积的 1/3。
4	使用时间以 5 ~ 7 日为宜，同一部位连续使用不超过 2 周。
5	如果同时使用两种以上的药膏，每种药膏之间涂抹的时间要间隔半小时以上。

治疗宝宝湿疹，要在专业医师的指导下按治疗指南使用药品，不要把外用激素药膏想象成洪水猛兽，也不要轻信所谓的纯中药不含激素。有报道在英国和香港的一些中医诊所，经常会有所谓的不含激素药膏被检测出含有地塞米松之类的激素。与其在不知情的情况下滥用激素药膏，不如明明白白合理使用激素药膏。

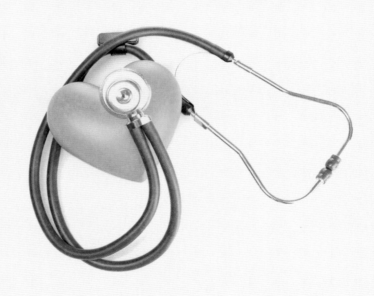

赶走讨厌的湿疹

1 远离过敏食物

一般来说，家长要观察有没有食物过敏，特别是牛奶、鸡蛋蛋白的过敏。妈妈吃鱼、虾、蟹等，过敏成分也可随乳汁传给孩子。如果对食物过敏，就要寻找合适的替代品，妈妈在哺喂母乳期间也要远离易致敏食物。

2 局部保持清洁

要保持宝宝局部皮肤的清洁，避免溃破感染。渗水结痂时，不要用热水肥皂擦洗，应该用植物油轻轻涂擦，不要强行把痂皮剥下。

3 避免搔抓

宝宝可能会用手搔抓或睡觉时在床单上蹭脸来缓解瘙痒。但搔抓及摩擦可能会进一步刺激皮肤，或使皮肤发炎，并导致病情更糟。在宝宝的床上尽可能使用最软的被单，剪短宝宝的指甲，把宝宝放到床上时在他的手上套上棉手套或棉袜子。如果你的宝宝因为湿疹而无法入睡，请告诉医生，他会建议宝宝服用一定剂量的抗组胺药物如扑而敏，这些药物能减轻瘙痒的感觉，使你的宝宝睡得更安稳。

4 治疗湿疹的天然药方

可以根据家里的条件试试下面的方法，效果也不错。

盐水盆浴、淋浴	把一撮盐放入 100 升水中烧开，水凉到合适的程度后给孩子洗盆浴或淋浴，等宝宝身体干后换上干净的尿布。
茄子擦洗	选择新鲜的茄子，洗净切条，用温水浸泡后把茄子捞出，等水温合适放入少量食盐，食盐完全溶解后可以用毛巾蘸水清洗婴儿臀部，每天 2～3 次。
黄瓜按摩	把黄瓜切成圆片，贴在婴儿臀部湿疹处，10 分钟后蘸清水擦洗干净。
芦荟汁液洗浴	清洗干净芦荟，挤出汁液涂抹在湿疹部位，也可以用脱脂棉毛巾蘸芦荟汁擦洗。

脑袋睡偏了，及时纠正

新生儿的头骨比较柔软，这样能更加顺利地通过产道。在出生之后，新生儿的颅骨会继续发育，脑容量也持续增加，正是这些头骨的缝隙提供了脑部的成长空间。在头骨尚未完全钙化、骨缝没有完全愈合之前，头型都有充裕的可塑空间。

1 调整睡姿和抱姿

长期固定地保持同一种睡觉姿势，就容易给头型造成较大影响。仰睡会让宝宝的后脑勺扁平，而趴睡又有窒息的担忧，而且还可能影响到宝宝的脸型。因此，侧睡是相对来说比较合适的睡姿，能够有效防止后脑勺变扁。

1	如果采取俯卧睡姿，必须有专人看护，随时注意孩子的呼吸道是否通畅，防止呼吸道阻塞。
2	如果采取侧卧，则应两侧适时交替，不要固定于某一侧，以免造成脸型不对称，并注意不要将耳轮压变形。
3	最适合俯卧与侧卧的时间是出生到 3 个月期间，3 个月以上的孩子睡姿可以自由一些。
4	有五官过于靠近的家族史的孩子，脸型过小或颅骨的前后径大大超过左右径的孩子，不适合仰卧或侧卧。

2 3个月后再使用辅助用具

目前市场上有一些帮助调整宝宝头型的辅助用品，比如塑型头套。和枕头一样，3个月之前的宝宝也不适宜使用塑型头套，因为宝宝的颈部控制能力还不足。为了避免宝宝颈椎受伤，即便想使用辅助用品，也应等宝宝满3个月之后再进行，在3个月之前宜采用调整睡姿的方式来塑造头型。

宝宝成长信号全记录

周数	每日奶量	身长	体重	其他
3个月零1周				
3个月零2周				
3个月零3周				
我们满4个月了				

出生 4~5个月
FROM 4 TO 5 MONTHS

第5个月记

我轻轻地呼唤你的名字，你竟然转过来头来对着我笑了一下。宝贝儿，你的本领越发多了起来，与你相处的每一天都是一个学习的过程。你教会了妈妈很多东西，轻柔、耐性、认真，在妈妈还是个小姑娘时，完全不明白这些词语的意思，现在，宝贝儿，妈妈懂得了。谢谢你！

生命的足迹

虽然月龄只长了1个月，宝宝的本领却比上个月增加很多。这个月几乎所有的婴儿都能挺直头部，当听到有人喊自己名字时，会立即转头去找。手的活动也变得相当自由，经常把手放进嘴里吸吮着玩，有的婴儿还能把两手合在胸前。快5个月时，已经能开始主动抓东西了。能清楚表达自己的感情，流露出喜怒哀乐等不同的情绪，不高兴时放声大哭，而高兴时经常笑出声来。

从这个月开始，婴儿对周围的事物不仅是看，开始有了记忆。当然，最开始记住的还是母亲的面孔，一看到妈妈就会露出高兴的神态，有的孩子一看到妈妈离开自己的身边就开始哭。打疫苗时哭得厉害的婴儿，从此后再看到穿白大褂的人就会哭。

当然，这时候宝宝每天的活动还是以睡觉为主，觉多的宝宝，上午下午傍晚要睡3次。白天如果上午出去透透气，那么余下的活动时间就很少了。宝宝睡觉的时候，最好不要随意叫醒孩子，打乱婴儿睡眠是一种破坏基本生命节奏的做法，是违背自然规律的，会使孩子产生反感。所以，这个时期，还是应该按照婴儿的睡眠规律安排生活。

有的婴儿到了这个月，可以从夜里11点一觉睡到早晨5点或6点，这期间不排尿也不醒，但多数婴儿要夜醒两三次。有的婴儿不用喂奶，只是稍抱一下就能继续睡，母乳喂养的宝宝，一般都需要喝着母乳继续入睡。

这个时期的宝宝趴着时，能两手支撑起身体长时间抬头。手里拿着玩具时还会胡

 生命的足迹

乱挥动。发育稍快的婴儿，到了5个月能坐2~3分钟。不过没有必要勉强让婴儿练习坐立。醒着时已经不愿意老实躺着，总想翻身，偶尔如果正好蹬到被子上，偶尔也能翻过身，可实际上这个月龄的宝宝还不具备180度翻身的能力。由于运动越发活跃，坠床的危险也从这个月开始大起来。

到了这个月龄还没有上述手脚运动的婴儿，可能是平时睡得太多了。这样的孩子白天应尽量抱到户外活动。不过不论爱动还是爱静的孩子，迟早都将学会坐起、站立和跑跳等动作，1~2个月的推迟不意味着有病理意义，所以妈妈们没必要放在心上。

宝宝出牙的时间有所不同，早的过了4个月就开长出下面的2颗小门牙了。但也有快到1周岁时才出牙的婴儿。

这时候的婴儿不会得严重的病。支气管黏液分泌过多的婴儿，气温稍有变化就有反应，胸部发出呼噜呼噜的声音。但只要婴儿精神好、吃奶正常、不发热，就不用担心。如果去医院，也许会被诊断为"哮喘性支气管炎"，在医院输液治疗期间，反而可能会被传染上其他疾病。4个月婴儿的百日咳、水痘等一般都是这样被传染上的，有时还可能会被传染上"急性结膜炎"。

这个月的婴儿极少出现高热（38～39℃）。如果出现高热，大多是中耳炎引起的，特别是夜里哭闹厉害难以入睡时，中耳炎的可能性非常大。患外耳炎的宝宝也会哭闹，但不会发热，只是外耳孔处肿胀堵住耳道，一碰很痛。夏季如果持续高热在39℃，有可能是暑热症。一般从清晨到中午出现，下午就退下来了。

宝宝发育知多少

第150天时男女宝宝的成长数值

项目	男宝宝		女宝宝	
	正常范围	平均值	正常范围	平均值
体重	6.1～9.2千克	7.5千克	5.5～8.7千克	6.9千克
身长	61.9～69.9厘米	65.9厘米	59.9～68.2厘米	64.0厘米
头围	40.3～44.9厘米	42.6厘米	39.5～44.1厘米	41.6厘米
胸围	39.1～46.3厘米	42.4厘米	38.1～45.3厘米	41.7厘米

1 身体运动

大运动 能仰卧位翻至侧卧位。平时要注意锻炼翻身动作，让宝宝仰卧，拿一个宝宝喜欢的玩具放在宝宝翻身才能够得着的地方，引导宝宝侧卧。开始时大人可帮助孩子翻到俯卧位，以后不提供帮助，让宝宝独立完成。然后再锻炼由俯卧到仰卧，方法同前，只是方向相反。

精细动作 5个月能抓取近处的玩具了。可以抱着宝宝坐在桌前，桌面放一些小玩具如小球、小铃铛、能出声的塑料玩具等，引导宝宝注意玩具，然后把玩具放在离宝宝手不远的地方，让宝宝抓握拿起。

2 语言能力

这个月龄的宝宝在呼唤名字时会转向声源。平时父母和宝宝在一起时要有意识地教宝宝发一些简单的音节，如"爸爸"、"妈妈"等。日常生活中也可以多次重复宝宝经常看到的物体的名称，例如经常看灯，就反复说"灯"，经常摇铃就说"铃铃"等。

3 认知能力

坐位时能寻找落地滚动的线团。可以用绳子系住玩具，示范和引导宝宝通过拉绳而获取玩具。也可以把宝宝放在桌子前，让红线团或皮球从桌上滚过，滚出宝宝视野，示范和引导宝宝寻

找线团、皮球。

4 社会适应能力

宝宝开始认识镜中的自己，知道那不是别人而是自己，并对呼叫自己的名字有反应。可以将孩子抱在镜子前引导孩子注视镜中的自己和妈妈，并对镜子中的婴儿说话："镜子里有谁呀？镜子里有XXX（孩子的名字），有妈妈。"还可以在孩子手中放一个玩具，让他晃动，逗引他观察镜子中婴儿相应的动作，促进自我意识的发展。

在和婴儿玩耍时要有意识对他做出不同的面部表情，如笑、怒和淡漠等，训练婴儿分辨这些面部表情，使他逐渐学会对不同表情做出不同的反应，学会正确表露自己的感受。

营养饮食细安排

别觉得母乳没营养了

关于刚出生的婴儿是否用母乳喂养，喂多久的问题可以说争论不休。大部分人都认为6个月之后奶水就没有营养了，就应该给宝宝换成配方奶。关于这个争论，央视财经《是真的吗？》栏目组特派真相小分队通过一系列实验给出了结果。

通过志愿者的提供，真相小分队分别收集到了2个月、5个月、6个月、7个月、11个月的母乳样品，通过检测蛋白质、脂肪、乳糖这三项母乳中最有营养的物质，结果发现，母乳中的营养物质和时间之间没有任何规律，但是和母亲本身的营养有关系。所以，妇产科专家告诉所有正在母乳喂养的妈妈：如果你有条件，最好用母乳喂养2年；如果实在无法保证，也请坚持12个月。

来例假还能喂奶吗

产后月经的恢复是一个自然的生理现象。恢复的时间有早有晚，早的可在满月后即来月经，晚的要到宝宝1岁以后才恢复。记住，不论月经在什么时候恢复，都不是你断奶的理由。

一般说来，产后月经的恢复与你是否坚持母乳喂养有一定关系。哺乳时期越长，吸吮乳头的次数越多，或婴儿越大刺激乳头的吸吮力越强，这些都有利于血浆内催乳激素的水平增高，这对抑制月经恢复最能起作用。如果较早停止哺喂母乳，血浆内催乳激素的水平降低，抑制月经的作用减退，月经也就很快恢复。

月经来潮时，泌乳量减少有可能是因为妈妈本身感觉比较疲惫、不适，或者情绪有波动，所以导致泌乳量有所变化。不要紧，只要这时候及时补充睡眠及饮水，调整好身体状态，几天之后就会恢复正常。

辅食添加还有点早

有些家长从孩子出生第2~3周起，不管母乳是否充足，就给婴儿加喂米汤、米湖或乳儿糕，认为这些半固体谷类食物比母乳更有营养、更耐饥。其实，这是不科学的。

虽然母乳看起来稀薄，实际上含有的营养素和所供给的能量都比米糊、乳儿糕多且质优。特别是3个月以内的婴儿消化谷类食品的能力尚不完善（如缺乏淀粉酶等），不适宜进食米、面类食品。谷类食品中的植酸又会与母乳中含量并不多的铁结合而沉淀下来，从而影响婴儿对母乳中铁的吸收，容易引起婴儿贫血。另一方面，婴儿吃饱了米糊、乳儿糕等食品，吸吮母乳的量就会相应减少，往往不能吸空母亲乳房分泌的乳汁，以致母乳分泌量逐渐减少。此外，在调制添加食品过程中极易发生病菌污染，并因此引起婴儿腹泻。

母乳是婴儿最合适的食物，不但供给小儿十分丰富、易于消化吸收的营养物质，而且还有大量增强抗病力的免疫因子。母乳直接喂哺既卫生又经济，还可促进母子感情，有助于婴儿心理发展。

健康的母亲一般都有足够的乳汁喂哺自己的宝宝，但也有极少数母亲由于疾病或其他原因，没有母乳或乳汁不足，则必须以牛乳（或羊乳）代替母乳（称人工喂养）。冲调方法应按乳制品包装上的说明或在医生指导下进行，不可任意加浓或冲淡，否则会引起不良后果。

最容易"坑娃"的错误喂养方式

有时候，很多看起来"理所当然"的喂养方法，实际上却并不那么科学。别管这些方法是"过来人"告诉你的，还是你自己"参悟"的。看看下面这些喂养错误吧，它们在妈妈当中出现的频率相当高，不可不慎哦。

错误 1：我的母乳不够，提前给宝宝添加辅食吧。

用辅食来填补奶量，这是一种错误的喂养方式。0～4个月是纯奶期，在无特殊原因的情况下，不建议给宝宝添加果汁或菜汁等，而纯母乳喂养的婴儿更是要到6个月后再添加辅食。吃配方奶的宝宝要在4～6个月时先添加铁强化米粉，米粉可用苹果汁调配（苹果汁里丰富的维生素C能帮助吸收铁质）。等宝宝学会吃米粉，再吃蔬菜泥，学会吃3种蔬菜后，再考虑吃水果和蛋黄。

另外，添加辅食也不能完全依据宝宝的月龄，同时还要考虑宝宝生长发育的情况，比如宝宝是不是能坐好、是否对辅食感兴趣等。

 错误 2：既然宝宝喜欢喝乳类饮料，那么乳类饮料完全可以代替鲜奶、配方奶和酸奶。

鲜奶、配方奶和酸奶的营养各有不同，也各有侧重，要根据其特点适时喂养。配方奶的营养最好，添加了许多婴幼儿生长必需的营养元素，2岁前的宝宝都以配方奶为主，吃奶量每天不超过1000毫升，1岁前每天吃奶量需保持在400～500毫升，2岁后可转为鲜奶，每天坚持喝1～2瓶鲜奶并保持终身喝奶的习惯。酸奶在1岁后可作为婴幼儿的点心食用，但绝不能代替配方奶或鲜奶。

另外，我们不主张给宝宝吃任何乳类饮料，它们所含的营养远远不如奶品，在购买时要注意区分乳类饮料和酸奶制品。

 错误 3：很担心配方奶的营养不足，添加一点奶伴和葡萄糖吧。

我们不主张在配方奶中添加奶伴或葡萄糖，葡萄糖会影响婴儿的食欲，而奶伴更是没有必要，因为配方奶粉中已添加了婴幼儿所需的各种营养素。

 错误 5：宝宝的食欲一直不好，吃些开胃的药或是其他婴幼儿保健品吧。

宝宝不爱吃饭有很多原因，比如肠胃功能不好、不良的膳食行为、挑食偏食比较严重等，导致机体营养素缺乏或不平衡。也可能是家庭膳食技能太差，使得宝宝对饭菜不感兴趣。因此，面对宝宝的食欲问题，不能仅靠药物和简单的方法来解决。胃口不好一定要去看医生，由医生针对这些问题来提供解决方案。

 错误 4：蒸馏水纯度更高，用来给宝宝调配奶粉也更好。

不要用蒸馏水、纯水、无离子水等来调配奶粉，其实开水很适合冲调婴儿奶粉。

错误6：宝宝病愈之后瘦了很多，需要尽快补充营养，多吃些高营养的食物吧。

　　在病愈初期，首先应考虑的不是养补充，而是让肠道功能尽快恢复，吃一些比较容易消化的食物，这样才能更好地吸收食物中的营养。所以，在给病愈之后的宝宝安排饮食时，食物品种要慢慢增加，而不是一下增加很多。

宝宝开始厌奶了

　　一旦进入厌奶期，很多宝宝都会出现如下情形：用舌头将奶嘴顶出来、喝奶时喝喝停停或根本不喝、喝奶量明显减少等。造成宝宝厌奶的原因大致可分为病理性、生理性及心理性等3个方面，家长一定要先了解清楚具体的厌奶原因，然后再对症下药。

1 病理性厌奶

患有先天疾病 主要是先天性疾病导致吸吮和吞咽出现问题，比如患有软喉症的婴儿，其喉部软骨构造的缺陷容易造成呼吸道阻塞，一旦宝宝呼吸不畅快，自然就会影响到喝奶的意愿。

急性感染病症 如感冒、急性咽喉炎及各种造成呼吸道不适的病症，容易使孩子喉咙不舒服、鼻塞，导致呼吸不顺，便很容易让宝宝厌奶。如果是肠胃道或泌尿道出现感染病症，则会出现腹痛、发烧等症状，全身都感觉不舒服，自然会食欲低落。

2 生理性厌奶

对其他食物产生兴趣 随着生理发展的需要，到了4~6个月时，宝宝会自发性地开始由"奶"（不论是母奶或配方奶）进入到需求其他食物的阶段，这是很正常的自然规律。如果宝宝此时对其他食物的兴趣过于浓厚，那么厌奶状况就表现得更加明显。

长牙的影响 大约6个月大时，宝宝开始长牙，口腔自然发展出咀嚼的需求，这时就不喜欢吸吮，而是想磨牙或吃更适合咀嚼的食物。

3 心理性厌奶

不良的喂食习惯 当宝宝不喝奶时，家长还要硬塞给他喝，很容易便造成宝宝的抗拒情绪，以后的厌奶情形会越来越严重。

情绪受影响　如果家长喂奶时缺乏耐心，一直催促宝宝快喝，而不是提供平静温和的喂食环境，那就很容易让宝宝产生压力，进而影响喝奶的情绪。

注意力不集中　有些宝宝非常活泼好动，很容易受环境因素干扰而分心，自然也就无法专心喝奶。

对配方奶不适应　有些配方奶中的铁质含量较高，容易造成肠绞痛、便秘或胀气等问题，影响宝宝的食欲。

4 改善厌奶

如果宝宝因为生病不舒服而影响食欲，应尽快找出病源进行治疗。如果宝宝的活动量正常，精神状况也很好，就是不太想喝奶，那么问题就不是很大。此时家长需要多花点心思，先观察孩子的状况，并审视自己的喂食情形，找出症结后再做改善。

有些宝宝的厌奶期会持续很久，有些则经过一段时间后就恢复正常，只要孩子的体重没有明显下降，或者生长曲线在合理范围内，家长就无需太过担心。现在给家长提供8个方法，帮助宝宝轻松度过厌奶期。

营造良好的用餐气氛　喂食环境的光线可以调得柔和一些，或者播放一些轻快的音乐，减少嘈杂声音的干扰。

让宝宝情绪稳定　在喂奶时不要让宝宝有不安的情绪，尽量让宝宝感受到良好的亲子关系和充分的安全感，这样才能有稳定的情绪好好喝奶。

减少喝奶前的饮食摄取　在喝奶之前1个小时，不要给宝宝吃东西，也不要喝太多水。

降低外界的干扰　如果宝宝容易受人、事、物影响而分心，父母就该营造一个安静的进食环境。最好是关掉电视，隔绝其他大人的干扰。

不用强迫手段　很多家长都担心宝宝喝太少会长不大，于是采用强迫的方式。但是这种做法反而会让宝宝对吃奶产生恐惧。其实只要宝宝身高、体重等发展状况都在可以接受的范围内，并不需要强迫他喝奶。这个时期家长应该思考，如何协助宝宝接受半流质的辅食，而非强迫他喝奶。

改变喂食方式　当宝宝出现厌奶的征兆，爸妈可以从改善喂食方式做起，采取较为随性的方式，不需要按表作业。以少量多餐为原则，等宝宝想吃的时候再吃。可以通过游戏消耗宝宝的体力，例如按摩、肢体活动等，当他精力耗尽、感到饥饿时，进食的状况也会获得改善。

奶嘴洞大小要适当 有时候宝宝喝奶少，可能是因为奶瓶上奶嘴的奶洞太小，使宝宝吸得不顺畅，因此喝的量才减少。先将奶瓶倒过来，检查一下奶瓶上奶嘴的奶洞，是否能顺利流出，通常最佳的速度是1秒1滴，滴不出来或滴得太快，对宝宝都不好。

不要常换奶粉 看到宝宝不爱喝奶，家长可能直接想到：是不是这个牌子的奶粉宝宝喝腻了？可以更换别的奶粉，但更换速度不要太频繁，宝宝会没有时间适应。如果要换新牌子，也不要一下子全部换，最好和别牌子的奶粉混合搭配，并观察一周排便状况，若排便正常，表示适应良好，此时才可以更换全新的奶粉。进入厌奶期后，更换奶粉牌子的效果有限，如果试换了一两次仍没有起色，就可以放弃使用这个方法了。

Tips 如果厌奶期的宝宝有体重下降或生长曲线下降的情形，则表示已经对生长发展造成不良影响。此时家长应通过记录生长曲线来观察宝宝的状况。一般来说，宝宝的生长曲线在25%-75%之间都属于可接受的范围。如果生长曲线在厌奶期一直呈现下降情形，比如原来为50%，现在却下降到30%、20%甚至更低，那么家长就要高度注意，必要时请寻求医师的协助。

健康护理全知道

出汗多怎么回事

在门诊上经常会遇到一些家长询问说自己的孩子平时容易出汗，一活动就汗多，是不是得了什么病？或者体内缺啥营养了，需不需要补一下啊？其实，小宝宝出汗多有很多原因，有的时候汗多可能是正常的生理现象，并非全都是病态。那么，我们来看一下，什么是生理性多汗，什么又是病理性多汗。

1 生理性多汗

体质因素 生理性多汗是指孩子的生长发育良好，身体健康，没有任何疾病，但是却经常在睡眠中出汗。婴幼儿期由于新陈代谢旺盛，产热较多，皮肤比较薄嫩，加上小儿活泼好动，很多孩子晚上上床后也得跟家长玩闹一会儿，所以入睡后经常出现汗多的症状。

睡眠习惯不良 随着生活水平的提高，即使在冬季，暖气、空调也让屋子里的温度很高，但是家长还是害怕晚上睡觉的时候冻着孩子，因此给孩子盖得很厚。其实，孩子因为大脑神经系统体温调节中枢发育尚不完善，产热太多，再加上厚衣被的刺激，只能通过出汗才能发散体内的热量，来调节到正常的体温。

营养过剩 很多家长总是担心孩子营养不够，想方设法让孩子多吃补品，在入睡前经常吃些热量高的东西再睡觉，结果入睡后机体大量产热，只好通过皮肤出汗来散热。

2 病理性多汗

自汗和盗汗 病理性多汗也就是中医所说的汗证，是指在安静的状态下，或无故而全身或身体某一部位出汗过多，甚至大汗淋漓的现象。其中小儿比较常见的是自汗和盗汗。自汗指的是不管孩子醒着还是睡着，都会出现无故出汗；盗汗指的是孩子睡着的时候出汗，醒了汗就消了。

在临床上，孩子出汗的情况常常是自汗和盗汗同时并见。在中医看来，不管是自汗还是盗汗，大部分都是"虚"的表现。因此，我们经常说孩子爱出"虚汗"，多是由于喂养不当或消化吸收不良而造成的。护理上要注意调整喂养方法，促进小儿食欲，适当增加蛋白质、脂肪及糖的摄入量，必要时可采用中医中药调理脾胃不合。

疾病因素 还有些疾病也可使小儿表现出病理性多汗，如有的孩子后脑勺部位头发稀疏、脱落或没有头发，这就是因为小儿头部出汗太多，局部瘙痒，经常在睡觉时摇头与枕头摩擦，造成枕部环状脱发，医学上称之为"枕秃"。这是婴儿佝偻病的早期表现，只要早些发现并及时补充维生素D和钙，当佝偻病得到控制，出汗也就会自止。

玩具要选合适的

不少爸爸妈妈在拿玩具给宝宝玩时，其实是希望他能够安静地一个人玩一会儿，好让自己腾出时间来处理手中的事情。当然，有些时候这样做是必需的，但要记住的是，玩具只是亲子间亲密交流的辅助道具。对于孩子来说，最有趣最贴心的玩具就是妈妈陪伴的笑脸和亲切的话语。

1 悬挂类玩具

刚出生的婴儿视野狭窄，看东西十分模糊，且是平面的。出生2~3个月后宝宝可以看见自己的手。3~4个月后能看到距离30cm以上的物体，还可以左右摆动脑袋追逐移动中的物体。

从这时开始，宝宝可以开始享受玩具带来的快乐了。悬挂类玩具是宝宝最初的伙伴。首先，玩具的色彩要鲜艳，给宝宝以视觉刺激。其次，如果玩具能够发声，也能对宝宝的听觉起到刺激作用。第三，有节奏地旋转或上下移动的玩具也会吸引宝宝的目光。不只是宝宝，连我们大人有时也会无意识地盯着有规律移动的物体一直看。这时我们的呼吸会变得平稳，宝宝也一样，盯着有规律移动的东西会让他感到踏实。

悬挂玩具时，要考虑到玩具万一落下会不会砸到宝宝，因此不要放到宝宝脑袋的正上方。挂在宝宝双脚的正上方视线也比较合适。

2 发声类玩具

2～3个月左右，宝宝一直紧握的小手逐渐伸开，宝宝开始"品尝"自己的小手了。这时，可以含在口中摩擦牙床的玩具是宝宝的最爱。4个月后，宝宝的小手可以抓握了，多给他几种口含玩具，让他随意抓着含在嘴里品尝，他会很有成就感。

6个月开始，宝宝可以将一只手里的玩具递给另一只手，也可以两只手配合摆弄玩具。尤其是在宝宝坐稳后，双手一下子被解放出来，玩具对宝宝的吸引力进一步提高，宝宝非常享受体验各类玩具的不同触感，并尝试用舌头舔、牙齿咬等各种方式。

另外，宝宝的听觉从出生起就很敏锐，宝宝偏爱能发出清脆声音的玩具。摆弄玩具时，如果偶然听到响声，会想方设法再次让它发出声音。这些都是宝宝和玩具相处时的本能，妈妈们留意到这些，就能很好地"投其所好"。

帮宝宝获得成就感

Tips 不要把玩具直接递到宝宝手里，而是放到他的身边够得到的地方。让宝宝自己拿，自己让玩具发出声音，然后妈妈可以配合着跟着音乐哼首歌给宝宝听，通过这样的过程宝宝会获得极大的成就感。

3 球类玩具

宝宝6～7个月会坐以后，可以看得到远处的玩具，并试图横向移动伸手去抓拿。这时，如果旁边放的是个皮球，宝宝伸手一碰皮球就跑远了，宝宝的兴趣由此被激发，为了够到皮球移动得越来越熟练，慢慢就会爬了。因此，球类玩具是促进宝宝爬行的最佳玩具。

给宝宝大小不同的球

Tips 首先让宝宝观察球的触感，让他了解圆形的球和其他东西有何与众不同。比如先给他一个小球，让他可以捏在手里。再给他一个大球，让他明白这个用一只手是拿不起来的，必须双手配合。这样，宝宝就明白了圆形物体的特点。

防止会翻身的宝宝出现意外

宝宝会翻身了，固然是好事，可别忘了有可能因为宝宝的活动是增强及活动范围变大，可会衍生新的居家安全问题。

面对会翻身的宝宝，父母不要将宝宝单独放在床边、沙发等危险的地方，免得发生因翻身而坠落的意外。大人也可在床边装置护栏，或以棉被枕头堆在四周，划出一个安全的活动范围。但要注意护栏的栏距应小于宝宝的头宽，避免他的头卡在护栏内。

如果发现宝宝自高处坠落，父母应先观察宝宝的意识、眼球转动、对刺激的反应等，如果宝宝看起来没什么问题，家长可先处理外伤部分，并持续观察72小时。

宝宝成长信号全记录

周数	每日奶量	身长	体重	其他
4个月零1周				
4个月零2周				
4个月零3周				
我们满5个月了				

出生5～6个月
FROM 5 TO 6 MONTHS

第6个月记

宝贝儿，你第一次吃了一口母乳以外的食物。说真的，妈妈心里有点失落，也有点难过，终有一天你会完全不需要母乳，妈妈希望那一天晚一点到来。但是妈妈心里也很高兴，因为，你长大了。

生命的足迹

从这个月开始，宝宝就可以添加辅食了。你会发现添加辅食后，宝宝有了很大的不同，他可能不爱吃奶了，也可能对你精心准备的新食物并不感兴趣，他的粑粑也跟以前有了很大不同……不要着急，这些都是很正常的现象。

跟上个月相比，宝宝身体各部分的运动能力有了进一步加强，力气增大了，对自己周围的事物也越来越感兴趣。腿脚也越来越有劲，常常会把被子蹬开。发育早一点的宝宝已经能180度翻身。多数婴儿已经能靠着坐起来了，有的宝宝即使不靠着也能坐10～15分钟。还有的宝宝坐着时后背像虾一样屈起，够到自己的脚趾后用小嘴啃啃。不过不是所有的宝宝都能达到这个程度，也有些宝宝还处于3～4个月时的状态，这都正常。

这个月龄的宝宝能认清妈妈的脸，见到陌生男人的脸时，有的会大哭，还有的宝宝只要妈妈离开就哭。打针时，有的孩子一声不吭，有的打完过一会儿才哭，而有的宝宝针头触到皮肤的瞬间就开始大哭，这都是婴儿的个性。

跟上个月相比，白天的睡眠时间逐渐减少，一般还是上午下午各睡一次。白天活动多的宝宝，晚上就会睡得很沉。如果从未受过什么委屈的宝宝，晚上忽然大哭，可能是白天受到了惊吓，比如打疫苗时如果哭闹得厉害，晚上可能又梦见自己在打疫苗，所以会大哭。所谓的"夜啼"大多是从5个月是开始的。宝宝晚上因为惊吓大哭，怎么哄也不行。

便便方面，多数宝宝每天一两次，母乳喂养的宝宝，每天四五次或者四五天一次，都是正常的。

这个月龄出现较多的大便异常是腹泻。尤其是开始添加辅食的婴儿，大便可能忽然变稀，妈妈吓得赶紧停止添加辅食，改成只吃母乳或配方奶，可大便还是不成形。这时候的宝宝只吃奶容易饿，如果因为看到大便变稀就停掉辅食，腹泻不会好转，只有再次添加辅食，才能有效制止腹泻。

这个阶段宝宝小便的次数相对减少，排尿时间也比较规律。给性格老实的婴儿把尿，多数时候能成功。但这种做法只是节省几块纸尿裤，对宝宝的成长来说没有任何意义。

5个月后的宝宝很少发生吐奶了。但在炎热的夏季，偶尔会因喝了过多的果汁而吐出来。最常见的吐奶，是胸部积痰的婴儿在夜里睡觉咳嗽时，把睡觉前喝的奶全吐了出来。如果吐奶后婴儿一切正常，就说明孩子没病。

宝宝不喜欢吃辅食时也不要勉强。如果他用舌头把喂进嘴里的东西吐出来，就说明这时候添加辅食还有点早。如果宝宝用手去抓盛着米粉的勺子，表现出很想要的样子，那辅食的添加就会很顺利。也有的宝宝不喜欢米粥、肉泥等糊状的食物，而是爱吃饼干等固体的食物。与其勉强让宝宝吃他不喜欢的米粥，还不如暂时让他吃些鸡蛋、鱼肉等动物性蛋白，等上下牙长齐后直接吃米饭。不管怎么说，没必要强迫孩子吃不喜欢的食物。因为孩子变化很大，这个月不喜欢的吃的东西，过几天或过几个月，也许就很喜欢了。

近年来幼儿急疹的月龄越来越提前，5个月的婴儿中已经开始有得这种病的。当宝宝第一次身体发热时，应首先考虑是幼儿急疹。这个月龄的婴儿最常见的发热是在接种了百白破疫苗后。腿脚一直很老实的婴儿在这期间也常发生坠床事故。

宝宝发育知多少

第180天时男女宝宝的成长数值

项目	男宝宝		女宝宝	
	正常范围	平均值	正常范围	平均值
体重	6.4～9.7千克	7.9千克	5.8～9.2千克	7.3千克
身长	63.6～71.6厘米	67.6厘米	61.5～70.0厘米	65.7厘米
头围	41.2～46.0厘米	43.6厘米	40.4～45.0厘米	42.5厘米
胸围	39.7～47.3厘米	43.5厘米	38.9～46.1厘米	42.5厘米

1 身体运动

大运动 6个月宝宝已经可以独坐片刻了。平时妈妈可以让宝宝试着练习独坐。宝宝在床上或沙发上背靠着物体坐住，或由大人两手扶持宝宝的两肩和上臂让宝宝坐住，并用玩具引导宝宝向前看。在靠坐、扶坐较稳定后，可逐渐撤去外力支持，让宝宝独坐。逐渐延长时间，直到宝宝能独立稳定地坐着玩耍，但注意开始独坐的时间不宜太长。

精细动作 6个月时宝宝可以两只手交替传递玩具了。可以在桌子上放多块积木，引导宝宝用两手抓握积木。也可以把一块积木交给宝宝，再把另一块积木交到同一个手中，诱导宝宝把积木从一只手换到另一只手。

2 语言能力

这时婴儿的发音增多，并能发辅音，如b、p、n，有时也能发出音节，如mama、baba音，常被成人误认为在叫爸爸、妈妈，实际上是无意义的发音。

家长要多次重复词语，使婴儿理解词语和实物的联系，如经常说灯时让婴儿看灯："灯在哪儿？""灯在那！"以后一说灯时，婴儿会马上就去找灯，这就是建立了语言信号反应。

3 认知能力

6个月的宝宝知道索要玩具，会试图拿较远的玩具。可以在婴儿面前放些小玩具或花铃环、小积木、花铃棒，或将这些玩具吊起来让婴儿有意识地伸手去抓，开始不准确，逐渐就能准确抓握。也可从不同方向和距离出示玩具，让婴儿抓取，锻炼手眼协调能力。

抱婴儿去户外，指看飞着的鸟和活动的狗。告诉宝宝不同颜色的衣着和玩具。在婴儿视线外，呼叫婴儿的名字，让他转头寻找。

4 社会适应能力

5~6个月的宝宝开始"认生"了，看见陌生人会啼哭，对妈妈产生明显的依恋，喜欢往妈妈身上靠。此时要多让他接触他人，开始时不要让他单独与陌生人在一起，如陌生人一来就抱婴儿，很容易引起婴儿恐慌而大哭。教婴儿对生人用微笑或发音打招呼，对生人的距离由较远到较近，使他逐渐适应，减轻他的怯生反应。

营养饮食细安排

可以添加辅食啦

宝宝满5个月之后，消化器官及消化机能逐渐完善，而且活动量增加，消耗的热量也增多，母乳中所含的成分已经难以满足生长发育的需要，加上宝宝来自母体的铁已经消耗尽，母乳中的铁又远远赶不上宝宝的需求，如果不及时补充，就会出现缺铁性贫血。

另外，有些宝宝在5个月之后已经萌出乳牙或者乳牙即将萌出，加上唾液腺已经发育成熟，淀粉酶开始分泌，宝宝的消化能力逐步提高，已经能够消化一些淀粉类的半流质食物。由于宝宝生长速度很快，需要大量热能和营养素，如果这个阶段满足不了宝宝的营养需求，就会引起营养不良。因此，添加辅食成了一件必须摆上日程的事情。

5~6个月宝宝辅食添加提示

浓鱼肝油滴剂可从每天4滴渐增至6滴，分2次喂。

菜汁和果汁，可从3汤匙逐渐增至5汤匙，分2次喂。

开始给宝宝吃煮熟的蛋黄。从1/4个开始，先压碎再放入米汤或奶中，调匀后喂食。待宝宝适应后，逐渐增至1/2个。

从5个月起，可吃煮得很烂的无米粒粥，每天1汤匙。如果宝宝消化情况良好，可从5个月起增至2~3汤匙，粥里加上半匙菜泥，分2次喂。

睡前不要给宝宝喂食带糖分的食物和水，要给已经萌出乳牙的宝宝定时清洁牙齿，以免含糖食物在口腔细菌作用下产生酸性物质，腐蚀宝宝的小牙。

不要因为宝宝咀嚼功能不好就将一些食物嚼烂后喂给宝宝吃，成人口腔含有大量病毒和细菌，会影响宝宝的健康。

5~6个月宝宝常见喂养问题

　　妈妈一用勺子喂添加的食品，宝宝就一口都不肯往下咽。即使是已经喂到嘴里，他们也会用舌头给顶出来。

　　遇到这种情况首先妈妈不要着急，因为宝宝之前只是吃奶，已经习惯了用嘴吸吮的进食方式，这就使宝宝对硬邦邦的勺子感到别扭，也不习惯用舌头接住成团的食品再往喉咙里咽，所以拒绝接受是在所难免的。在喂奶之前或在吃饭时，可先用小勺喂一些汤水，让宝宝对勺子熟悉起来。等宝宝对勺子感到习惯、并且明白勺里的食品也很好吃时，自然就愿意接受用勺子喂食了。

辅食添加的原则

1 一种到多种

按照宝宝的营养需求和消化能力逐渐增加食物的种类。开始只能给宝宝吃一种与月龄相宜的辅食，尝试3~4天或一周后，如果宝宝的消化情况良好，排便正常，再尝试另一种，不要在短时间内一下增加好几种。宝宝如果对某一种食物过敏，在尝试的几天里就能观察出来。

2 辅食要鲜嫩、卫生、口味好

给宝宝制作食物时，不要注重营养忽视了口味，这样不仅会影响宝宝的味觉发育，为日后挑食埋下隐患，还可能使宝宝对辅食产生厌恶，影响营养的摄取。

3 从稀到稠

宝宝在开始添加辅食时，都还没有长出牙齿，只能给宝宝喂流质食品，逐渐再添加半流质食品，最后发展到固体食物。

4 从细小到粗大

宝宝的食物颗粒要细小，口感要嫩滑，锻炼宝宝的吞咽功能，为以后过渡到固体食物打下基础。但加工时要精细。在宝宝快要长牙或正在长牙时，妈妈可把食物的颗粒逐渐做得粗大，这样有利于促进宝宝牙齿的生长，并锻炼他们的咀嚼能力。

5 从少量到多量

每次给宝宝添加新的食品时，一天只能喂一次，而且量不要大，观察宝宝的接受程度，大便正常等适应以后再逐渐增加。

6 遇到不适要立刻停止添加

宝宝吃了新添的食品后，要密切观察宝宝的消化情况，如出现腹泻，或便里有较多黏液的情况，要立即暂停添加该食品，等宝宝恢复正常后再重新少量添加。

7 添加顺序要正确

应按"淀粉（谷物）——蔬菜——水果——动物"的顺序来添加。从一个种类过渡到另一个种类的时间可以是一两周。添加时要按从单一到多样的顺序进行，即便是同一种类食物也是如此。比如，初次添加时不要同时给宝宝吃两三种食物。

辅食添加基本顺序

首先添加铁强化米粉，吃蔬菜，在熟悉3种以上蔬菜后，再添加果汁果泥，接着加蛋黄，可拌在米粉中。铁强化米粉建议吃到1岁。至于全蛋，建议是在10个月以后给孩子吃，过敏体质宝宝或有家族过敏史的要延迟到1岁后吃。

可以尝试的泥糊状食品有含铁米粉、胡萝卜泥、青菜泥、土豆泥、南瓜泥或豌豆泥、苹果泥、香蕉泥、蛋黄等。从流质、半流质过渡到泥糊状食品。此时应用小勺喂食，如来不及尝试的菜可以到下一个月再试。此阶段每天添加辅食1~2次。

尝试用勺子喂宝宝

用勺子吃饭对宝宝来说是一项重要的技能，在教宝宝如何使用勺子之前，先拿几把勺子给宝宝玩，宝宝可能会拿着勺子相互敲打、丢到地上，也可能放到嘴里。当你认为宝宝可以开始做这个游戏了，就拿些宝宝爱吃的东西尝试着去喂宝宝。

宝宝最初舌的运动能力是前后运动，然后是前后加左右运动，最后才协调达到成人的滚动式运动。所以刚开始用勺子喂宝宝，宝宝会拒绝，也可能出现将食物吐出的情况，家长应注意坚持训练宝宝，不可放弃。如果添加辅食前曾用勺子给宝宝喂药，宝宝易出现不愿意接受勺子的情况。建议在用勺子喂的初期可以先给宝宝喂他已接受的食物，如果汁、奶粉等，再用勺子让宝宝接触新的辅食，这样宝宝就会较容易接受。

尝试用勺子喂宝宝，妈妈也可以把着宝宝拿勺的手，舀一下食物，送到他嘴里，反复几次，然后让宝宝自己来。

要上班了，怎么坚持母乳喂养

很多妈妈在3个月的产假后就要开始工作了，她们大多工作单位离家较远，工作也较忙碌，很难保证白天的哺乳。但妈妈们应尽可能地给宝宝喂母乳是这时的喂养原则。无论是母乳喂养还是混合喂养，都要珍惜自己宝贵的乳汁，不要轻易放弃。

1 用品准备
吸奶器、奶瓶、集乳袋或集乳杯、冰块、保温桶。

2 调整作息
即将回归职场的妈妈，应根据上班后的作息时间，调整、安排好宝宝的哺乳时间。由于宝宝不足6个月，仍以乳品为主食，所以妈妈可在上班前给孩子喂一次奶或将奶吸出来，然后由家人或保姆喂奶。不要在妈妈回家前半小时喂奶。晚上也可以亲自哺喂，一方面解决晚上较容易胀奶的问题，另一方面也可以跟宝宝亲近一下。如果妈妈能在午间休息时间回家哺喂更佳。

3 安排好辅食和喂奶时间
在上班前一至两周，可由家人试着给宝宝喂奶瓶。开始的次数要少些，每周1~2次，让他慢慢适应用奶瓶喝奶。5个月以上的婴儿需要添加辅食了，要合理安排喂奶和吃辅食的时间，尽量把喂辅食的时间安排在妈妈上班的时间。

在上班的前一周，可用手或吸奶器将乳汁挤至消毒过的奶瓶内，再倒入集乳袋并冷藏或冷冻于冰箱内。乳汁较多的妈妈，上班时可携带奶瓶，在工作休息时间及午餐时在隐秘场所挤乳，

但不要在洗手间吸奶，那样既不方便又不卫生。收集母乳后应放在保温杯中保存，里面用保鲜袋放上冰块。如果工作单位有冰箱，可暂时保存在冷藏或冷冻室中。

4 固定吸奶时间
妈妈吸奶的时间尽量固定，建议在工作时间内每3个小时吸奶一次，每天可在同一时间吸奶，这样到了特定的时间就会来奶。下班后运送母乳的过程中，仍需以冰块覆盖以保持低温。回家后立即放入冰箱储存，所有储存的母乳要注明吸出的时间，便于取用。

5 学会保存母乳
喂食前，冷冻母乳应先以冷水退冰，再以不超过50℃的热水隔水温热（冷藏的母乳也需要以不超过50℃的热水隔水加热）。不要用微波炉，因为微波炉加热不均匀，很可能会烫着宝宝。而把母乳直接在火上加热、煮沸，也会破坏其中的营养成分。因此，最好的办法就是用奶瓶隔水慢慢加入温水。将奶瓶摇匀后，用手腕内侧测试温度，合适的奶温应和体温相当。冷冻后退冰的母乳不可再冷冻，只可冷藏；冷藏的母乳一旦加温后即使未喂食也不可再冷藏，需要丢弃。

6 保持良好心情
上班后，由于工作的压力以及婴儿吸吮母乳次数的减少，有的妈妈乳汁分泌会减少，所以应想办法保持充足的乳汁分泌。工作期间挤出乳汁有利于乳汁的持续分泌，多食汤水及催乳食物、保持愉快的心情，都可帮助乳汁分泌。

【糙米糊】

材料： 糙米粉2汤匙

做法：

1. 将糙米粉放入碗中，再加入温开水50毫升。

2. 用汤匙搅拌均匀，成黏稠糊状即可。

3. 在两餐之间喂食，一天喂3~4汤匙，每次1汤匙。

营养小叮咛

糙米比一般大米含有更丰富的维生素B群，其中维生素B1可促进宝宝神经系统发展。丰富的镁和磷是建造骨骼的重要物质。而纤维则有助于帮助肠胃消化蠕动，预防便秘。

【蔬菜泥】

材料： 嫩叶蔬菜10克

做法：

1. 将蔬菜洗净切小段，加水煮熟后，捞出置于碗中。

2. 用汤匙刮下或压成泥状即可。

营养小叮咛

除了蔬菜，也可以选用纤维少的南瓜或马铃薯。

【南瓜泥】

材料： 南瓜100克

做法：

1. 南瓜洗净后，去皮去籽，切成小丁或片状。

2. 放入锅或微波炉中蒸熟，再压成泥状即可。

> **营养小叮咛**
>
> 南瓜除含丰富的纤维之外，还有β-胡萝卜素，可以保持皮肤、头发健康，并能维持视力正常。食用南瓜适量即可，否则色素易沉淀在皮肤中，不过停止食用后，即会恢复正常。

【蛋黄羹】

材料： 蛋黄1/2个

做法：

1. 将熟蛋黄放入碗内研碎，并加入肉汤研磨至均匀光滑为止。

2. 将研磨好的蛋黄放入锅内，边煮边搅拌混合。

> **营养小叮咛**
>
> 蛋黄要研碎、研匀，不能有小疙瘩。可先从1/8的量开始，确认宝宝没有出现皮肤或肠胃等不良反应后，再逐渐增加分量（1/4个→1/2个→1个）。

预防宝宝贫血

贫血是由于机体造血不足或者消耗过多，使血红蛋白的形成或红细胞的生成不足，多发于6个月至2岁的婴幼儿，临床症状表现以皮肤与黏膜苍白、造血器官代偿性增大为特征。最常见的是营养性贫血，尤其是婴幼儿缺铁性贫血，是小儿时期常见的疾病，也是影响小儿体格和认知发育，诱发感染性疾病的主要因素之一。

1 你家宝宝贫血了吗？

贫血初期及轻度贫血时，从外观和行为表现上没有什么明显的症状，因而易被家长忽略，经常是在做体检化验或是贫血程度较重时才被发现。

精神不振 贫血早期可出现乏力卷怠、精神不振、嗜睡或易哭闹，面色萎黄，头发黄、细、干稀，厌食恶心，较大儿童可诉头晕眼花、头痛、容易疲劳、少气懒言，心慌气短等症状。

皮肤黏膜苍白 面色萎黄或苍白，甲床、口唇、耳垂没有血色，以皮肤、口腔黏膜、结膜、手掌和甲床等处最为明显。

免疫功能下降 贫血可引起细胞免疫功能缺陷，宝宝抵抗力差，容易患病，反复发生呼吸道感染。

消化功能差 贫血使胃酸分泌减少、脂肪吸收差，使宝宝消化吸收能力减弱，宝宝出现食欲减退、厌食挑食、吃饭不香、腹泻便溏。婴幼儿

缺铁性贫血常出现异嗜癖(喜吃土块、灰木炭和煤渣等)。

注意力有异常 铁缺乏的宝宝经常表现为爱发脾气、爱哭、烦躁不安，或对周围事物缺乏兴趣。研究发现，缺铁性贫血婴儿经治疗后血红蛋白浓度可恢复正常，但其精神发育分却不提高，提示在脑发育的关键阶段发生铁缺乏会造成不可逆的脑发育损伤，认知能力下降。

造血器官增大 贫血过重的患者，除以上症状较重外，还可出现肝、脾、淋巴结等器官不同程度的增大。

血色素偏低 婴幼儿血红蛋白低于110 g/L，6岁以上儿童低于120 g/L。

2 补血~食补最适合宝宝

动物性食品含有较丰富的铁及维生素B12，铁的吸收率也较高，可达15%～20%。蔬菜中的铁和奶类中的铁属于无机铁，虽然蔬菜的铁含量不算低，但宝宝吃了能吸收的却比较少，补铁效果不太好。

叶菜用开水焯过，可以去除其中大部分草酸，这样有利于铁的吸收。

补充富含维生素C的食物，比如西红柿汁、菜泥、猕猴桃等，以增进铁质吸收。饭前吃一个西红柿或喝一杯橙汁（维生素C），就能成倍增加对铁的吸收。

应避免喂食糖，尤其是砂糖、白糖，容易损伤宝宝脾胃，并且会阻碍铁质的吸收。

服用药物时要注意有无药物反应，如药剂应在两餐之间喂较好，这样有利于药物的吸收，同时避免胃肠道反应。

铁剂避免与牛奶钙片同时服用，也不要用茶喂服，以免影响铁的吸收。

铁制剂用量应遵医嘱，用量过大，可出现中毒现象。

若为叶酸或维生素缺乏引起的贫血，应遵医嘱补充相应的药物。

添加辅食后大便不一样了

等宝宝的食谱上出现了奶类以外的食物，他的便便就不再像以前那样单一、有规律了。此时的便便变得不易清理，还会有各种各样的味道，当然这些味道没有一个是好闻的。

宝宝吃了什么，在他的便便里一定会表现出什么。如果你给他吃了胡萝卜泥，那么他今天的尿布上，肯定就会有发红的便便。有的妈妈会以为这是消化不良，实际上这种现象是健康婴儿更换食物时常有的表现。如果没有腹泻，不必停止添加，数日后胃肠习惯了，这种情况也会随之消失。在辅食喂养阶段，若同时添食淀粉类食物，则大便量增多，呈暗褐色，臭味增加。

随着宝宝吃的食物种类越来越多，宝宝大便也会变得更稠、颜色更深，而且气味也更难闻了。当宝宝开始吃更多质地粗糙的食物时，你会发现有很多不好消化的食物会被宝宝几乎原模原样地排出来，比如豆粒等。这种情况随着宝宝消化系统的逐渐成熟会好转，如果妈妈们在宝宝的便便里偶尔发现了比较完整的食物颗粒，不要着急，这说明你给他吃的这种食物他还不能够完全适应。

什么都放在嘴里啃

这个时候你会发现，不管拿到什么物品，宝宝都喜欢放到嘴里品尝一下。在弗洛伊德的性心理发展理论中，0～18个月这段时间称为"口腔期"。宝宝在这一时期主要通过吸吮、咀嚼、吞咽等口腔活动获得满足和快乐。

通过吸吮的方式，宝宝不仅得到食物，更能获得安全感。所以，最好给宝宝布置一个适合探索的环境，把环境中不安全的物品拿走，而宝宝有可能放到口中的玩具也要经常清洗，保持卫生。

小心异物进入宝宝口中

从4个月起给婴儿玩东西，都要稍微大一些，球的直径应不小于2厘米。有的玩具可联结在一起，如小木珠、小铃铛可串在一起，这样可防止婴儿把东西塞到口内。但应注意串珠的绳子一定要结实，还应注意不要用过小的食物逗引婴儿或让其舔食。

5个月的宝宝开始能抓握玩具及物体。在婴儿的手能够触及的地方，如果有什么东西，他就会抓起来，甚至放到嘴里，这时候一定要注意宝宝的安全。

有些体积小而圆滑的东西如纽扣、玻璃球吞进胃里后，既不痛，也没什么异常，2~3天就会排出体外；有些金属的东西，有棱角，婴儿吞咽后会刺破口腔、咽部或卡在咽部，有的会造成胃肠穿孔，有的吞咽时如误入气管则有可能发生窒息。所以，在婴儿经常接触和活动的地方，应特别注意。

宝宝成长信号全记录

周数	每日奶量	身长	体重	其他
5个月零1周				
5个月零2周				
5个月零3周				
我们满6个月了				

出生 6～7个月
FROM 6 TO 7 MONTHS

第7个月记

上班后妈妈和你在一起的时间少了，每次一回家，就能看到你急切求抱的眼神，妈妈觉得好愧疚。宝贝儿，你终将会长大，终将会离开妈妈的怀抱去独自探索，到那个时候，你是否还记得小时候依赖在妈妈怀里的感觉？

生命的足迹

宝宝已经半岁了，他的发育又到了一个新的高度，跟你也有了更多的互动。每一个新发现都能引发你心中无限的感慨，是啊，生命就是如此地神奇和美妙。应该教会刚刚能感受快乐的宝宝去体验更多的人生乐趣，如自由活动身体的快乐、吃到美食的快乐、与父母一起玩的快乐、散步的快乐等。醒着的时间比以前长了，所以，我们有条件充分利用时间让宝宝学会更好地感受这些快乐。

这个月龄宝宝的主要营养来源还是母乳或配方奶。每个宝宝对辅食的需求是不同的，不能因为书上写着肝泥好，就不管孩子是否喜欢吃，硬要他吃。应该让宝宝吃他喜欢吃的食物，让他体会吃的快乐。

每天应保持2个小时室外活动的时间。如果宝宝吃一次辅食要花1个小时的时间，说明他不是特别喜欢吃。对这样的宝宝来说，与其强迫他吃他不喜欢吃的东西，不如让他在这个时间里到外面活动活动，给他真正的快乐。这样不仅能让宝宝高兴，还能锻炼他的身体。一般来说，一碗粥只要20分钟就能吃完，这个月不爱吃米糊的，也许下个月就变得爱吃，所以没必要强迫孩子。

多数宝宝这时还不会180度翻身，但一般都会坐了。穿衣服的多少会影响宝宝坐起的情况。腿脚的力量明显增强，抱起来放在膝盖上时，会一蹦一蹦地跳起，但让宝宝扶着东西站起来还为时过早。

宝宝一到室外就会非常高兴，说明宝宝的身体需要在室外的空气中锻炼。只要没

生命的足迹

有雾霾和雨雪，哪怕是寒冬，也应尽量带宝宝到室外。天气好时应保证每天3个小时户外活动的时间。

婴儿出牙的时间个体差异很大。大多数宝宝过了6个月就开始先长出下面的2颗小门牙，也有快到1周岁才出牙的宝宝。出牙快慢是由婴儿体质决定的，并不是病。出牙慢的原因，也不是缺钙。过去人们认为，宝宝出牙时身体应有一些症状，可实际并非如此，大部分宝宝长牙时看起来都很顺利，不见什么异常，小牙就忽然冒出来了。顶多就是情绪稍微差些，睡眠不好，喝奶没有以前多，仅此而已。

出牙的顺序一般是下面2颗门牙一起先长出，也有先长两侧的侧切牙，中间出现很宽间隙的情况。另外，还有先长上面2颗门牙的宝宝。这些都没关系，只要牙能长齐就行。刚长出的门牙可能中间有缝隙或稍向内侧倒，这都不需要特别处置，慢慢会长齐的。

宝宝发育知多少

第210天时男女宝宝的成长数值

项目	男宝宝		女宝宝	
	正常范围	平均值	正常范围	平均值
体重	6.7～10.20千克	8.30千克	6.10～9.60千克	7.60千克
身长	65.1～73.2厘米	69.2厘米	62.9～71.6厘米	67.3厘米
头围	41.8～46.5厘米	44.1厘米	40.8～45.5厘米	43.0厘米
胸围	40.2～47.8厘米	44.0厘米	39.1～46.7厘米	42.9厘米

1 身体运动

大运动 扶住物体站立5秒钟左右。爬行对宝宝的神经运动和心理发育十分重要，应尽可能创造条件让孩子练习爬行。婴儿俯卧位时，家长在前面放一些玩具逗引小儿去抓，并用手推婴儿的脚底，帮他向前爬。

在爬行训练的基础上，两手扶住宝宝的腋下让宝宝练习踏步或站立。开始两手扶持宝宝较多，逐步减少辅助让宝宝自行站立。

精细动作 知道把积木从一个手递到另一个手。大人可以把一块积木交给宝宝，当宝宝一手握住积木后，再把另一块积木交到同一个手中，诱导宝宝把积木从一手交到另一手。

大人玩三指弹响的游戏，吸引宝宝对手指的兴趣。拿一对色彩鲜艳的手镯给宝宝戴上，吸引宝宝对手指的注意。教宝宝自己剥糖纸、打开纸包、拿饼干等。

2 语言能力

能注意听1～2句有关图片的故事。可以将一定的音与具体事物联系起来，如问"灯呢"，他就会看看灯；问"爸爸呢"，他会指爸爸。能用动作表示对语言的理解，当听到物体名称时，能用手指，甚至爬向物体。

家长照顾孩子时，应经常结合动作与孩子说话，如"穿衣服"、"洗脸"、"洗手"、"站起来"或"举高"等。说实物时同时说出形状、颜色和大小等，如"圆圆的红苹果"等。

3 认知能力

这个月的宝宝已经可以熟练地将积木换手了。平时玩耍的时候要为宝宝提供各种形象逼真的动物、交通工具和生活用品等多种玩具。还要为宝宝选择色彩鲜明、形象、内容简单的识图画册让宝宝指认上面的事物。为宝宝提供不同形状和不同质地的玩具，让宝宝感受各种形状、空间感和软、硬、光滑、粗糙等质地感。在宝宝面前拿色彩鲜艳或发声的玩具吸引宝宝注意，并慢慢移出宝宝的视线范围，让宝宝追寻视线之外的物体。

4 社会适应能力

能区别熟人和生人，能模仿成人摇手表示"再见"，拍手表示"欢迎"。家长可以有意识地让宝宝适应人多的场合，多和别的孩子在一起玩，培养愉快地与人相处的情绪。

营养饮食细安排

这个月宝宝能吃什么

给宝宝提供的第一个动物性食物是鱼肉或牛肉，并开始给宝宝提供高质量的菜粥或烂面条，其组成有动物肉及其相应的肉汤、1～2种蔬菜、主食（粥或面）以及熬熟的植物油（是烹饪油而不是橄榄油），可以加少量的盐。7个月可加动物肝，以鸡肝为主。8个月开始添加手指食品，如饼干、馒头或烤面包、胡萝卜条等，帮助他锻炼牙床及颌关节。

添加辅食，妈妈别犯这些错误

错误 1：宝宝不爱吃奶，喂点蛋糕或馒头吧。

在给婴幼儿添加辅食时，妈妈不能根据自己的主观想象随意进行。辅食添加有基本的顺序：首先添加铁强米粉；其次尝试吃蔬菜汁或蔬菜泥；再次添加稀释的果汁或果泥（最初的果汁调配比例是 2 份水加 1 份纯果汁，逐渐过渡到 1 份水加 1 份纯果汁，直至进食纯果汁）；最后添加蛋黄，可将蛋黄拌在米粉中。

调配米粉可以用配方奶、母乳或苹果汁，芝麻糊和藕粉一类的食物都没什么合适的营养，不适宜作为婴儿辅食。市售米粉的营养远远好过家庭自制米粉，铁强化米粉建议吃到 1 岁，可有效防止缺铁性贫血。

 错误 2：宝宝不爱吃米粉，就将米粉混入奶中，用奶瓶喂养。

这是很不科学的做法，添加辅食不仅仅是为了补充营养，同时也是训练宝宝学习新的进食方式，逐渐习惯用勺子吃辅食，由吸吮过渡到咀嚼的进食方式，为婴儿在未来几个月后学习说话打下一定的基础。所以，不能一碰到困难就求助于奶瓶。

错误 3：都说吃鱼聪明，给宝宝吃些鱼汤吧。

都以为给宝宝喝汤营养比较好，其实汤里面是没有什么营养的，包括骨头汤、鱼汤等，不能光给宝宝喝汤，要给宝宝吃汤中的肉，否则营养会不足。请准备一些高汤，每次煮菜粥的时候可以加些高汤。

另外，我们不建议给宝宝吃白粥，白粥的热量和营养都很低，要给宝宝吃菜粥，荤素菜搭配。

错误 4：宝宝吃辅食已经很好了，可以用辅食代替奶品了。

1 岁前婴儿的主要营养来源还是奶品，而辅食只是营养的额外补充。4 ~ 6 个月是婴儿尝试吃辅食的阶段，最早开始添加的米粉是按茶匙计，每天一两茶匙就可以了，而且米粉是冲得很稀的米糊。6 ~ 8 个月是婴儿学习吃辅食的阶段，此时婴儿要学会咀嚼和吞咽食物。

对于 8 个月以上的婴儿，可以将辅食安排成一顿正餐，但是，不要强迫婴儿吃太多辅食，更不能用辅食代替奶品喂养婴儿。每天辅食和奶品的餐数都有定量，辅食并非吃得越多就越好，辅食摄入太多会影响婴儿胃口，容易厌食、厌奶。所以，添加辅食应以不影响日常吃奶量为宜。

错误5：宝宝吃得并不少，而且也没生病，精神头很好，但体重始终比其他同月龄宝宝轻，就是不长肉，看来还是吃得不够，还是要多吃。

通过比较体重来衡量喂养是否得当，其实这是一个很大的误区。宝宝长得好不好，要跟自己比较，而不是横向与其他宝宝比较。因为每个宝宝出生时的体重不一样，后天的成长环境也不一样，所以，横向比较是不科学的。

在半岁之前，只要宝宝每个月体重能增长 800 ～ 1000 克，那就说明生长发育良好，半岁后每个月体重增长 500 ～ 600 克也是正常的。

还有一种情况，宝宝的胃口很好，把大人准备的食物都吃下去了，可偏偏还是不"长肉"，那就要考察三餐安排的时间是否恰当。宝宝过了纯奶期（0 ～ 4 个月）后要逐渐添加辅食，在 6 ～ 8 个月时学会吃菜粥，这时日常饮食安排的时间要逐渐朝三餐三点的模式靠拢，也就是每天两次奶、两餐主食和两次点心。请注意，中午 11 点半左右和晚上 5 点半左右是宝宝的正餐时间，主要提供菜粥或烂面条，而不是喂奶，喝奶的时间尽量安排在早上、午睡后和临睡前。

不要喂宝宝咀嚼过的东西

有些成人常常把食物嚼烂，嘴对嘴地把食物吐给宝宝，其实这是一种极不卫生的喂养方式。因为，一些经口传播的疾病可通过这种方式直接传染给宝宝，给宝宝的健康带来影响。

嘴同外界相通，病菌容易侵入，而且嘴内容易留下残渣，更易滋生细菌，所以用嚼过的东西喂宝宝是不卫生的。婴儿吃嚼过的食物，得不到锻炼的机会，会妨碍宝宝的牙齿和颌部肌肉的发育，甚至会影响面容。长期吃咀嚼过的食物，缺乏食物和味道的刺激，影响唾液分泌，会引起消化系统的障碍。

为了预防传染性疾病的传染或流行，在喂养宝宝时应改掉"用咀嚼过的食物喂养宝宝"这一不卫生的喂养方式。

Tips 乙型肝炎病毒携带者不仅在血液里含有大量的乙型肝炎病毒，而且在乳汁、精液和唾液中也含有乙型肝炎病毒。如果食物经此类病人咀嚼后，不仅可将唾液中的乙型肝炎病毒融入到食物中，而且还可能将口腔中特别是牙龈中渗出的血液也带入到食物中去，儿童食入这些食物后就极有可能感染上乙型肝炎病毒。

快长牙的宝宝能吃些什么

6个月的宝宝正是开始出牙的时期。快长牙的宝宝能吃些什么呢？这是每个父母都想知道的问题，下面我们就看看专家的解析。

这时宝宝口腔内分泌的唾液中已含有淀粉酶，可以消化固体食物，可以给宝宝一些手指饼干、面包干、烤馒头片等食品，让宝宝自己拿着吃。刚开始宝宝是用唾液把食物泡软后再咽下去，几天后，宝宝就会用牙龈磨碎食物，尝试咀嚼。此时的宝宝多数还未长牙，牙龈会发痒，他会很喜欢咬一些硬东西，这有利于乳牙的萌出。如果没有硬食物可咬，他会咬玩具、咬衣服。不要错过这一时机，及时给宝宝添加一些固体食物，会使宝宝将来断奶后更容易接受其他食物，避免影响身体发育。

这时给宝宝添加的固体食物必须是易咬、易碎、易消化的，使宝宝初步养成咀嚼的习惯，不能单纯只喂糊类食品。多咀嚼还有益于宝宝牙龈的发育，有助于将来长出一口整齐的牙齿，并能促进唾液的分泌，帮助宝宝的肠胃消化吸收。

妈妈厨房

【鸡肝末】

材料： 鸡肝15克，鸡汤15克

做法：

1. 将鸡肝洗净，放入锅内稍煮一下，除去血后再换水煮10分钟。

2. 把鸡肝外的薄皮剥去，切成末待用。

3. 将鸡肝末放入锅内，加入鸡汤稍煮成糊状，搅匀即成。

> **营养小叮咛**
>
> 含有丰富的维生素A和铁质，可防治贫血和维生素A缺乏症。鸡肝放入锅内加水煮，必须换水，去掉血。

【豆腐羹】

材料： 豆腐1小块，肉汤2大匙

做法：

1. 将豆腐和肉汤倒入锅中同煮。
2. 在煮的过程中将豆腐捣碎，即成。

> **营养小叮咛**
>
> 豆腐蛋白质含量丰富，既易于消化吸收、参与人体组织的构造，又能促进婴儿生长。煮时要注意，蛋白质如果凝固就不好消化，所以煮的时间要适度。如果在最后打入打散的蛋黄，即成一道蛋花豆腐羹。

【蛋黄粥】

材料: 大米50克, 蛋黄1个

做法:

1. 当煮大人饭时, 在放了米及水的煲内, 用汤匙在中心挖一洞, 使中心的米多些水, 这样煮成饭后, 中心的米便成软饭。把适量的软饭搓成糊状。

2. 把适量的汤(肉汤、鱼汤、菜汤皆可)隔去渣, 若鱼汤要特别小心以防有幼骨。除去汤面的油。

3. 把汤及饭糊放入小煲内, 用慢火煲成稀糊状。然后放入1/4个熟鸡蛋黄(要搓成蓉), 搅匀煮滚, 盛入碗中。

> **营养小叮咛**
>
> 此粥富含婴儿发育所必需的铁质。由于蛋黄含有胆固醇, 所以1天最好不要吃超过1个蛋黄。宝宝胃口很小, 不会吃得多, 故用此方法煲粥较为快捷方便。如果大人的汤不适宜宝宝食用, 可以用牛奶或水来替代。

【肉泥】

材料: 里脊肉150克

做法:

1. 用不锈钢汤勺将里脊肉刮成泥状。

2. 将肉泥蒸熟即可。

> **营养小叮咛**
>
> 肉类含有丰富的蛋白质和必需氨基酸, 可提供宝宝发育所需的营养。除了猪肉外, 也可以用鸡肉替换。

乳牙萌出会带来这些不舒服

乳牙的生长过程，对于年幼的宝宝来说，可是一项不小的挑战哦！宝宝可能突然变得爱发脾气、爱流口水、喜欢啃咬硬物，这都是因为那颗坚固的牙齿，想要突破牙龈，从里面钻出来。那么，面对这些牙龈正痒痒的宝宝们，我们的新手妈妈可以做些什么来帮助到宝宝呢？

1 流口水

萌牙期，宝宝的口腔唾液分泌会突然增多，又加上这个时候宝宝的吞咽能力还没发育完善，有一部分唾液就会溢出，形成流口水的现象。面对这种情况，可以为宝宝准备几块围兜，防止口水弄脏了衣服。同时，爸爸妈妈也要及时为宝宝擦去嘴边的口水，时常用温水洗净，涂上润肤露，以免引起宝宝嘴角皮肤发炎或湿疹。

2 啃咬硬物

由于牙齿萌出的刺激，会让宝宝感到牙龈痒痒，很多宝宝就会通过咬硬物来缓解这种不适感，这是一种正常的现象。如果爸爸妈妈担心宝宝会因为啃咬硬物感染病菌，可以为宝宝准备一些专门的磨牙工具或磨牙食物，如磨牙棒、磨牙饼干之类。这些工具不仅能缓解宝宝牙龈不适，还可以锻炼宝宝的咀嚼能力，强壮脸部肌肉。

3 哭闹、发低烧

出牙期的不适感，会直接影响到宝宝的饮食、睡眠，部分宝宝还会出现哭闹、发低烧等症状。面对哭闹中的宝宝，爸爸妈妈需要耐心处理，可以用湿的纱布帮助宝宝按摩牙龈，与宝宝多交流沟通，分散宝宝的注意力。如果宝宝有发低烧的现象，但精神状态良好、胃口也基本正常，就无需特殊处理，注意多给宝宝喂水就可以了。

4 腹泻

有个别宝宝在萌芽期还会出现腹泻的情况，一般症状较轻。如果只是大便次数增多、水分不多，应暂时停止给宝宝添加其他辅食，以粥等易消化食物为主；如果大便次数每天多于10次，且水分较多时，就应及时就医。

5 其他状况

宝宝在萌芽期，如果出现局部牙龈红肿的现象，一般无需特殊处理，只要注意口腔卫生就行了。除此以外，有的宝宝出牙时，牙龈会出现蓝紫色的小包块，这是牙齿穿破牙囊在龈下聚积血液而造成的萌出性血肿，会随着牙齿的萌出而消退，爸爸妈妈无需担心。

喜刷刷，妈妈要学会正确刷牙

宝宝0~6个月的时候，爸爸妈妈可以用温热的纱布帮宝宝清理口腔，随着宝宝的乳牙开始萌出并且成长，如果爸爸妈妈还用湿纱布或指套型牙刷帮助宝宝清理牙齿的话，就要小心被宝宝猝不及防地咬上几口喽！为了躲避小宝宝使坏，让我们一起来了解一下正确的刷牙方法吧！

1 刷牙的姿势
妈妈可以坐下来，把宝宝放在双膝中间，然后双脚微微并拢，将他的头固定在身体和手臂之间。

> 妈妈也可以采取双膝跪地的姿势，以左手轻轻安抚住宝宝的额头，右手以正确的方式握住牙刷，让宝宝参与一起刷牙。

> 妈妈还可以坐下来，让宝宝也坐到自己的大腿上，然后一手怀抱住宝宝，一手帮助宝宝刷牙。

2 刷牙的顺序

> 用左手手指拉开宝宝的嘴角或嘴唇。

> 采用竖刷的方法，按先后顺序刷牙：从口腔的一个部位开始，依序进行到对侧，从上颌刷到下颌。

> 刷完牙齿的外侧面再刷内侧面，最后刷咬合面，上牙往下刷，下牙往上刷。

> 从下面的牙齿的里侧开始，到上面牙齿的里侧，再到上面牙齿的表面，接着到下面牙齿的表面，然后到里面牙齿的咬合面，这样是最好的顺序。

乳牙萌出前后注意小嘴巴的清洁

1 乳牙萌出前也要注意清洁
在宝宝的乳牙还没长出来之前，爸爸妈妈就需要认真清洁宝宝的口腔。由于宝宝的食物多是甜软食物，会给龋菌的生长和繁殖提供条件。因此，每次给宝宝喂食之后，要给宝宝喝几口水，并用温湿的纱布裹住手指，轻轻擦拭宝宝的牙龈处，为之后宝宝的乳牙萌出做好准备工作。

2 乳牙萌出后要注意及时清洁
当宝宝长出了乳牙之后，要及时进行牙齿的清洁与护理，爸爸妈妈可以用专业的婴儿手指软胶牙刷对宝宝牙齿的内侧面和外侧面进行仔细地清洁。每次哺乳、喂食之后，都记得给宝宝喝水，去除掉留在宝宝嘴里的残留食物。有的爸爸妈妈在给宝宝喂食时，会自己咀嚼后再送到宝宝嘴里，这种方式非常不卫生，应及时停止。

3 改变不良的睡眠习惯

应经常变换宝宝的睡眠姿势，如果宝宝习惯性朝向一侧睡眠，容易影响下颌骨的正常发育，进而影响到牙齿发育。为了牙齿的发育、美观，还需要纠正宝宝爱咬手指、偏侧咀嚼、舔舌等的不良习惯。

Tips 一些宝宝习惯含着奶头或奶嘴入睡，当宝宝的乳牙长期浸泡在奶液或糖分中时，这些含糖分的液体会滋养出大量细菌，是很容易造成龋齿的。所以一开始就不要让宝宝养成含着奶嘴睡觉的坏习惯。

宝宝成长信号全记录

周数	每日奶量	身长	体重	其他
6个月零1周				
6个月零2周				
6个月零3周				
我们满7个月了				

出生7~8个月
FROM 7 TO 8 MONTHS

第8个月记

就在一个不经意的瞬间，宝贝儿突然会爬了。看着你扭来扭去的小身影，再想起你刚出生的模样，妈妈真的有说不出来的感慨，好像一转眼的工夫你就长大了。真希望时间能慢点走，再慢点走，让小小的你多依偎在我身边几年。

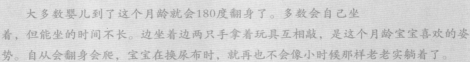

生命的足迹

这个月龄的孩子，已经能明确分辨出妈妈和外人，敏感的孩子会"认生"，一见到陌生人就哭。婴儿是否认生，跟智力没有直接关系。当然，智力发育晚的孩子，认识母亲的时间也晚，但不能说认人早的孩子就聪明。相反，认生厉害的孩子即使长大了，也会难以和别人接近。

用勺喂他不喜欢吃的东西，会摆头或用手推开。洗澡时讨厌洗头。

大多数婴儿到了这个月龄就会180度翻身了。多数会自己坐着，但能坐的时间不长。边坐着边两只手拿着玩具互相敲，是这个月龄宝宝喜欢的姿势。自从会翻身会爬，宝宝在换尿布时，就再也不会像小时候那样老老实实躺着了。

许多宝宝在开始爬时，都是先做后退的动作。会爬的孩子，会盯着某个目标伸出小手，对不喜欢的东西会拒绝。宝宝的腿脚越来越有力量了，抓着他的两只小手，常常就能站起来。甚至有不少婴儿不会爬，却突然能扶着东西站起来。

无论翻身、后退、爬行还是坐着用膝盖或屁股挪动，都说明这个月龄的宝宝已经具有一定的灵活性，因此常发生摔伤、烫伤、误吞异物等事故。

宝宝出牙多在这一时期，也有在6个月甚至更早的。一般出牙前1个月，婴儿会从

嘴里发出"噗噗"的声音，有的还喜欢吐泡泡。没出牙的，妈妈也不用着急，出牙的时间个体差异很大，1周岁才出牙的孩子也有。这不是缺钙，而且，出牙晚，牙的质量也未必不好。如果因为没出牙而给孩子服用钙剂，是没有意义的。因为牙齿早就长好了，只是还没露出齿龈而已。

这个时期的宝宝，常频繁发出"啊""爸""妈"等声音，有时是在叫妈妈。这时，妈妈要尽量准确地用普通话跟孩子交流。孩子语言能力的培养，是靠反复倾听，用眼睛观看与所说的话相关的动作来习得的。所以，在喂辅食时、换纸尿裤时、洗澡时，妈妈都要一边做这些动作，一边叫着宝宝的名字跟他说"吃饭了，张开嘴巴"，等等。

除了雾霾或者雨雪天，每天都应该带孩子到户外呆上2个小时，让他呼吸新鲜空气。在家里可以选择一个通风好的房间，把危险的东西（热水瓶、玻璃碗、剪子等）都拿走，让孩子在房间里尽情地爬着玩。

睡眠的时间因人而异，一般来说上午一次下午一次，分别睡1~2个小时。晚上一般醒两三次。有的宝宝醒了妈妈抱抱拍拍就能继续睡，有的宝宝就必须吃奶，对这样的孩子，就必须给他喂奶。不管是配方奶也好，母乳也好，总之要满足他，尽快让他继续睡。夜奶的问题，妈妈其实大可不必太纠结，只要能让孩子睡好觉，怎么做都没关系，不必拘泥于任何形式。

这个月龄宝宝的大便，多为一天一两次。如果比平时吃得多，那第二天大便的量和次数就会比平时多，形状也稀软。虽然稀软，但只要孩子情绪好、食欲正常，不发热，就不用担心。不要一看到软便就担心孩子是腹泻，吓得停掉一切辅食，只喂配方奶或稀粥，这样做，大便永远不会正常。

冬季宝宝有时会发生急性腹泻。看到宝宝连续四五天排像水样的稀便，妈妈会感到很害怕，尤其是一开始的一两天，可能还多次吐奶，就更让人心慌。到医院就诊，医生会让禁食并输液。其实，如果婴儿不被禁食和输液搞得很衰弱的话，数日内就可痊愈。

宝宝发育知多少

第240天时男女宝宝的成长数值

项目	男宝宝		女宝宝	
	正常范围	平均值	正常范围	平均值
体重	7.0~10.50千克	8.60千克	6.30~10.0千克	7.90千克
身长	66.5~74.7厘米	70.6厘米	64.3~73.2厘米	68.7厘米
头围	42.3~47.0厘米	44.6厘米	41.4~46.1厘米	43.5厘米
胸围	40.5~48.3厘米	44.4厘米	39.6~47.2厘米	43.4厘米

1 身体运动

大运动 上个月还坐不很稳的婴儿，到了这个月就能坐得很稳了。坐着时能自如地弯下腰取床上的东西。有的婴儿还会勇敢地向后倒在床上，躺着玩一会儿。宝宝往后倒时可能会磕着后脑勺，因此妈妈随时要注意宝宝身后不要有坚硬的东西。

精细动作 孩子开始摆脱大人的怀抱，逐渐学会独坐、爬行和扶着东西站立。手的动作也更加灵活，能把纸撕碎放进嘴里，把玩具从这只手传到另一只手，会用手拍打桌面，还能用手指尖拣起桌子上很小的东西如饭粒、小糖丸等。

2 语言能力

这个时期的孩子能区分肯定句与问句的语气，开始用手、头或声音对简单的词语作一些适应性动作。如听到"再见"就摆手，听到"谢谢"就点头，能听懂几个字，包括自己的名字及家庭成员的称呼。孩子能对熟人以不同的方式发音，如对熟悉的人发出声音的多少和高兴情况与陌生人相比有明显的区别。

8个月时宝宝对不同的声音有不同的反应，当听到"不"或"不动"的声音时能暂时停止手中的活动。知道自己的名字，听到妈妈说自己名字时就停止活动，并能连续模仿发声。

3 认知能力

婴儿会用拇指和食指捏取小东西，会将手指放进小孔中，把玩具放进容器，会从抽屉中取玩具。婴儿开始会有意识地撒手和放下东西，家长可给予示范，放开手中的物体，让婴儿模仿。教婴儿把东西放在不同的位置上，如妈妈手上或桌上等。

4 社会适应能力

把手中的玩具拿走，宝宝会大声地哭，但也有比较"憨厚大方"的宝宝，拿走就拿走，不在乎，如果眼前还有别的玩具，拿起来照玩不误。见不到妈妈会不安，甚至哭闹，见到妈妈那个高兴劲儿，比上个月可要高多了。如果爸爸经常看宝宝，抱宝宝，宝宝也会和爸爸非常亲。见到生人可能会一脸严肃。如果生人能和宝宝玩儿一会儿，那很快就能混熟。根本上来说，宝宝对待生人或对待父母的态度，其实就是宝宝的性格。

营养饮食细安排

这个月可以吃手指食物啦

宝宝8~9个月大时，会发现自己的手指拥有抓握东西的神奇能力。他们会异常兴奋，急切地想好好发挥一下这一新技能，也因而有了强烈的"自己吃"的愿望。此时，我们正好可以准备一些大小软硬都适当的食物，让宝宝自己用手抓着吃。通过这一途径，可以锻炼宝宝咀嚼及手眼协调能力。可以把各种营养健康的食物介绍给他，而这可能会对他一生的健康饮食起到重要的引导作用。

一般来说，孩子从6~9个月就可以尝试着手拿食物吃东西了，但每个孩子的发育是不同的，有的对食物的兴趣很早就产生了，有的孩子比较晚一些。每个孩子对食物的喜爱也是有所区别的，有的喜欢条形的，有的喜欢方形的，有的喜欢圆形的。一般来说，多数宝宝是从8个月开始尝试手指食物的。

宝宝最喜欢哪些手指食物

手指食物包括面包、磨牙饼干、各种面食、不加糖的即食谷片、蒸豆腐、煮烂的豆子、煮软的蔬菜或熟透的水果……它们在生活中随时可以找到，并能够很方便地做给宝宝吃。当然，除此之外还有很多食物都是非常不错的选择，这就需要妈妈们在生活中随时留意，认真去发现和搜寻了。

其实任何食物都可以做手指食物，比如：

水果类	梨、苹果、香蕉、桃、哈密瓜、猕猴桃等；
蔬菜类	胡萝卜、豌豆、红薯、南瓜等；
主食类	面包、米饭、馒头、花卷、豆包等都可以。

针对出牙不适的手指食物，可以选择芦笋、黄瓜条、胡萝卜条、苹果块、玉米棒（出牙不适强推啃光的玉米棒，有滋味且韧性十足，宝宝不容易摄入过量）、大骨头等有韧性的食材。尽量选择平温性的食材，以舒缓、镇静出牙期间口腔黏膜的红肿、发炎等情况。

宝宝出牙后如何母乳喂养

宝宝咬妈妈的乳头是令人感到痛苦的事情。很多原因导致宝宝咬妈妈的乳头，而最普遍的原因就是宝宝在长牙。记住：你的宝宝或许不会马上停止咬你的乳头，但这终究会过去的。

当宝宝衔乳姿势正确、积极吸吮，并能吸入乳汁、顺利吞咽的时候，从生理角度来说，宝宝不太可能咬妈妈乳头。这是因为宝宝要咬妈妈的乳头，就要先停止吸吮乳汁。宝宝衔乳姿势正确且能吸出乳汁时，需要宝宝用口腔后部含住乳头。要想咬住乳头，宝宝就需要动动舌头，将乳头滑向牙齿之间。所以，当宝宝想要咬乳头时的第一个"暗示"，试着观察一下，通常会发生在宝宝吃得心满意足之时。此时，乳头在宝宝的嘴里就会滑向嘴前部。通常在宝宝咬乳头之前，宝宝的下颌就会用力。

一旦你观察到这种变化，手指要滑到宝宝的嘴角，放在他的上下齿之间，要将手指一直放在宝宝的嘴里，直到撤掉乳头，这样才能保护你的乳头。将宝宝直接推开是很自然、也是最本能的反应，但乳头会因此被咬得很疼。

宝宝的姿势也很重要，即在母乳喂养时，要将宝宝贴紧胸部，这样他就不会也不太可能轻易地将乳头推到牙齿之间。如果宝宝用力含住乳头，那么他就会将乳头含到嘴前，很容易就会咬住乳头。因此，应对宝宝咬妈妈乳头的另一个方法就是让宝宝贴紧你的乳房，至少要咬你的那一瞬间要这样。如果宝宝调整姿势，远离乳头，就需要警惕，他可能要咬人了。

别急着给孩子断母乳

有一个流传很广的误解，就是1岁就该断奶了。如果从营养和食品安全的角度考虑，1岁之前不应该断奶，而1岁之后如果妈妈愿意，也可以继续哺乳，这对宝宝的身心发育都有好处。并不存在一个"应该断奶"的时间。什么时间断奶合适，要由妈妈综合考虑自己宝宝的生长发育情况和日常照料来决定。世界卫生组织、中华人民共和国卫生部都建议母乳哺育到2岁以上；而美国儿科医学会建议母乳哺育到至少1岁，1岁以后根据母子双方的共同意愿"爱喂多久喂多久"。

但如果妈妈不想喂了，也不必有压力，随时可以断奶，只要方法科学，做到尊重宝宝、方便妈妈就好。

妈妈厨房

【菠菜羹】

材料: 菠菜叶5片, 肉汤1大匙

做法:

1. 将菠菜叶洗净之后炖烂, 捣碎并过滤。

2. 将菠菜和肉汤放入锅中用文火煮即成。

营养小叮咛

菠菜富含维生素C、胡萝卜素、钙、铁等矿物质, 但是婴儿有可能讨厌菠菜味儿, 因此可在其中加入适量酸奶, 不仅营养丰富, 味道也好。

【烤吐司】

材料: 白吐司1片

做法:

1. 将白吐司放进烤箱中, 烤至两面呈金黄色。

2. 将烤过的吐司切成小片即可。

营养小叮咛

烤吐司可以刺激牙床, 有助于宝宝牙齿生长, 非常适合正在长牙阶段的宝宝。

【猪肝泥】

材料： 猪肝（牛肝、鸡肝皆可）、瘦猪肉各25克

做法：

1. 将猪肝和瘦猪肉洗净，去筋，放在砧板上，用不锈钢汤匙按同一方向以均衡的力量刮，制成肝泥、肉泥。

2. 将肝泥和肉泥放入碗内，加入少许冷水和盐搅匀，上笼蒸熟即可食用。

3. 也可以不蒸，放在粥中同米一起煮熟。

营养小叮咛

动物肝脏营养丰富，尤其含铁质多，有利于改善贫血。每次1小汤匙，一天喂2次，每天最多不超过2汤匙，再配合其他饮食和母乳，吃上十几天，营养不良症即可好转。

【葡萄汁】

材料： 葡萄10颗

做法：

1. 将葡萄洗净、去皮、去籽。

2. 用料理机榨成汁即可。

营养小叮咛

葡萄果实含有丰富的营养成分，其中含钾最丰富，可维持宝宝的肌肉收缩与神经传导，是宝宝发育成长所需要的重要营养素。

【蛋黄洋芋泥】

材料： 蛋黄1个，洋芋45克

做法：

1. 洋芋去皮煮软后压成泥。

2. 将蛋煮熟后，去除蛋白取出蛋黄压成泥。

3. 最后再将两者混合即可。

营养小叮咛

洋芋含有高度的营养价值，淀粉含量最多，其次是蛋白质、磷、铁、钾、无机盐及多种维生素。最特殊的是它丰富的维生素c被淀粉包住而不易受热破坏，是帮助铁质吸收的好搭档。

健康护理全知道

扔东西是天性

一不注意，刚刚打理好的房间又被宝宝扔得满地都是物品，如果不走运，还会有一些贵重物品被摔坏呢！"真是个小小破坏分子！"你禁不住咬牙切齿了。于是你开始一遍一遍教育宝宝要爱惜物品、不能乱扔等等，可惜结果真的令人失望，宝宝似乎是无可救药地爱上了扔东西。好郁闷！别烦了，宝宝喜欢，就陪他一次扔个够吧，让宝宝在扔呀扔中享受快乐的童年！

随便在家里找一样扔不坏的物品，抱枕、图画书、棉帽子等等都可以。先让宝宝当扔的一方，让他将手中的物品使劲扔到地上，然后你将物品捡起来交给他，让他再扔，你再拾起来交给他……如此往复。玩一段时间后，你再当扔的一方，宝宝肯定也会不厌其烦地为你捡起地上的物品交给你。在玩的过程中，你要适时教宝宝，哪些物品容易摔坏，不能摔；哪些东西不会摔坏，可以摔。不要以为这个游戏太简单，宝宝会不感兴趣，2岁以内的宝宝玩起来可是兴奋得不得了呢！

这个游戏不但可以让宝宝感受到与人协作所带来的快乐，而且可以教宝宝区别容易摔坏和不容易摔坏的物品，从而培养他们爱惜和保护物品的意识。在玩的过程中，小爸小妈们还可以让宝宝去感受软、硬的感觉。但是，你一定得要告诉宝宝，这个游戏一定要事先说好才能玩哦，否则宝宝随便拿起一样物品就扔，麻烦可就大了！

小乳牙的各种问题

1 乳牙排列不齐，有缝隙

有的爸爸妈妈会发现别人家的宝宝乳牙排列得整齐、紧密，而自己家宝宝的乳牙却有一些缝隙。其实，有很多小朋友的乳牙列是有间隙的。有间隙的乳牙列称有隙型乳牙列，没有间隙的牙列称闭锁型乳牙列。

有隙型乳牙列还是很常见的，据报道，儿童80%以上为有隙型乳牙列。而且随着小朋友逐渐长大，乳牙列的间隙会越来越大。乳牙之间的缝隙对于换牙时萌出恒牙的排列整齐是有好处的。

2 齿列会受遗传的影响吗？

毫无疑问，遗传因素会对牙齿排列造成影响。这种影响可表现为牙齿大小与颌骨大小的不协调，产生牙齿拥挤或牙间隙；也可表现为下颌大小或形状之间的不协调，产生异常的牙合关系，如"地包天"。但是，遗传因素的作用不是绝对的，牙齿的排列还受先天和后天环境因素的影响。

3 吃手指对牙齿排列有影响吗？

大多数孩子2～4岁时自己就不再吸吮手指、拇指或其它物品了，这对牙齿排列没有影响。但是，如果孩子反复吸吮手指、拇指或其它物品的时间过长，就会使上颌前牙向唇外倾斜、或者不能正常咬合。

4 两颗牙齿之间的缝隙很大

牙齿之间的缝隙一般可分为生理性和病理性间隙。生理性间隙是生长发育过程中产生的，随着替牙的完成会自动消失，不需作特殊处理。病理性间隙则是生长发育异常产生的，如多生牙、先天缺牙、过小牙、系带位置异常等，这就需要口腔医生来处理了。

5 趴着睡会影响牙齿的排列吗？

趴着睡不会影响牙齿排列，但应排除这种睡姿是否因为呼吸障碍引起。

6 门牙之间没有缝隙，会影响到恒牙的生长吗？

随着年龄的增长，处在替牙期的儿童牙齿之间一般都会存在生理性间隙，这是颌骨发育的结果，也是为恒牙的萌出做准备。如果这一阶段门牙之间没有缝隙，那么恒牙萌出时就会出现拥挤的情况，但大多数的拥挤只是暂时性的，随着替牙完成会自动纠正。

7 蛀牙从宝宝多大时最容易产生？

宝宝牙齿萌出后，由于喂养不当容易产生蛀牙，称为"奶瓶龋"，一般出现在1～2岁这一阶段，影响的主要是前牙。随着年龄的增长，在6、7岁左右又会出现蛀牙的高峰，一般是不注意口腔卫生引起的，多发生在后牙。

8 造成宝宝蛀牙的原因是什么呢？

造成宝宝蛀牙的原因主要是饮食习惯和口腔卫生。不良的饮食习惯包括：1岁后仍用奶瓶喂养、睡眠时喝奶瓶、用奶瓶喝含糖饮料、母乳喂养无节制、使用安慰奶嘴、喜吃易致龋的零食和饮料等。再加上不注意清洁口腔卫生就很容易造成蛀牙。

9 乳牙的健康与否会影响到恒牙吗？

健康的乳牙对于小朋友将来的恒牙是很重要的。乳牙的健康存在为日后要萌出的恒牙预留了间隙，如果乳牙龋坏过早脱落，后方的牙齿就会向缺牙的空隙处移动，造成下方的恒牙萌出时没有足够的间隙，形成恒牙萌出困难或位置异常。

乳牙生理性咀嚼活动可以促进上下颌骨正常的生长发育，为日后恒牙的排列提供更广阔的空间，减少恒牙列拥挤的发生。有的小朋友蛀牙很严重，因害怕疼痛而不敢咀嚼，也有的小朋友乳牙因龋坏只剩下牙根而无法咀嚼，颌面部得不到良好的发育，将来发生错合畸形的可能性也要大得多。

宝宝成长信号全记录

周数	每日奶量	身长	体重	其他
7个月零1周				
7个月零2周				
7个月零3周				
我们满8个月了				

出生 8～9个月
FROM 8 TO 9 MONTHS

第9个月记

出门的时候，宝贝儿突然哭了起来，这是以前从来没有过的。宝贝儿，你舍不得妈妈离开吗？妈妈不会离开你的，永远都不会。即使你长大了，无论你走到哪里，妈妈的心也会一直陪着你。

生命的足迹

宝宝的饮食结构发生了不小的变化，他越来越喜欢吃大人碗里的食物了。看到你们吃东西，宝宝的小嘴就开始流口水了，他还会趁你不注意突然吃下去一些小块的食物。这真的是很危险的，所以，宝宝小手能够到的范围内不要放置小块的物品和食品哦。同时你也要告诉亲戚朋友，不要随便给宝宝喂零食。

这个月龄手的动作比上个月灵活多了，如能撕纸，并会往嘴里送；玩具也能从左手换到右手，会用手拍桌子、拽吊着的绳子玩儿等。可以模仿一些简单的动作，会摆手表示再见。

这时的孩子已经能清楚记住家人的容貌，认生的孩子见到陌生人比上个月哭得更厉害。当然也有一直不认生的，这与婴儿的性格有关。有的孩子见到谁都笑，很和蔼可亲。喜欢音乐的孩子会跟着音乐摇摆手臂或身体。虽然还不能跟别的孩子一起玩，但在户外一看到其他小朋友，就会很高兴。

睡眠情况和上个月差不多，还是上午下午各睡一觉。晚上一次不醒的孩子很少。对于夜醒哭闹的孩子来说，如果给点儿奶喝就能马上入睡的话，作为治疗夜啼的一种方法，也未尝不可。

辅食方面，这个月龄的宝宝，一般每天吃2次。但是有些宝宝就是不喜欢吃米粉、米粥等糊状的食物，那也不用勉强，如果喂1次粥就要1个多少时，就说明孩子实在不喜欢吃，不如直接给他吃黏软的块状食物，如地瓜、芋头、面包、蛋糕等。软的水果也可以直接吃了，如橘子、香蕉、苹果、草莓、西红柿等。

随着辅食的增多，宝宝的大便也逐渐带有臭味，颜色也不再是纯母乳时的金黄色

了。经常可以在宝宝的便便里看到各种没有消化的食物，这是正常的，没有关系。只要不腹泻，就可以继续给孩子吃。大便次数个体差异比较大，有每天一两次的，有两三天一次的。小便的颜色，也随着辅食的增加而变黄。

一般来说，这个月龄的婴儿大多数会配合使用便盆，但并不意味着已经可以开始给宝宝进行排便训练了。因为即使现在用便盆的宝宝，到了1岁左右还是会不喜欢用便盆。这时候的婴儿还没有太强的反抗意识，所以被放到便盆上也就坐在上面了，又正好坐便盆的时间与排便的时间吻合，所以很容易成功，其实只是没反抗加巧合而已。最好不要每隔2小时就让孩子坐一次便盆。

这个月龄的夏季多发病是口腔炎、手足口病；秋冬季最多发的是突然发生的反复腹泻，也就是秋季腹泻。

由急性高热而引起的高热惊厥一般也多从这个月龄开始发生，引起发热最多的是幼儿急疹、感冒等病毒导致的疾病。

大概没有八九个月时没掉过床的婴儿。一般来说，从1米左右的床上掉下来不会留下什么后遗症。即使下面是水泥地面，只要掉下来"哇"地哭出声来，就不用怕。敏感的孩子因为跌落受到惊吓，有时会出现脸色苍白，但只要抱起来就没事了，不用担心。几分钟后，跌碰的头部会出现柔软的肿包，这是头骨外部血管损伤引起出血所致，不用特殊处理，会自然消失。一般没必要看医生或拍片子。

如果是从楼梯上滚落下来或者有短暂的意识丧失，就要带去医院看看。回家后注意观察，如果有异常（大哭、呕吐、抽搐、意识不清、手或脚不能动）等情况，要马上带孩子再去医院。到第二天早上，如果孩子又状态很好地在玩，那么就算好了。但无论是从床上掉下来，还是从楼梯上滚落下来，即使没有任何异常、情绪也很好的婴儿，当天也要尽量让孩子安静，晚上不要洗澡。

这个月龄最常见的还有烧烫伤。此外，这时候的宝宝会把所有看到的东西放进嘴里，比如香烟头、硬币等，所以必须时刻注意。

宝宝发育知多少

第270天时男女宝宝的成长数值

项目	男宝宝		女宝宝	
	正常范围	平均值	正常范围	平均值
体重	7.20～10.90千克	8.90千克	6.60～10.40千克	8.20千克
身长	67.7～76.2厘米	72.0厘米	65.6～74.7厘米	70.1厘米
头围	42.8～47.5厘米	45.0厘米	42.0～46.7厘米	44.0厘米
胸围	40.8～48.8厘米	44.8厘米	40.1～47.7厘米	43.9厘米

1 身体运动

大运动 9个月的宝宝能拉物站起来。平时把宝宝放在沙发、床边或栅栏边，用玩具逗引孩子自行拉物站立。此期站立的有关训练时间不要太久，并且大人一定要注意保护，避免宝宝摔伤。

精细动作 这个月龄的宝宝已经会对敲手中的2块积木了。大人可以两手分别拿一块积木对敲，然后让宝宝两手分别拿住积木，大人握住宝宝的两手教他对敲，发出响声，逐步让宝宝自己对敲积木。活动时要注意监护，防止宝宝把小玩具放入口中。

2 语言能力

9个月的孩子知道自己的名字，叫他名字时他会答应，能懂"平台"等复杂语句。给他不喜欢的东西，他会摇摇头，玩得高兴时，他会咯咯地笑，表现非常欢快活泼。宝宝渐渐地能发出"妈、爸、大、拿"等这样的辅音了，可以学习称呼亲人了。男孩比女孩略微迟一些，因为管理说话的语言运动中枢发育相对迟一些。如果宝宝能听懂，也不必计较宝宝称呼亲人的早和晚。坚持用夸张的口型同宝宝说话，他也会通过模仿渐渐学会，到14个月才会称呼亲人的宝宝也属正常范围。

3 认知能力

9个月的宝宝开始知道找出刚刚被遮盖住的物品，知道采取间接行动如爬行绕过椅子取椅子后面的东西。家长可以把宝宝手上玩的玩具拿来放到适当的地方，同时用近处物体遮挡住，引导宝宝寻到玩具玩。父母可不时改变装束与宝宝说话和做游戏，使宝宝逐步明白改装后的爸爸妈妈还是原来的爸爸妈妈。

4 社会适应能力

这个月的宝宝常有怯生感，怕与父母尤其是妈妈分开，这是宝宝正常的心理表现，说明宝宝对亲人、熟人与生人能准确、敏锐地分辨清楚。宝宝如见到生人，往往用眼睛盯着他，怕抱走他，感到不安和恐惧。为了宝宝的心理健康发展，请不要让陌生人突然靠近宝宝，抱走宝宝；也不要在陌生人面前随便离开宝宝，以免使宝宝不安。

营养饮食细安排

给宝宝吃鸡蛋要注意

婴儿开始添加辅食时，妈妈的首选都会是鸡蛋，因为鸡蛋含有丰富的营养，尤其是蛋白质，但是宝宝吃鸡蛋也要注意下面这些情况。

半岁前的婴幼儿不宜食用鸡蛋清。因为他们的消化系统发育尚不完善，肠壁的通透性较高，鸡蛋清中白蛋白分子较小，有时可通过肠壁而直接进入婴儿血液，使婴儿机体对异体蛋白分子产生过敏现象，发生湿疹、荨麻疹等病。

吃鸡蛋不宜过量。据研究，每个鸡蛋平均含有胆固醇250毫克，正常人每天摄入的胆固醇不宜超过300毫克，因此鸡蛋每天吃1个为宜。

发热时患儿不宜吃鸡蛋。鸡蛋蛋白食后能产生"额外"热量，使机体内热量增加，不利于患儿康复。

让宝宝适当接触零食

很多家长觉得宝宝吃零食是个坏习惯，因为零食会抢占宝宝的胃，影响身体摄取别的营养，其实，关键是一个度的问题。

儿童非常好动，整天手脚不停地活动着，消耗大量能量。因此，每天在正餐之外恰当补充一些零食，能更好地满足新陈代谢的需求。首先，吃零食时间要恰当，最好安排在两餐之间，不要在餐前半小时至1小时吃。其次，零食量要适度，不能影响正餐。另外，要选择清淡、易消化、有营养、不损害牙齿的小食品，如新鲜水果、果干、坚果、牛奶、纯果汁、奶制品等，不宜太咸太油腻。

睡前也不宜吃零食，以免影响睡眠，睡前必须刷牙，以防龋齿。

添加的食物要多样化

每一种食物都是由各种营养素组成的，同一种营养素可以通过吃多种食物来摄取，但是任何一种天然食物都不能提供人体所需的全部营养素，所以宝宝的食物要多样化。

辅食可分为四大类，即谷类、动物性食品及豆类、蔬菜水果类和油脂、糖类。

1 谷类

谷类食物是最容易为宝宝接受和消化而且最不容易引起过敏的食物，所以添加辅食时先从谷类食物开始，如粥、米糊、汤面等。宝宝长到7~8个月时，牙齿开始萌出，这时可给宝宝一些饼干、烤馒头片、烤面包片，帮助磨牙，能促进外齿生长。

2 动物性食品及豆类

动物性食物主要指鸡蛋、肉、鱼、奶等。豆类包括豆制品，如豆腐等。这些食物含蛋白质丰富，是婴儿生长发育过程中所必需的。对于1岁以内婴儿来说，母乳喂养者每日每千克体重需供给蛋白质2~2.5克，混合喂养、人工喂养需供给3~4克。

3 蔬菜和水果

蔬菜和水果富含宝宝生长发育所需的维生素和矿物质，如胡萝卜含有较丰富的β-胡萝卜素，可以在体内转变成维生素A，菠菜含钙、铁、维生素C，绿叶蔬菜含较多的B族维生素，橘子、苹果、西瓜含维生素C。对于1岁以内的宝宝，可以鲜果汁、蔬菜水、菜泥、苹果泥、香蕉泥、胡萝卜泥、红心白薯泥、碎菜等方式摄入其所含营养素。

4 油脂和糖

这是高能量食物。宝宝胃容量小，所吃的食物量少，能量不足，所以必须摄入油脂、糖这类体积小、能量高的食物，但一定要注意不宜过量。而且油脂应是植物油而不是动物油。

对于七八个月的婴儿来说，要通过辅食多样化来实现同样的目的。只有多种食物组成的混合辅食，才能满足婴儿各种营养素需要，达到合理摄取营养素、促进健康的目的。尽管我们在前面提到辅食要一种一种地加，一般来说经过几个月的喂养，这时辅食的种类应该增加到好几种了，辅食多样化完全是有可能的。

在给宝宝添加辅食时应注意使食物更有滋味更有吸引力，同时，要不断变换食物的品种，一般不要让宝宝连续吃同样的食品。

多吃蔬菜益处大

蔬菜中含有的大量营养物质，与宝宝的健康成长密切相关，父母可不能因为宝宝不爱吃蔬菜，就不给喂食。

宝宝适合吃这些蔬菜

结合营养学和可操作性两方面的因素，给年轻的爸爸妈妈们推荐几种最适合宝宝的蔬菜：

胡萝卜　胡萝卜营养丰富，纤维素含量更高，有利于润肠通便。妈妈可以将胡萝卜蒸熟后再进行烹调，这时的胡萝卜很软，方便烹饪和宝宝吞咽。喝配方奶的宝宝容易上火、便秘，经常吃胡萝卜可以改善这一状况。由于胡萝卜素只能溶解在脂肪中，所以在吃以前先用少量油炒一下，效果更好。

绿叶菜　爸爸妈妈应该记住，深色蔬菜的营养价值高于浅色蔬菜。因为前者含有较多的胡萝卜素。

番茄　番茄营养丰富，尤其是维生素C的含量高，还有番茄红素，加工起来也比较方便。

蒸熟的蔬菜　不仅能合乎宝宝的口味，而且更能留住蔬菜中的维生素和矿物质。蒸出来的汤汁应该保留，勾芡兑成浓汁浇在蔬菜上，会让菜肴更加美味。

如何让宝宝适应"硬"食

宝宝过了8个月，已不再喜欢吃代乳食品罐头那样的糊状食物了，也不再喜欢吃软的食物，而是喜欢吃有点嚼头的食物。研究者认为，婴儿期少咀嚼硬物正是导致颚骨发育不良的重要原因之一。比如，如今的果子酱、蛋糕、面包等之类的饮食，婴儿几乎不用咀嚼直接就下肚了，颚骨和牙床都不可能得到有利的锻炼。

所以，婴儿要在断奶前后就应常喂些干饭、条形饼干、香蕉、苹果片或红薯片之类较硬的食物。此时婴儿虽牙齿并未长齐，但不断地咀嚼可以锻炼牙齿和牙龈的韧性，摩擦和清洁牙面，从而促进牙齿的坚固和预防牙周病的发生，而且还可以促进下颚部坚强和面部肌的正常安育，对宝宝消化功能的完善及面部美观都有益处。研究证明，婴儿硬食吃得少，不仅对牙齿生长不利，随之而来还有消化功能发育不良，长大成人后，易患胃病、偏头痛等病症。

当宝宝已经长出了几颗牙齿扩印时候，说明宝宝已经有了咀嚼的能力，但是要想吃固体的食物，还必须有个"实习"的过程。什么时候才能让宝宝去学吃"硬"东西呢？

> 家长在让宝宝适应不同硬度的食物时要有耐心，不要过高估计了宝宝牙齿的切磨、舌头的搅拌和咽喉的吞咽能力。

> 在开始时可将固体的食物弄成细片，好让宝宝便于咀嚼。可以先吃去皮、去核的水果和蒸过的蔬菜等。

> 当宝宝习惯了吃这些"硬"东西后，便可以给食物的硬度"升级"，让他们尝试吃煮过的蔬菜。

妈妈厨房

【南瓜羹】

材料: 甜南瓜10克,肉汤3大匙

做法:

1. 将南瓜去皮去瓤,切成小块,放入锅中倒入肉汤煮。

2. 边煮边将南瓜捣碎,煮至稀软即可。

营养小叮咛

南瓜多用于断奶食物的制作,营养价值高,又易消化吸收。除做成汤、糊外,还可以煮粥、蒸食、熬制、煮饭等。这道菜可以用玉米粉代替肉汤。先炒一下南瓜,再加入清汤、白糖、盐煮,再与玉米糊调在一起,即成一道南瓜玉米羹。

【什锦蛋羹】

材料: 鸡蛋1个,菠菜1棵,米粉少许,番茄适量

做法:

1. 将鸡蛋磕入盆内,加少许温开水搅匀待用。

2. 锅内加水,在旺火上烧开。把鸡蛋盆放入屉内,上锅蒸15分钟,成豆腐脑状待用。

3. 炒锅内放入清水,烧开后放入米粉、菠菜末、番茄酱或西红柿末少许,勾芡淋入香油即成。

营养小叮咛

蛋液内要加凉开水或温水,不能加凉水。蒸时用旺火,防止蒸过火、蒸老。

【番茄土豆鸡肉粥】

材料： 香米50克，鸡脯肉30克，番茄40克，土豆25克

做法：

1. 香米洗净后用冷水泡2小时，鸡脯肉剁成末，土豆洗净煮熟后去皮切成小丁，番茄去皮去蒂切成小丁。

2. 炒锅加热后放入植物油，将葱、姜放入锅内煸香后捞出，放入鸡肉末，煸熟后推向锅的一侧，再放入番茄丁煸炒至熟后将两者混在一起。

3. 将香米放入锅中加水煮，旺火烧开后改用文火熬成粥，然后加入煸好的鸡肉末、番茄丁、土豆丁继续用文火熬5~10分钟。

4. 继续用小火煨至粥香外溢即可。

营养小叮咛

　　粥香色美，十分可口。含有丰富的蛋白质、钙、维生素c等。粥的咸淡以能尝到咸味为好。由于宝宝的味觉正处于发育阶段，所以不宜太咸。

【黄瓜鸡蛋鲜虾汤】

材料： 黄瓜1/4根，鸡蛋1个，鲜虾仁或速冻虾仁少许，紫菜少许

做法：

1. 黄瓜去皮，削薄片剁碎，鸡蛋拌少许水打散，鲜虾仁剁碎，紫菜泡开备用。

2. 将水和虾仁一起煮，开锅后用小勺一点点舀入鸡蛋，然后放入紫菜就可以了。

营养小叮咛

　　虾仁和鸡蛋都是优质蛋白质食物，虾仁同时含有大量的矿物质，容易消化吸收，是宝宝最佳补蛋白质食品。

有些腹泻不用担心

这个月龄宝宝的腹泻，一般不会是细菌引起的。细菌引起的腹泻，一般情绪都不好，有时还发热。因饮食过量引起的腹泻，基本上妈妈们不用担心也就好了。但很多妈妈，包括一些医生，看到腹泻，就会让婴儿禁食，有的医生还会给开一些帮助消化的药，这种做法是不对的。

因为与之前的饮食结构不同，对肠道形成了异常的刺激，或者因为流食中所含的脂肪不足，所以，孩子尽管不发热，食欲也好，精神状态也不错，但就是大便不成形，以至于腹泻怎么治疗也不见好。这种情况其实是由于控制了以前的饮食，连续给孩子吃量少且营养价值低的食物而导致的。唯一的治疗方法，就是必须恢复以前的饮食。恢复以前饮食的过程中，即使仍然有腹泻，但只要体重呈增长趋势，就说明营养状况好转，腹泻慢慢会停止。

拿勺子要锻炼

宝宝八九个月大时，就会开始表现出希望自己拿勺吃饭的浓厚兴趣。此时，他的手眼协调能力还不是很好，经常是好不容易在自己的小碗里舀了点饭，结果没送到嘴边就撒了一多半。这时，家长一定要注意，不要因此限制宝宝自己吃饭的愿望，因为这是练习吃饭的必经之路。只有放手让宝宝充分锻炼，他才能最终掌握拿勺吃饭这一"高难"动作。一般来说，宝宝1岁半后，就能自己拿勺吃得比较好了。当然，在练习的过程中，家长要在宝宝自己吃的同时，坚持给宝宝喂饭。因为宝宝开始自己吃时，可能不会吃得太饱，会一边吃一边撒，不能让宝宝因此饿肚子。

练习过程中，宝宝可能会出现用五指抓握勺把、用勺背舀饭等错误动作，家长切不可太心急，可以给宝宝演示正确的动作，也可以手把手地纠正宝宝的错误动作，但不要急于求成，要允许宝宝反复出错。

另外，在宝宝自己吃饭的过程中，不可避免地会把饭粒撒到衣服上，增加家长清洗衣服的负担，很多家长会因此限制宝宝自己吃饭的机会。其实，一套易清洗、专供吃饭时穿的衣服或围嘴儿，就能轻松解决这个问题。

不会爬别着急

俗话说"七坐八爬"，可见我们早已注意到坐和爬是宝宝发育的重要里程碑。父母一般都会格外重视"爬行"，因为这是宝宝动作发展的一大步，所以在宝宝学爬之后，就需要特别留意整体居家环境的安全。然而，偶尔也会发现宝宝跳过爬行阶段、直接尝试站立走路的情形，为什么会这样呢？这对宝宝日后的动作发展或身体发育有影响吗？

1 5大因素和爬行有关

爬行属于人体控制运动的本能发展，当宝宝的脑部发育到达一定程度，周边神经系统连结也达到阶段性需要，脑神经及肌肉协调都足够成熟，又没有外力限制的时候，宝宝自然就开始学爬行。而影响宝宝爬行的因素大致可以分成内、外两个方面。

神经细胞功能正常 如果脑细胞出现缺损，如脑性麻痹，或者肌肉张力有异常，如唐氏症，那么宝宝要正常爬行就比较困难。

神经系统与肌肉骨骼关节合作顺畅 当宝宝的身体发育和动作协调发展到达一定程度，在相互合作下才能出现爬行。

宝宝的个性 如果是活泼好动的宝宝，学习爬行走路的意愿就比较强烈。而较胖的宝宝可能因为身体的负担太重，所以显得有些裹足不前。

环境 即使宝宝准备好了要爬，但是照顾者经常给予活动空间的限制，例如经常坐学步车、被抱着或背着等，宝宝体验爬行的乐趣也会被剥夺。

教养 指的是父母亲或照顾者的观念，因为有些人认为人类是行走的动物，"爬"只是一个过程，略过爬行之后还是要走路。而有些父母则认为爬行非常重要，所以会鼓励、诱导宝宝去爬行。

2 1岁会爬也不晚

6～7个月可说是预备期，有些宝宝会先翻身，然后开始出现爬行动作，通常在7～10个月时开始爬行。如果宝宝到了1岁还没有爬行迹象出现，就应求助于医生，以确认是否出现发展迟缓等问题。

宝宝爬行的方式因人而异，对此不必太在意。刚开始爬行时，宝宝可能会出现后退、横行、单手爬、双手爬等动作，以及其他各种奇怪的姿势，此时不需要刻意矫正，只要最后能成熟进步到双手前进爬行即可。

宝宝成长信号全记录

周数	每日奶量	身长	体重	其他
8个月零1周				
8个月零2周				
8个月零3周				
我们满9个月了				

出生 9 ~ 10 个月
FROM 9 TO 10 MONTH

第10个月记

你扶着沙发摇晃晃地站了起来，真是让我们感到惊喜。宝贝儿，从这一刻开始，你将要迈开人生的第一步了。虽然你还站不稳，虽然你还不敢迈出小腿儿，但是看着你努力认真的样子，妈妈真的好想抱紧你，从你小小的身体里，望尽你的人生。

生命的足迹

这个月的宝宝已从坐位发展到站位了，这是动作发展的一个飞跃阶段。孩子从躺着发展到坐，最终能站起来，这是一个非常鼓舞人心的壮举，这意味着孩子即将去自由自在地探索周围的世界。

过了9个月，宝宝已经能长时间稳稳地坐着，所以自己独自玩的时间就延长了，兴趣也集中了。不仅玩各种玩具，对身边的遥控器、勺、碗、杯子、瓶子等，无论任何东西都喜欢，什么都想拿来玩玩。

手的握力增强，能用拇指和食指抓住东西了，也可以把东西从左手换到右手。有训练和没有训练的婴儿，表现会大不同。大部分孩子会表示再见了，有长辈训练的孩子，就能学会各种"做怪样"、"晃脑袋"等动作。当然，并不是说早教会孩子这些，孩子的智力就会提高。

这个月龄的宝宝，大部分下面的门牙已经长出来2颗，有一些孩子上牙也长出来了。吃完辅食，喝完奶后，用纱布或者软一点的牙刷给宝宝清洗一下牙齿。每天都进行，刚刚长了几颗小牙，清洗很快，关键是要让宝宝养成饭后刷牙的好习惯。

这个月龄进行排便训练也还为时过早。过于神经质地给孩子把尿，每隔1个小时甚至半个小时就把一次，会弄得宝宝也很紧张。而且，这样往往适得其反，不能训练宝宝告诉大人要小便。放轻松，宝宝尿了也没关系，如果隔2个小时还没尿，就让宝宝坐在便盒上试试。这样，慢慢的，孩子会学会告诉大人大小便。

宝宝发育知多少

第300天时男女宝宝的成长数值

项目	男宝宝		女宝宝	
	正常范围	平均值	正常范围	平均值
体重	7.50~11.20千克	9.20千克	6.80~10.70千克	8.50千克
身长	69.0~77.6厘米	73.3厘米	66.8~76.1厘米	71.5厘米
头围	43.1~48.0厘米	45.4厘米	42.4~47.0厘米	44.4厘米
胸围	41.2~49.2厘米	45.2厘米	40.5~47.9厘米	44.2厘米

1 身体运动

大运动 这个月龄的宝宝能够扶着家具或推车走几步了。可以把宝宝放在桌子、沙发或床边上，让宝宝扶着它们站立，然后呼唤宝宝或用玩具逗引宝宝扶物前行。在宝宝前面拉住宝宝的两只手慢慢前行，逐渐改为一只手拉着宝宝向前行。让宝宝推着学步车、小推车、椅子向前行走。

精细动作 宝宝能用拇指和食指钳起小丸了，手指的精细运动有了很大的发展。家长可以有意识地和宝宝玩各种玩具，例如打开盖上盒子、互相滚小球、拿带孔的玩具让宝宝用手指抠洞洞等。可以锻炼宝宝用拇指和食指捏起小食品如小糖豆、小虾条等放入小容器内。

2 语言能力

10个月的宝宝能模仿大人音调的变化，所以可以经常和宝宝对话。此时宝宝发音含混不清，家长要耐心教，让宝宝模仿发音，发音清晰、准确、简单。对话过程中还要让宝宝注意分辨讲话的语气和声调，包括亲切的、和蔼的、高兴的等等。可以给宝宝唱简单的与日常生活有关的儿歌，让宝宝尝试熟悉节奏。

3 认知能力

10个月的宝宝能寻找盒子内的积木，所以家长可以故意把多种玩具放在一起，让宝宝挑选自己所需的玩具。也可以给宝宝一叠纸片，大人在宝宝面前把纸片一页一页地拿开，然后给宝宝一本画册，大人示范按页打开画册，诱导宝宝自己打开画册翻看。

可以和宝宝玩指认五官的游戏。家长先指着娃娃的五官，再指着宝宝镜子里的五官，让宝宝知道五官的位置和名称。然后家长指着自己的五官说出名称，最后家长说出五官的名称让宝宝指向自己的眼睛、鼻子、嘴巴、头发等。

4 社会适应能力

对陌生人感到焦虑是孩子情感发育旅程中的一个里程碑。甚至对以前孩子可以很好相处的亲属或看护者，现在也会表现为躲藏或者哭泣。这种情况是正常反应，不必感到忧虑。宝宝对妈妈更加依恋，这是分离焦虑的表现。情感分离焦虑通常在10～18个月期间达到高峰，在1岁半以后慢慢消失。不要抱怨他的占有欲，尽你的努力维持更多的关心和好心情。

营养饮食细安排

能吃的辅食越来越多了

在鱼肉之后可添加鸡茸、鸭茸及瘦猪肉糜等。瘦牛肉、羊肉因脂肪溶点高，宜待年龄稍长后再加。可吃的食物有虾末菜花、蒸肉豆腐、豆制品（如豆腐干要剁碎）、鱼、煮烂的鸡肉鸭肉、猪肉末、蒸蛋羹、面条、烂饭、饺子、馄饨、小蛋糕、燕麦片粥等。每天配方奶量为500毫升、每餐肉类约15~25克、每日粮食50～75克、蔬菜和水果50～100克、豆制品逐渐加大用量，每日15~20克。婴儿食品向家庭餐桌食品过渡，并逐步建立全天3餐3点的饮食模式。

为什么不能吃蜂蜜

蜂蜜不仅是甜美的食品，而且是治疗多种疾病的良药。因为它含有丰富的果糖、葡萄糖和维生素C、维生素K、维生素B2、维生素B6 以及多种有机酸和人体必需的微量元素等。许多年轻的父母，喜欢在喂小儿的牛奶中加入蜂蜜，以加强小儿营养。实际上1周岁以下的婴儿，是不宜食用峰蜜及花粉类制品的。

这是因为在百花盛开之时，尤其是夏季，蜜蜂难免会采集一些有毒植物的蜜腺和花粉。若正好是用有致病作用的花粉酿制的蜂蜜，就会使人得荨麻型风疹。而食用含雷公藤、山海棠花的蜂蜜，则会使人中毒。

美国科学家认为，世界各地的土壤和灰尘中，都有一种被称之为"肉毒杆菌"的细菌，而蜜蜂常常把带菌的花粉和蜜带回蜂箱，使蜂蜜受到肉毒菌的污染，极微量的肉毒杆菌毒素就会使婴儿中毒，其症状与破伤风相似。因此，科学家们建议，为防患于未然，使婴幼儿健康成长，对1周岁以内的婴儿，以不喂食蜂蜜为宜。

1岁以内最好别吃盐

对于1岁以内的婴儿食品不要再额外加盐，因为天然食品中存在的盐已能满足宝宝需要，再额外加盐则可能对宝宝有害。对于1～3岁的宝宝，每天做菜时也要尽可能地少放盐。一般1～6岁的幼童每天食盐不应超过2克。其实，对于宝宝非常敏感的味蕾来说，蔬菜和水果中的天然味道就很鲜美，而这些食物也含有足够的盐。

高盐饮食对宝宝的5大危害

高盐饮食可使口腔唾液分泌减少，溶菌酶亦相应减少，有利于各种细菌、病毒在上呼吸道的存在。

高盐饮食后由于盐的渗透作用，可杀死上呼吸道的正常寄生菌群，造成菌群失调，导致发病。

高盐饮食可抑制口腔黏膜上皮细胞的繁殖，使其丧失抗病能力。

高盐饮食会影响儿童体内对锌的吸收，导致孩子缺锌。

高盐饮食会加重宝宝的心脏、肾脏负担。宝宝的肾脏发育还不健全，不足以渗透过多的盐。如果辅食中加盐过多，就会加重宝宝的肾脏负担，同时增加心脏负担，由此使肾脏和心脏功能受损。而且，从小养成重盐的饮食习惯，长大后不容易纠正，而重盐的饮食习惯容易引起高血压等疾病。

所以，宝宝1岁前最好别吃盐。有的家长担心少加盐孩子钠摄入量不足，影响孩子的成长发育。其实从4～6个月开始给婴幼儿添加辅食起，很多蔬菜、水果等食物中都含有钠，因此未必非要从盐中摄取钠。

妈妈厨房

【白玉金银汤】

材料： 清汤70毫升，香菇丝1/3朵，豆腐25克，小鸡丁块15克，花椰菜10克，鸡蛋1/4个

做法：

1. 清汤煮开后，倒入小鸡丁块和香菇丝煮熟。

2. 豆腐切丁，倒入锅内，加少许盐和酱油调味勾芡，煮成稠状。

3. 倒入烫熟的花椰菜，淋入蛋汁1/4个，熄火，盖上锅盖焖到蛋熟即可。

营养小叮咛

　　绿花椰菜含有大量的叶黄素，是保证宝宝视力的重要的抗氧化剂。

【鸡肝蛋黄泥】

材料： 鸡肝50克，蛋黄1个

做法：

1. 鸡肝煮熟后，研磨成泥。

2. 将煮熟的蛋黄磨成泥，再与鸡肝泥混合即可。

营养小叮咛

　　鸡肝有丰富的维生素A、维生素B2、维生素B12、维生素K、泛酸、生物素、胆素以及铁质，其中铁质是很好的吸收来源。

【山药稀饭】

材料： 面包1/2片，山药30克，米粥120克

做法：

1. 山药切成小细丁后蒸熟，再加入米粥。

2. 将面包碎末加入山药粥中即可。

> **营养小叮咛**
>
> 山药营养丰富，含有淀粉、蛋白质、纤维等多种营养素，有助于大脑的发育。

【红小豆泥】

材料： 红小豆15克

做法：

1. 将红小豆择洗干净，放入锅内，加水用旺火烧开后，加盖转小火焖烂成豆沙。

2. 坐锅加油，放入红糖炒至溶化。倒入豆沙，改用中小火炒好即成。

> **营养小叮咛**
>
> 小豆含有丰富的B族维生素及铁质，适宜10个月以上的婴儿食用。可同粥一起食。注意焖豆时必须凉水下锅，旺火烧开，小火焖煮，否则易把豆烧僵，影响起沙；煮豆则越烂越好，炒豆沙时要不停地擦着锅底搅炒，火要小，以免炒焦而生苦味。

需要查微量元素吗

微量元素检测只是检查手段之一，结果确实不是100%准确。因为微量元素都是以离子的形式游离在血液中，某个时间点"捕捉"到的微量元素未必能反映身体中含有微量元素的整体情况。并且微量元素检测对仪器和实验室的环境要求非常高，其结果会受到很多客观因素的干扰。所以，微量元素的检测结果仅仅作为一种参考，不能单凭这个结果就断定孩子是否缺乏某种微量元素，关键是要结合临床症状做出综合评价。比如，判断孩子是否缺钙，不能检测结果钙偏低就说缺钙，还应综合分析身高、睡眠、饮食、牙齿等多方面的情况，再在医生指导下补充钙剂。但是，它也不是一点意义没有，比如对于一些有缺铁、缺锌症状的孩子，医生还是会按需检测，将微量元素检测作为诊断的参考标准。

合理饮食孩子并不会缺乏微量元素

现在有不少家长存在一种误区，喜欢动不动就给小孩的微量元素检测一番，等到检测结果出来以后，"合格的"家长很乐呵，"不合格的"家长则焦虑紧张，根据化验结果给孩子"狂补"。

一般来说，孩子没有必要进行微量元素检测，除非有明显症状。缺铁的儿童多表现为乏力、多动、食欲差、伤口易感染；缺锌则表现为口腔溃疡、挑食；睡眠质量差、夜惊、枕秃，则是由于缺乏钙元素且一段时间内没有补充过维生素D所致。只要正常进食，合理搭配膳食，孩子就不会发生微量元素缺乏。婴幼儿期的宝宝，按照医嘱补充维生素D，按时添加辅食，应该不会缺乏微量元素。

食补胜于药补

如果孩子少量缺乏某种微量元素，最好通过食物补充，不要盲目地大量补充营养品，最关键的是膳食要平衡。例如，缺铁同时有贫血症状时，可以适量补充动物肝脏、绿色蔬菜以及少量瘦肉；补锌可以吃适量瘦肉、坚果、粗杂粮以及贝壳类海产品。盲目长期给孩子服用微量元素的补充剂，还易出现各种微量元素间的相互拮抗问题，如钙和锌会影响铁的吸收率，铁也会降低锌的吸收率等。

Tips 只要宝宝在成长过程身体健康，就没有必要检查微量元素。如果宝宝的身体状况不是特别地好，是可以做检查的。

男宝宝爱抓小鸡鸡

从半岁开始，孩子便懂得探索性器官和身体各部位，这是一个持续的过程。孩子不会自动停止抚摸自己，再大一些，他们还会感到抚摸性器官带来的快感。这些行为都是出于探索和了解身体的欲望，不同于成年人的自慰。

这个时期的孩子有探索的欲望，手指是触觉的一个敏感的工具，他现在要通过自己的手指，触动自己身体的各个部分，继而逐渐明白，这些部位是自己的身体的一部分，从而认识了自我。另外，食欲和性欲都是生来具有的。例如，男婴可能出现自发性阴茎勃起，女婴阴道有分泌物，这是最初的性表现。通过玩"小鸡鸡"，孩子可能得到一种舒适感，也就是一种性满足。这是正常的现象，父母应该视之为孩子成长的一部分，不要让孩子产生羞耻的观念。如果直接告诉孩子"这样做不对"、"你怎么可以这样"，会使他们对性器官产生负面认识。

不过孩子的这个行为如果发展下去，很容易引起尿道感染，可以用其他玩具转移孩子的注意力。同时，我们也应该注意孩子最近是不是小便时哭闹？尿道口是不是红肿？尿液是不是浑浊？阴囊有无湿疹？排除了病理性疾患，就可以按以下的方法处理：

1 可以给孩子穿上尿裤或兜上尿布，让孩子没有机会去触摸。

2 大小便后一定要清洗臀部和外阴，保持局部干燥，减少刺激。

3 给予孩子肌肤的爱抚，如亲吻、抚触。让孩子吃饱，睡足，使得孩子生理上和心理上得到满足，保持愉快的情绪。

宝宝成长信号全记录

周数	每日奶量	身长	体重	其他
9个月零1周				
9个月零2周				
9个月零3周				
我们满10个月了				

第11个月记

宝贝儿，你站得越来越稳了，甚至扶着沙发还能往前蹒跚着走几步呢。你喜欢拽着妈妈的衣角往门口的方向看，你向往外面的世界。看着你的身影，妈妈知道，那个新生儿模样的你，已经离我越来越远了，可是妈妈迎来了一个健康茁壮的你，生命的力量，就是如此神奇。

生命的足迹

上个月好不容易抓着东西才能站起来的宝宝，这个月能自己扶着东西站起来了。上个月能扶着东西站起来的宝宝，这时候能扶着东西走了。发育快的宝宝，甚至能松开扶东西的手，自己站一会儿。移动的方式也是各式各样，有爬行的，有扶着东西走的，有坐着挪的，还有摇摇晃晃走的。这时候让宝宝练习走步是可以的，但是也不要走太多。

他的爱好也在这个时候逐渐显现，好像几乎所有的男宝宝都喜欢小汽车、所有的女宝宝都喜欢毛绒玩具呢。手的功能也更加灵活了。较轻的门能推开了，抽屉也能拉开了。还能双手拿玩具敲打，用手指着东西提要求。姥姥或奶奶带的孩子，会表演"摇头""出怪样""再见"等节目了。

大多数宝宝现在会说"妈妈""爸爸"。很多话宝宝自己虽然不会说，但是已经能理解了，如大人说"手""眼睛""脚"时，有的婴儿就能指着自己的手、眼睛、脚。

对这个时候的宝宝来说，进行户外的身体锻炼还是非常重要的。虽然即使一直不到室外，孩子的身高体重也会日益增加，体检时还会被大夫夸奖发育良好。但这只是表面现象而已，身体的功能不锻炼就不会增强。扶着东西可以在室内练习走，但是皮肤和上呼吸道黏膜不接触大气，就不能增强其抗病能力，所以应该让婴儿每天在户外待2个小时。

睡眠情况还是因人而异。有的宝宝还是能每天睡三四次，有的上午下午各睡1次就可以了。晚上睡觉的时间从8点到10点不等。这个月开始，有的宝宝能自己翻身趴

生命的足迹

着睡了，怎么把他翻过来都不行，因为这个体位他睡着舒服。

夜醒的情况也不一样，多数婴儿醒了吃点奶就又睡了。也有睡得很沉，能一觉到天亮的。总之，不论哪种情况，宝宝夜醒时，总的方针就是不管怎样只要能他尽快入睡就行。

食量小的宝宝味觉会很敏感，喜欢吃的能吃一点，不喜欢的就会把头扭到一边，如果被强迫喂到嘴里，也会用舌头顶出来，而胃口好的宝宝则什么都能吃得多。对于挑食的宝宝，尽量变换花样，用过各种办法就是不吃，也没关系，不吃蔬菜，就用水果补充。配方奶、鱼、肉类中也都含有维生素A和矿物质，水果中含有维生素C和维生素B1，只要充足地喝配方奶、吃水果，即使不吃蔬菜也不会导致营养不良。况且，很多孩子婴儿时期不吃蔬菜，长大后却逐渐喜欢吃了。所以，最好每顿饭都不要强迫他吃他不喜欢的东西，让宝宝愉快地吃饭，比什么都重要。

这个月龄的宝宝还不能告诉大人要小便。10个月后，宝宝明显地表现出较强的自我意识，即便是以前已经能用便盆的宝宝，到了这个月龄，很多也会不愿意再坐到便盆上，有的还会气得打挺。有的听话的孩子，妈妈一诱导性地说"嘘——"，过一会儿，孩子就会尿出来。但是好动、小便次数多的宝宝，在这个月龄进行排便训练基本是不可能的。

婴儿能告诉小便的时间因人而异，但一般是满2岁后的春季到夏季之间，不用着急。并不是婴儿早坐便盆，早接受训练，就能早些告诉大人小便的。小便次数少，尿的间隔时间长的宝宝，比较容易接受便盆，因为他没有在便盆上哭闹的记忆，所以不讨厌便盆。

大便也是一样，还不能告诉大人。便便较硬，需要使劲的宝宝，妈妈发现宝宝使劲时，立刻坐在便盆上完全来得及。但大便稀软，不需要"努力"就能便出来的宝宝，就会在妈妈不知情的情况下排便。对这样的宝宝，只能早晨刚一起床或者午睡后坐便盆偶尔能成功，但"大便训练"是不可能的。

上下各长了2颗门牙的宝宝，到了这个月龄，会在上面2颗门牙的两侧又长出2颗小牙来。也有的宝宝会跳过上面正中间的2颗门牙，而先从两侧长2颗小牙，但不久，正中间的门牙就会长出来。乳牙共有20颗，出牙的时间和顺序因人而异。

宝宝发育知多少

第330天时男女宝宝的成长数值

项目	男宝宝		女宝宝	
	正常范围	平均值	正常范围	平均值
体重	7.70～11.50千克	9.40千克	7.00～11.00千克	8.70千克
身长	70.2～78.9厘米	74.5厘米	68.0～77.5厘米	72.8厘米
头围	43.3～48.5厘米	45.8厘米	42.7～47.2厘米	44.8厘米
胸围	41.5～49.5厘米	45.5厘米	40.9～48.1厘米	44.5厘米

1 身体运动

大运动 11个月的宝宝能够独站2秒钟以上啦。大人可以在宝宝面前拉一横竿或长绳，让宝宝扶着竿或绳子，在宝宝一侧的一定距离处放玩具，诱导宝宝向一侧移动身体去拿玩具。在宝宝扶行较稳后，可诱导宝宝逐步独立行走。家长要注意多加鼓励，但开始最好把宝宝放在地毯或床上，以免摔伤宝宝。

精细动作 11个月时宝宝能将小玩具放到容器中了。平时可以把小的玩具放入容器或布袋里，让宝宝用手探取玩具，每取出一样，大人都要用语言说出这个玩具的名字。和宝宝一起搭积木，开始示意给宝宝，必要时给予适当帮助，直到宝宝能自己能搭起两层积木。

2 语言能力

这个月龄的宝宝能有意识地叫"爸爸"、"妈妈"了，也能边玩边说意义不清的话，听起来好像在自言自语。平时在和宝宝一起看图画书时，大人教宝宝把书上的画图所代表的人或物和相应的实物一起来指认，使宝宝知道两者之间的联系，然后再让宝宝说出人或物的名称。在日常生活中，大人和宝宝一起做某件事情的时候，尽量用简单词语来表达你们正在做什么。

3 认知能力

从这个月龄开始，宝宝不同的爱好也表现出来，有些宝宝对交通工具图片感兴趣，有的对各种动物图片感兴趣，因此，培养宝宝的认知能力，各种图片和照片都是教宝宝认识事物的好工具。

开始让宝宝学指认图片时，可选择有经常指认过的实物图像的一些图片，如电视机、灯、鞋子、球、娃娃等，让宝宝指认，看宝宝是否能将实物形象和图像联系起来。一般每天教1～2次，每次时间不宜太长，一次指认几张图片让宝宝留下记忆，反复练习，逐渐积累。

4 社会适应能力

这个时期的宝宝喜欢用语言和动作与熟悉的人进行交流，但见到生人会有害羞、恐惧的表现，更加依恋妈妈。这时期宝宝会模仿捏有响声的玩具，妈妈当着宝宝面用手捏带响声的玩具，使之发出响声，然后把玩具给宝宝，宝宝拿到后会模仿捏。

营养饮食细安排

这些食物宝宝不能吃

到了此阶段，相对来说，宝宝的饮食禁忌要提上日程了。有些食物是不适宜给宝宝吃的，而且吃的方式、方法也要特别地注意。

1 矿泉水

矿物质含量高的矿泉水会损害宝宝的肾脏。对婴幼儿来说，每升矿泉水的矿物质含量不能超过100毫克，钠要低于20毫克，氟要低于1.5毫克。

2 蜂蜜

蜂蜜中可能会含有肉毒杆菌，会引起肉毒杆菌中毒。成人的肠道会阻止这种芽胞的生长，但是宝宝却没有这个能力，很有可能导致中毒的危险。

3 蛋白

宝宝可以吃蛋黄了，但是要等到1岁左右才能吃富含蛋白质的蛋白，因为蛋白会引起过敏，如果有家庭过敏史的宝宝，则要到2岁左右才能食用。

4 花生酱

花生酱是非常容易过敏的食物，最好在宝宝一两岁的时候再添加。另外，花生酱本身非常黏稠，小宝宝很难下咽，也容易引起窒息危险。

5 小麦食物

大多数宝宝在6~8个月的时候，都接触过谷物食品——麦片和面包。但小麦是所有谷物中最容易过敏的食物，所以如果宝宝有过敏经历，最好等到1岁之后再食用。

6 贝壳之类食物

海产品非常容易过敏，所以最好等宝宝1岁之后再添加。有家庭过敏史的宝宝，则要推迟到3~4岁左右。

7 其他潜在的过敏食物

因为父母本身有过敏症状，而担心宝宝有同

样的遗传，还要注意一些其他具有过敏原的食物，例如玉米、大豆、巧克力，以及其他你吃后会过敏的食物，直到1岁之后才能慢慢给宝宝添加。

8 大块食物

对这个阶段的宝宝来说，青豆大小的食物是最安全的——不会阻塞到宝宝的喉咙；像胡萝卜、芹菜、扁豆等蔬菜，都要切碎、煮烂才能给宝宝食用；像葡萄、小番茄等球状水果都要成丁状才能喂食。各种肉类都要切丁，或者捣成肉泥，方能食用。

9 个小坚硬的食物

坚果（核桃、花生、瓜子等）、爆米花、水果糖、葡萄干及其他各种干果都是潜在的窒息杀手，尽可能不要给宝宝吃，或者采用其他的烹饪方法食用。而且，千万不要给宝宝吃口香糖、软糖等，很容易粘到宝宝的喉咙，导致呼吸困难。

不要随便给宝宝进补

由于当今"补"的观念深入人心，无论是报纸还是电视上都是铺天盖地的营养品广告，并蛊惑"不要让孩子输在起跑线上"，所以家长总担心自己孩子缺些什么，忙不迭地选择各种营养品给孩子吃。

误区 1：缺营养就吃营养素

其实，在医生看来，身体发育正常，没有疾病的孩子是不需要进补的，只需平时注意饮食营养均衡，即可保证孩子的健康。而且绝大多数的补益品多多少少含有药物成分，长期服用可能会产生一些诸如上火、便秘之类的副作用，甚至有些激素含量高的还会引起性早熟。何况，儿童健康也不是用药品补出来的，而是平时合理膳食，营养均衡，正确护理，加之合理运动等因素综合的结果。即便是通过检查显示营养素缺乏，也应该从孩子的饮食结构上找原因，不能总是求助于营养品。当某些营养匮乏而出现临床症状的时候，作为家长，首先要检查宝宝的食物种类是否合适、搭配是否科学。找到问题后及时调整、纠正，同时增加营养价值高的天然食物，再考虑在医生的指导下服用一些药物来弥补体内出现的不足。

误区 2：别人补啥我也补啥

家长鉴定营养品的优劣，很大程度上是通过别人的经验来判定的。比如别人家的孩子缺乏某种营养素，引起某些临床症状，在医生的指导下补充所缺乏的营养素后改善明显，就照葫芦画瓢，买来给自己家孩子试吃，结果却大相径庭。其实每个幼儿之间都存在着个体的差异，别家孩子适用的药品及用量不一定适合自己的孩子，而且中医讲虚证有气、血、阴、阳之别，儿童体质亦有不同，所以家长给幼儿吃营养品一定要慎重，照搬别人经验往往是不可靠的。

 误区3：生病时忙进补

当孩子生病时，家长，尤其是老人认为孩子正是身体虚弱，需要进补的时候，便会准备些诸如鸡汤、鱼汤之类有滋补作用的食品，希望能给孩子补充体力，帮助孩子增加抗病能力。理论上没有错误，但进补的时机选择不太恰当。实际上，生病期间吃滋补食物常常不能帮助人体提高抵抗力，还会加重病情妨碍健康。因为，无论患何种疾病，体内各系统的功能都会发生不同程度的紊乱。此时，脾胃的受纳、运化功能的失调往往很明显，出现如口中乏味、不思饮食、腹胀嗳气等病理性变化。而一般具有补益作用的药物和食品大都性质温热，滋腻碍胃，如果吃这样的营养品，势必会增加消化系统的负担，可能因此使病程延长。所以生病时，特别是感冒发烧时，一般还是以清淡饮食为主，以免进补火上浇油。

误区4：轻信广告宣传

家长总是望子成龙，望女成凤，许多商家正是抓住了这种心理，大肆渲染其产品对于改善智力的功用，更有甚者还会找些人来现身说法。这是一些商业行为，本无可厚非，但家长一定要理性考虑，不要盲从广告，也不要老想着通过饮食或所谓"营养"制造"神童"。都知道世上本没有聪明药卖，学习能力除了先天的条件以外，更重要的是后天努力和正确培养，而不是靠吃营养补充剂"吃"出来的。

Tips 虽然大多数健康儿童不需要进补，但以下三类孩子是需要适当进补的：第一类是先天不足、身体发育缓慢的孩子；第二类是平素体弱多病，容易发生感冒、咳嗽、哮喘的孩子，对这些孩子恰当进补不仅可以预防疾病发病，还能增加抵抗力；第三类是脾胃虚弱、消化功能欠佳的孩子。当然进补还需结合孩子的体质。

别给孩子这样喝水

水对宝宝来说是很重要的营养成分，而且宝宝喝水可以说是一门学问，喝水的方式不对达不到补水的效果，反而会适得其反。一定要让婴幼儿适当地补充水分，但是补水要讲求方法。

1 边吃饭边饮水或吃水泡饭不可取

边吃饭边饮水或吃水泡饭常常会使食物得不到充分的咀嚼。我们知道，食物消化的第一过程就是咀嚼。只有得到充分咀嚼、粉碎过的才容易消化吸收。

在宝宝吃饭时饮水或吃水泡饭时，较大块的食物还没有被嚼碎就滑进了消化道。这实际上是加重了消化道的工作负担，并影响宝宝的消化吸收。更糟糕的是，吃饭时饮水也会稀释消化液。

2 不能用饮料代替宝宝喝水

有很多宝宝更喜欢喝饮料而不是水，有些家长就让宝宝喝饮料代替饮水。但饮料中常常含有大量的糖分，可使体内碳水化合物摄入量过多而容易导致肥胖。

同样也不能多喝糖水，饮糖水后，若不注意漱口，易发生龋齿。

3 不要让宝宝在睡觉前喝水

宝宝的肾脏功能较成人的差，一般夜间还会有排尿出现，这是肾脏在完成白天没有完成的工作。如果宝宝在睡前喝大量的水，只会加重肾脏的负担，并影响他的睡眠质量。

Tips 玩耍后，宝宝往往浑身是汗，十分口渴。此时，有的家长常给宝宝喝一杯冰水，认为这样既解渴又降温。其实，大量喝冰水容易引起胃黏膜血管收缩，不但影响消化，甚至有可能引起肠痉挛。除此之外，家长还要教育宝宝喝水不要暴饮，否则可造成急性胃扩张，有碍健康。

【香菇蒸蛋】

材料：蘑菇1朵，干香菇1朵，鸡蛋1个

做法：

1. 蘑菇切成小丁，干香菇泡软切成小丁备用。

2. 将蛋液加水及少许食盐，把切好的香菇和蘑菇加进去。

3. 放入锅中蒸30分钟左右即可。

4. 洒一些香菜叶（也可以是别的蔬菜，根据个人口味而定）在上面。

> **营养小叮咛**
>
> 　　菇类含有较多的膳食纤维，对肠道的蠕动很有帮助。尤其是干香菇，经过了阳光的照射，可以帮助吸收钙质。香菇内还含有微量元素硒，具有抗氧化及活化免疫系统的功用。

【桂圆糯米粥】

材料：桂圆干10克，圆糯米40克，葡萄干数粒，花生粉1小勺

做法：

1. 将桂圆干洗净，再加入圆糯米、水，放进电饭锅中蒸即可。

2. 食用时再加入葡萄干和花生粉。

> **营养小叮咛**
>
> 　　花生富含维生素B群，葡萄干富含钾，两者对肌肉及神经的发育都有重要功能。由于桂圆干本身已有甜味，所以不需要再加糖。

【肉汤胡萝卜土豆粥 】

材料： 土豆1/3个，肉汤2大匙，胡萝卜少许，泰国香米适量

做法：

1. 先煲排骨汤约1个多小时，汤变浓后，将浮油去掉，放入胡萝卜、土豆接着煲。

2. 用适量的汤来煮粥，捞取几块胡萝卜、土豆捣碎成泥备用。

3. 小火熬粥熬至见不到米粒，倒入胡萝卜、土豆泥搅拌均匀，就可以冷却给宝宝吃了。

营养小叮咛

此粥色香味俱全，很受宝宝喜欢。也可将排骨换成牛肉，做出来的泥单独盛在小碗里，就着面条或粥吃。

【核桃瘦肉紫米粥】

材料： 紫米50克，核桃1个，瘦肉末少许

做法：

1. 水烧开，下洗净的紫米、核桃和瘦肉馅。

2. 开后转小火，熬成粥。放少许盐调味。

营养小叮咛

如果给小宝宝吃，可将核桃研磨碎再煮，也可将煮好晾温的粥用搅拌器打成糊。

学走路要注意

当宝宝晃晃悠悠踏出第一步的时候，父母往往既期待又紧张。其实，走路就是宝宝进入另一个成长阶段的象征。在学习走路的过程中，只要父母在4个方面多加注意，一般不会出现什么问题。

1 注意时机

学走路是一种很自然的过程。随着宝宝肢体运动能力的日益增强，在经历翻身、坐、爬、站之后，走路就被提到日程上来。

每个宝宝开始学走路的时间都不相同，甚至可能出现较大的差距。因此，学走路并没有所谓最适当的时机，必须视自身的发展状况而定。这也是一个渐进的过程，一般来说，宝宝在11～14个月时开始学走路。如果在11个月以前就有学走路的意愿，也不会有太大影响。只要宝宝在1岁6个月之前能独立走路，就没有什么可担心的。

值得注意的是，如果宝宝还没有到达学走路的年龄，而且本身也缺乏走路的意愿，那就不能强迫宝宝去学走路，否则很可能对肢体发育产生不良影响。

2 注意姿势

在学走路的时候，由于下肢尚未发育完全，所以容易出现不正确的走路姿势，但大多数都属于正常现象。随着宝宝逐渐成长，大多会慢慢自行调整，恢复正常的走路姿势。

偏内八字的姿势可说最为常见。除此之外，有些宝宝也可能出现脚板重心偏内而脚丫外侧翘起的现象。这是由于宝宝的筋很柔软，而且还不会完全控制脚板的肌肉，所以会在脚板内侧发力，造成外侧有些翘起，对此父母不需要过于担心。

在宝宝刚出生时，小腿多会向内弯。另外，在人体发育初期，大腿骨会偏向内旋，导致宝宝两腿与膝关节向外远离，形成O型腿，也就是医学上所谓的"膝内翻"。在开始学站或学走路时，宝宝O型腿的情形会更加明显，但随后便渐渐好转，会自行调整回来，在1岁半以前几乎都会恢复正常。如果宝宝的O型腿超过2岁仍未改善，就需要请医师诊断治疗。

有些宝宝学走路时经常跌倒，让父母十分担心。事实上，这是由于宝宝的平衡感及肌肉运动协调能力还没有发育完全，容易出现重心不稳，这是很正常的现象。请在平时多多观察，只要宝宝跌倒的情形在逐渐改善，或是跌倒次数日益减少，那就表示宝宝一直在进步，也就不用太过紧张。

Tips 宝宝不敢往前迈步怎么办?

对宝宝来说，学走路是一段新的发展历程，为了让宝宝能勇敢地试着往前走，父母应该多多鼓励。当宝宝害怕踏出脚步时，您可以用温和带着微笑的口吻告诉他"宝宝加油，你可以做得到""妈妈在这里陪着你"，这样宝宝就有动力继续走下去。当宝宝走到目的地时，父母可以抱抱他或为他拍拍手，让宝宝更有信心。

3 注意异常

O型腿大多属于生理性的表现，会随着宝宝的成长而自然恢复正常。不过，仍有小部分宝宝是因为腿部发育异常所导致，必须接受治疗。如果O型腿现象持续到2岁以上，或是发现有其他不正常症状出现，例如宝宝走路时膝盖部位的稳定性不佳、走路时有疼痛的感觉等，就应该尽早就医诊断，必要时还要转诊到小儿骨科，做更详细的检查与治疗。

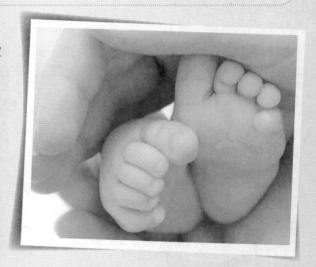

在宝宝学走路时，父母可以运用一些简单的观察原则，来检测宝宝腿部发展是否出现异常。最基本的就是观察宝宝的双腿（整个下肢），看外观有无异常，比如单侧肥大、大小肢、长短脚等。一旦发现宝宝双腿皮肤的纹路出现不对称的情形，那就很可能出现了长短脚。另外，注意宝宝的髋关节在走路时是否能顺利张开、有无发出声响。如果有这种情形，很可能是有先天性的问题，比如先天性髋关节脱位。

在经过检查确诊之后，如果宝宝腿部发育的确出现异常，医师会根据骨骼异常程度以及年龄来选择最适当的治疗方式。一般来说，治疗方式包括药物治疗、穿戴矫正支架和手术矫正。需要手术矫正的情形大多由疾病所引起，并不常见。

扁平足大多不需担心

Tips 扁平足是指足部内侧脚弓在站立时出现消失的情形。在刚刚出生之后，宝宝双脚的脂肪一般都比较多，而且韧带松弛，因此几乎都有扁平足的现象。尤其到了学走路的阶段，看起来就更为明显。不过，大多数宝宝的脚弓在长大后会自然出现，不需要特别治疗。因此，建议父母不妨先观察，如果宝宝2岁以后还有扁平足的现象，再带宝宝到小儿科或小儿骨科检查也不迟。

4 注意安全

刚开始学走路时，宝宝会有强烈的好奇心，喜欢四处探索新事物。因此一定要格外留意，否则宝宝很容易碰撞、跌倒或滑倒等。为了让宝宝有一个更安全的行走空间，父母应该对家中环境来一个彻底的检查和处理。请注意以下几个重点，以便将发生意外的几率降至最低。

收拾地面　尽量维持地面的干净整洁，将电线、杂物等收拾好，以免宝宝不小心被绊倒，或是踩到尖锐的物品。

注意锐角　检查家中摆设是否有尖锐处或棱角，如果有这类的摆设，可以先暂时收起来。如果不能收起来，则可以在尖锐处或棱角上加装软垫。

铺设软垫　家中地面如果是比较光滑的材质，可以加装地垫或软垫，以防宝宝在学走路的过程中不慎摔伤或滑倒。

地面平整　在宝宝学走路时，如果家中地面不够平整，宝宝就可能因重心不稳而跌倒。因此应仔细检查地面，尽量消除高低不平的情形。

避开易碎物　将容易碎裂或损坏的贵重物品收起来，以免宝宝受到吸引去碰撞物品而受伤，或是损坏家中的摆设。

列出救援电话　将紧急救援的电话号码贴在明显处或电话机旁，一旦宝宝不幸发生紧急状况，就可以立刻寻求协助。

3要决协助宝宝学走路

保护宝宝安全　刚开始学走路时，宝宝很容易重心不稳。此时可以扶住宝宝的腋窝，让宝宝双脚踏在大人的脚背上，跟着大人一起走路。等过一段时间之后，可让宝宝的双脚踏在地上，由大人扶着他慢慢向前走，增加练习的机会。

利用家里的摆设　充分利用家中比较低矮的家具摆设，比如沙发、床、椅子等，让宝宝扶着来慢慢移动身体，作为练习走路的基础。通过这种手脚和身体的挪动配合，能够很好地训练宝宝的平衡感，对将来学走路很有帮助。请注意，一定要将家具的尖锐处都包裹好，以免出现意外撞伤。

吸引宝宝走路　当宝宝能试着自己走路时，父母可以运用声音或具有吸引力的物品，来引导宝宝向前走，以训练其稳定度与平衡感。此外，父母也可以站在离宝宝几步远的距离，张开手臂做出欢迎的姿势，引导宝宝向自己这边走过来。

宝宝学走路需要穿鞋吗？

Tips　对人类来说，走路是一种本能，是很自然的一种发展。不过，在宝宝学走路时，反复练习与适当的刺激仍然是相当重要的。通过大量累积的知觉经验，可以促进宝宝运动能力的发展，进而更加有助于学习走路。因此，在保证安全的情况下，建议让宝宝赤着脚学走路，并在不同的地面上练习，如草地、沙地、土地等，增加宝宝脚部的触觉刺激，帮助他们踏出稳健的第一步。

居室安全做到位

每当离家出行时，父母都会对宝宝严加看护，因为大家都知道外面的环境更复杂、更容易发生危险。但是您知道吗，85%的幼儿受伤地点却是在家中！

的确，在我们的心目中，"家"本该是最安全的地方，然而，正是由于这种安全感降低了大家的警惕性，因此居安思危还是很有必要的。现在就行动起来吧，对宝宝的居家生活空间来一个全面检查，以求防患于未然。

1 浴室

先放冷水再放热水：在帮宝宝放洗澡水时，请不要忽略检查水龙头的开关位置。一定要先放冷水再放热水，即便冷水放多了，再倒掉一点也无所谓，千万不要顺手把水龙头一扭就开始放洗澡水。无论宝宝在不在澡盆里，有一盆热水在旁边总不是好事，很多宝宝就是在无意中被热水烫伤的。

不接电话不应门：这边正给宝宝洗着澡，那边电话突然响起，或是有人按门铃。怎么办？叮嘱一下宝宝就去接电话或开门？这可是非常危险的举动！小孩子的自主能力很有限，一旦离开了家长的视线，呛水、滑倒等意外的发生几率就大大升高，绝对不能掉以轻心。

应该怎么做？

1 给宝宝洗澡时，大人要在一旁监督，不可让幼小的宝宝单独留在浴室，哪怕一分钟也不行。

2 放洗澡水时别贪快，先放冷水再放热水。即便已经先放好了凉水，放热水时大人也要在一旁，并且要先试好水温。

3 如果电话或门铃响了，就让他们稍微等一下吧，宝宝的安全才是最重要的。

4 不要在浴室使用吹风机，以免触电。

2 厨房

厨房里不仅有火源，还有刀、叉等危险物品，要严禁宝宝接近。特别是已经会爬行的宝宝，更是要阻绝进入。在煮饭时，一定要有另外一个成人帮忙照看宝宝，或是利用宝宝的睡眠时间去烹煮。如果实在人手不足，也要利用安全围栏阻挡宝宝进入厨房。

应该怎么做？

1 不管厨房是否在使用中，都要将门关上或是放置围栏，阻隔宝宝进入。

2 宝宝绝对不能单独呆在厨房里，尤其是会爬的宝宝、坐学步车的宝宝，更要严格禁止。

3 地板应保持干燥，以免滑倒。如果在端热汤、泡面或提着热水壶时滑倒，还可能导致意外烫伤。

4 烹煮食物时不要离开，如果一定要离开，请把炉子关掉，做到"人走火灭"。

3 餐厅

餐桌上的很多烫伤意外都是因为拉扯正在烹煮的电器电线，或是拉扯桌布导致桌上物品翻落而造成。因此，在端饭菜上餐桌时要格外当心。

另外，还要小心宝宝是否在地上爬行或是接近大人身边，以免只顾端饭菜而看不见下方的宝宝，一旦大人被绊倒，肯定会殃及宝宝。尤其是手上端着热锅时，更要注意宝宝是否跑到身边，即便宝宝此时不在周围，也要当心宝宝突然的冲撞而打翻热锅。

应该怎么做？

1 餐桌上最好不铺桌布，就算压着重物也不行。因为宝宝容易拉扯桌布，这样桌上物品就有翻落的危险。

2 热水壶、热汤锅要放在宝宝碰不到的地方，并且习惯将把手、锅柄朝内放，以免宝宝碰到。尤其是刚烧完水的电热水壶，浑身都很烫，更要多加小心。

3 当手上端着热汤、热水、热锅时，一边走一边提醒家人注意。但是声调不要过于夸张，以免宝宝受到吸引而突然跑过来。

4 客厅

客厅是陈列电器的主要场所，各种设备所附带的连接线、插座等一定要收好，否则很容易绊倒宝宝，甚至可能造成缠绕颈部等意外发生。

应该怎么做？

1 平时养成用完电器就随时收好的习惯，或者使用胶带、收纳器固定各种连接线，以免家人或婴幼儿拉倒或绊倒，使电器翻倒造成意外。

2 如果墙上的插座位置较低，最好加上安全护盖，以免宝宝因好奇触摸而触电。

3 操作电熨斗、电暖器等会产生高热的电器，要注意使用地点，不要让宝宝靠近，一旦中途有事离去，千万要将设备关闭，并摆放在安全的地方，以防宝宝烫伤。

4 客厅桌上尽量不要放置玻璃杯或热饮，以免宝宝拿取造成翻落的危险。

5 家具尽量选择圆角设计的产品，或是加装防撞套，以防宝宝撞伤。

别随便挖耳朵

耳垢俗称"耳屎"，医学上称为耵聍。每个人的外耳道有耵聍腺，会分泌一种淡黄色黏稠的液体，如果分泌少，水分被蒸发掉，剩余的物质就会与脱落的上皮、空气中的灰尘黏合，在外耳道四周形成薄膜状的东西。人体表面的分泌物在洗脸、洗澡时可以洗掉，而外耳道是无法清洗的，所以就形成了耳屎。

耳屎是不讨人喜欢的脏东西，可是它对人体倒有些好处。正常人耵聍腺的分泌物量虽少，却很黏稠，呈酸性，有杀菌、抑制霉菌生长、粘灰尘小虫的作用，可以保护外耳道皮肤。

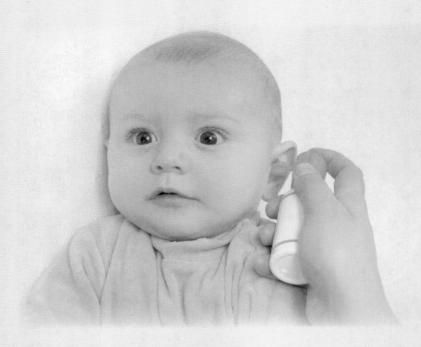

1 耳垢需要频繁地清除吗？

有的妈妈因为自己感到外耳道发痒不适，就会随意挖耳朵，所以也对宝宝的耳屎很关心，常对着阳光仔细察看宝宝的外耳，并给宝宝挖耳屎。

其实，挖耳屎是一个坏习惯。因为耳屎在空气中很易干燥，形成小片物，在吃东西、咀嚼张口时，随着下颌关节运动多数会掉出来，在睡眠时转动头颈部，耳屎也可能掉出。所以，耳屎少可以不予处理，何况耳屎对保护外耳道还有一些好处。所以在通常情况下，不需要频繁地在家里替宝宝清除耳屎。

2 耳垢较多会怎样？

外耳道是S形的，有的宝宝耳屎较多，和脱落的上皮、灰尘混在一起，可形成大的硬块，难以自然排出，阻塞了外耳道，这种情况叫耵聍栓塞。造成耵聍栓塞的原因有3个：一是经常挖耳，使外耳皮肤常受刺激，耵聍分泌过多；二是患外耳道炎、化脓性中耳炎；三是外耳道狭窄，或有异物存留。有的妈妈会发现，刚挖耳屎不久，外耳内又长满了黄白色、黄褐色、黑褐色的耳屎。有的宝宝的耳屎呈油脂状，俗称油耳，往往同时伴有腋臭。

耵聍栓塞形成后，听力减退，如在洗头时不慎水流入，耵聍膨胀而突然耳聋；还会刺激外耳道皮肤，出现糜烂、肿胀、疼痛或流脓。

妈妈如果患指甲癣或脚癣，在挖耳时可将霉菌带到宝宝的外耳道，在外耳道内生长繁殖，耳内奇痒；如果感染了鼓膜，可影响听力。

3 耳垢什么情况下需要处理？

首先，要改掉随意给宝宝挖耳屎的习惯，少量耳屎根本不必处理。有的妈妈不分场合，随意用挖耳器、发夹或火柴杆替宝宝挖耳，如被别人无意碰了一下，可能导致鼓膜刺伤或穿孔，引起急性中耳炎；甚至损伤听小骨，引起严重的耳聋。

还要注意的是，迷走神经有一个小分支分布于外耳道后壁，挖耳时如碰到迷走神经末梢，可引起剧烈的阵发性咳嗽，宝宝在挣扎时很易损伤鼓膜。

妈妈平时在给宝宝洗澡时要注意，慎防水进入外耳道。对于油脂状的耳屎，妈妈可在家里用消毒的棉花签小心插入外耳道定期揩除掉。

一旦发生了耵聍阻塞外耳道时，必须到医院就诊，由医生用耳镜检查。医生的处理原则是：

1 如果耵聍尚不太大，可直接用镊子、耵聍钩取出；

2 大而坚硬者，先用3%～5%小苏打溶液滴耳，每次2～3滴，1日3～4次，3天后待耵聍软化，由医生用特制的镊子或钩子取出来，或用温盐水冲洗出来；

3 合并炎症时，先用3%硼酸甘油或4%酚甘油滴入，每日3次，并同时服抗生素。过3～4天后再取。

真假夜啼有原因

不少孩子白天好好的，可是一到晚上就烦躁不安，哭闹不止，人们习惯上将这些孩子称为"夜啼郎"，这是婴儿时期常见的睡眠障碍。但是夜啼也分"真假"，父母要分清真假，才能满足孩子的需求。

1 真正的夜啼郎——"高要求"的孩子

对于真正的夜啼儿，要寻找夜啼的原因和解决办法是不容易的，针对夜啼的一些对策也很少能够奏效。对于这样的夜啼，可能会使父母感到带孩子的异常艰辛，医生也很同情这种情况，但却没有好的解决方法。

这样的婴儿被称为是"高要求"的孩子，既然是"高要求"，父母要给予更好的照顾，不然的话，可能会使孩子变得灰心丧气，烦躁不安，哭得就更频繁、更剧烈了。

不理睬，让他哭个够行吗？

Tips 当然不行。或许会有人告诉你，对付夜啼的宝宝就是不理睬他，让他尽管哭个够，这是消极的办法，可能会使情况变得更糟。

对于高要求的孩子，父母要耐下心来，共同担当起养育孩子的重任，而不是相互埋怨，甚至影响到婚姻的稳定。

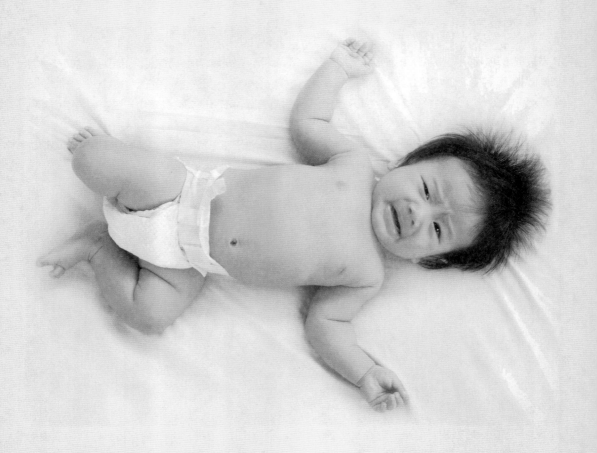

2 假性夜啼的11个原因

有些宝宝的夜啼是有原因可寻的，下面这些原因是宝宝夜啼常见的因素，父母可以仔细分辨一下，对症处理。

1 很多时候孩子的哭闹同饥饿有关。母乳喂养者，母亲不必拘泥喂奶的间隔时间，孩子饿时就让孩子吃，如果孩子吃奶中睡着了，可以弹弹孩子的小脚心让孩子吃饱再睡。人工喂养的孩子，应考虑适当增加喂奶量，并检查一下奶的质量，是否加水过多等。

2 有的孩子白天运动不足，夜间不肯入睡，哭闹不止。这些孩子白天应增加活动量，孩子累了，晚上就能安静入睡。

3 白天受到刺激，夜间常被噩梦惊醒，孩子哭的时候常常伴有恐惧表现。要告诉孩子没什么可害怕的，并暂时不要让孩子直接接触使他害怕的物体或人，慢慢孩子会安稳入睡的。

4 孩子盖得太厚，会使孩子因热而烦躁，出现啼哭；被子盖得太少，冷的刺激也会使孩子啼哭。褥子铺得不平，衣服过紧或衣服上带子硌着孩子了，便会引起他的哭闹。此外，还应该查查床上有什么东西硌着或扎着孩子，只要找到原因，孩子感到舒服了，啼哭就会停止。

5 对母乳依赖，不吸着乳头就睡不安稳。

6 肚子不舒服，可能是吃得太多，消化不了。

7 孩子的尿布湿了或者裹得太紧、饥饿、口渴、室内温度不合适、被褥太厚等，都会使小儿感觉不舒服而哭闹。对于这种情况，父母只要及时消除不良刺激，孩子很快就会安静入睡。

8 空气干燥，嗓子不舒服。或者室内空气不新鲜，缺氧，孩子感到出气不畅快。

9 咳嗽，以至于把奶都吐出来了，很不舒服。

10 想小便了。大一些的孩子经过训练已经能够控制小便，但在夜里他还不会自己起来尿尿。有时孩子会说想尿尿，但很多时候，孩子是用哭来表示自己要尿尿的。父母只要摸到这个规律，为孩子把过尿后，孩子便会继续入睡了。

11 感冒鼻塞，嗓子里有痰，通气不畅。

宝宝成长信号全记录

周数	每日奶量	身长	体重	其他
10个月零1周				
10个月零2周				
10个月零3周				
我们满11个月了				

出生 11~12个月
FROM 11 TO 12 MONTHS

第12个月记

到今天为止，宝贝儿，你已经来到我们身边整整一年了。365天过得好快，你也从襁褓中的小婴儿成长为一个精力旺盛的小小探索家了。你会叫"爸爸妈妈"了，听着你稚嫩的声音，妈妈感动得很想落泪，这一刻的甜蜜你是不是也感受到了呢？

生命的足迹

经过了365天的相处，宝宝终于满周岁啦！在家里最喜欢做的事情就是模仿大人，看到妈妈在用抹布擦桌子，就会也拿着一块布在旁边擦，看到爸爸擦地，宝宝也喜欢拿着拖把来回擦。

这个月龄的宝宝最高兴的，就是到比自己大一些的孩子们玩儿的地方去，拿拿他们的玩具，坐一坐他们的小木马，虽然玩儿到一起还做不到，但是会伸手去摸小哥哥或小姐姐，很想跟对方一起玩儿。

能听懂的话越来越多，但能说的也就一两句，一般多为诸如"拿拿"（拿吃的东西）、"汪汪"（狗）等婴儿语言。不过，也有不少宝宝能听懂很多话，已满1周岁了，却还是一个词都不说。当然，说话早的孩子也不一定智商就高，所以，满1岁了还不会说话时，大人也不用着急。

大部分婴儿这时候都能扶着东西迈步了。开始的时候，妈妈可能发现宝宝右边的腿呈罗圈腿，躲着左边的腿有点拖拽似的，两条腿运动有些不同，这很正常，不用担心。也有的婴儿虽然满周岁了，还是既不会爬也不会扶着东西站，这种情况只要婴儿能自己坐着，其他发育也正常的话，到1岁半也就都能走了。

小手越来越灵活，能打开瓶盖，拔电线插头、拧开各种开关，所以要时刻看着他了。见到楼梯就想要爬，有箱子就想钻进去，拿到塑料袋就往头上套。看到热水瓶，就会把水弄洒。看到宝宝做危险的事情，妈妈必须制止。批评孩子好吗？答案是肯定的，危险的事情必须禁止。这时候被批评的事，不会认为是不好的事情。在宝宝开始做危险的事情时，妈妈说一声"不行"，造成一种能中止宝宝行动的条件反射，是这

生命的足迹

时候批评孩子的意义所在。

说了"不行"，宝宝就停止了危险动作的话，一定要及时夸奖他，这一点非常有必要。听从了大人的警告而被表扬，这件事本身就是对婴儿的教育。

睡眠情况跟上个月差别不大。饮食方面的个体差异更大了，一直奶量就不大的宝宝，辅食也不怎么喜欢吃。到了这个月龄，一般都上了4颗牙，米饭、馒头等都可以吃了，大部分孩子现在已经可以跟父母一起吃饭了，不用特意给孩子做食物，大人的负担就能减轻很多。饮食方面只要能保证营养，可以尽量简单些，这样在运动、玩儿、户外锻炼的时间就能更多一些。

小便这时还是不会告诉大人。哭闹着怎么也不肯坐便盆的宝宝，妈妈也不要勉强他，以免孩子以后一看到便盆就会哭闹着抵抗。

宝宝发育知多少

第360天时男女宝宝的成长数值

项目	男宝宝		女宝宝	
	正常范围	平均值	正常范围	平均值
体重	7.80~11.80千克	9.60千克	7.10~11.30千克	8.90千克
身长	71.3~80.2厘米	75.7厘米	69.2~78.9厘米	74.0厘米
头围	43.7~48.8厘米	46.2厘米	42.9~44.5厘米	45.1厘米
胸围	42.0~49.8厘米	45.9厘米	41.2~48.6厘米	44.9厘米

1 身体运动

大运动 12个月的宝宝能独站10秒钟以上，也能弯腰拣起地上的玩具了。大人可以把玩具放到和宝宝腰间同高的容器里，鼓励宝宝弯腰从容器中取出玩具。开始把物体放在稍高的地方，逐步放低物体的高度，直到地面上，让宝宝去拿。大人先和宝宝一起蹲在地上玩玩具，然后让宝宝把玩具放到桌面上去。

精细动作 这个时候的小宝宝喜欢用手指抠带孔或小洞洞的东西，也喜欢把包着的东西拆开。妈妈可以当着宝宝的面，用一张纸把宝宝的积木包起来递给宝宝；宝宝知道积木在纸包里，会拿着纸包来回看，甚至把纸包扔到地上。如果积木还在里面，宝宝会用手指在纸包

四周捏、抠，将纸缝挑开，再用手剥；最后终于把积木找出来。当宝宝掌握了打开纸包的方法，以后就会自己打开包糖果的纸，宝宝的手指越来越能干了。

2 语言能力

这个月龄的宝宝能听懂"给我"等2~3个字的简短话语。在日常生活中，家长每做一件事都尽量用词语来表达。平时可以锻炼宝宝这方面的能力，比如把物品给宝宝然后大人说"给我"，另一人帮宝宝把物品交到大人手上。让宝宝玩玩具，然后向他伸手说"给我"，等宝宝把玩具交到大人手中时要给予口头表扬。

3 认知能力

这个月龄的宝宝对颜色和形状已经有了更大的兴趣。可以教给宝宝认识颜色了。可以先认红色，如皮球，告诉他这是红的。下次再问"红色"，他会毫不犹豫地指着皮球，再告诉他西红柿也是红的，宝宝会睁大眼睛表示怀疑，这时可再取2~3个红色玩具放在一起，肯定地说"红色"。颜色是较抽象的概念，要给时间让宝宝慢慢理解，学会第一种颜色常需三四个月。颜色要慢慢认，千万别着急，千万不要同时介绍两种颜色，否则更易混淆。

4 社会适应能力

可以继续和宝宝玩各种模仿游戏。比如妈妈在擦洗桌子时，也给他一块小布模仿，能和大人一边干一边玩，爸爸妈妈一边干一边讲。并且提供条件让宝宝做生活模仿游戏，如让他给玩具娃娃喂饭、替娃娃盖被子等，从而培养宝宝的社会适应能力。

必须要断奶，应该怎么做

很多在1岁前给宝宝断奶的妈妈，都用几个星期左右的时间，逐步断奶。先减少白天喂奶的次数，逐渐到白天不再喂奶，再逐渐断掉夜奶。这样，宝宝可以慢慢适应，妈妈也不会有胀奶的痛苦。

选择气候温和的季节，避开容易生病或感冒流行的季节断奶。选择宝宝身体状况良好，家庭生活稳定的时期。避开生病、受惊吓、打预防针、更换照料宝宝的人、搬家、妈妈出差等时期。

先断白天的奶，后断入睡时和夜里的奶。因为白天宝宝有很多活动可以做，不吃母乳相对容易做到。入睡时和夜里的母乳对宝宝来说往往是一种重要的入睡辅助手段。妈妈需要在断夜奶之前，早早开始培养宝宝熟悉其他的辅助入睡方式，建立稳定的睡前程序，比如睡前讲故事、唱摇篮曲、拍拍入睡等。

提醒妈妈们注意：给1岁以内的宝宝断奶时，在断奶前一定要先确保他已经接受了配方奶，接受了奶瓶或杯子。很多人以为宝宝饿极了就会吃配方奶，其实不是。

怎么断奶才能比较顺利

首先，在实施断奶计划前，连续一周记录宝宝每日的哺喂频次和妈妈排奶的规律。根据两者的情况，做如下安排：

1 当你每24小时哺喂1~2次，且妈妈无额外吸奶或排奶的情况下，你的乳房也感觉不胀硬。此时，你可以较为顺利地断奶。停止亲喂后，每24小时内挤奶1~2次，以乳房放松无明显胀痛为目标。单次双边挤奶量控制在50毫升以内。逐渐减少挤奶的频次与数量，直到不需要再额外刺激。乳房的不舒适感通常出现在断奶后的第3天，可以在明显胀痛的区域进行适度按摩，同时坚持少量挤奶。一周左右乳房基本不需额外排出乳汁了。

2 当你每24小时哺喂3~5次，这其中包含妈妈上班背奶的次数。乳房超过4小时会有沉坠的胀奶感，约6小时会出现胀痛不适。如果你选择在此时停止亲喂，需要在目前哺乳加手动排乳的次数总量上，增加1次排奶。单次排乳量低于原先的排出量。当乳房稳定适应全天候手动排乳后，再逐渐减少单次排乳量约20～30毫升，每5天稳定地下调1次。当排出量是之前奶量的一半以下时，再减少2次排奶。根据乳房的感受逐渐减量。在保持乳腺畅通的情况下，你的整个断奶过程需要20～30天左右，能够顺利减奶至不需额外排出。

3 当你在停止亲喂时，泌乳量仍然达到1000毫升以上，或宝宝按需哺乳频次超过6次。乳房基本上处于2小时左右就已经充盈，4小时左右局部胀痛不适的感觉逐渐加重。此时断奶，妈妈需要更多的时间，或是采用其他的辅助方法（如药物）帮助减少奶量。而排奶的计划仍可参照上一条的方案。如果你选择在乳房泌乳量比较高的情况下断奶，乳房遭遇乳汁淤积的风险也会更高些。

小宝宝可以吃豆制品吗

《中国居民膳食指南》指出，6岁以上儿童能够摄入大豆或豆制品。中国婴幼儿喂养指南里，并没有提及豆制品，那么，婴幼儿能不能吃豆制品？

1 吃豆制品要分年龄

结合澳大利亚最新的婴儿喂养指南，6个月以后的婴儿可以尝试吃点煮熟的老豆腐。鉴于营养价值尤其是钙含量问题，最好选择南豆腐或北豆腐，而不是内酯豆腐。

3岁以内最好选择豆腐或豆腐脑，最好在3岁以后进食较为坚硬的腐竹、豆腐皮等豆制品。

而豆浆营养价值较低，不适合3岁以内婴幼儿。

整粒的黄豆、黄豆芽及毛豆米不容易消化吸收，且会发生窒息的风险等，最好还是6岁以后再吃。

2 豆制品真的会引起宝宝性早熟吗？

由于大豆及制品中含有植物雌激素异黄酮，很多人担心孩子吃了豆制品会引起性早熟。但至今极少有儿童因为吃豆制品引起性早熟的。因此，只要适量进食豆制品，不会引起孩子性早熟，男女均可以适量吃豆制品。

3 豆制品吃得越多越好吗？

豆制品虽然营养价值高，但吃太多也会有弊端。

大豆蛋白在代谢过程中，会产生一定的代谢产物，这些代谢产物要通过肾脏进行排泄。如果过多摄入豆制品，产生的代谢产物就会增多，进而使身体产生的含氮废物增多，加重肾脏负担，损害身体健康。

豆制品中含有较多的嘌呤，对于痛风或高嘌呤病人在应控制豆制品的摄入。

患有肾脏等疾病的人群也不适合吃豆制品。

4 豆腐与其他食物相克吗？

网上流传着豆腐与很多和食物发生相克，比如豆腐不能同与菠菜、芹菜、黄瓜、韭菜、茭白、南瓜、香蕉、鲫鱼、蜂蜜等一起吃。

事实上，经过大量的研究证明，食物相克没有科学依据。豆腐与其他食物一起吃，可能会影响到部分营养素如钙的吸收，但人体消化吸收是一个非常复杂的过程，只要饮食总体均衡，完全没有必要纠结于某个营养素少吸收了一点还是多吸收了一点。因此，豆腐也可以与这些食物一起吃。

不爱喝水怎么办

理论上是根据每个孩子的新陈代谢量来给水的，但不同季节、温度、湿度、年龄、体重、每日食量、奶量、体温的宝宝需水量也不同，因此需调整每日饮水量。对于1岁以前的宝宝，大多数都添加了配方奶粉和食物转换期食品，每日活动量及外出光照的时间也比较多，每日喝白开水4～5次，每次100～150毫升，每日总饮水量在500～600毫升左右，要参考季节、气温，出汗多少而灵活掌握。

1 饮用原则

一日总饮水量应分次喝。每次量不在多，可以饮多次。切不可勉强、硬灌，造成逆反心理，同时要避免宝宝在极端口渴时的"牛饮"。

2 4方法让宝宝爱上喝水

1 从小养成喝白开水的习惯，习惯成自然。小宝宝还在新生儿期，就应该少量给他喝白开水，可培养良好的习惯。

2 家庭环境中要营造定时喝水的气氛，使宝宝在不知不觉中养成喝水的好习惯。

3 父母观念一致，在家庭教育中起表率作用，自己不喝不健康的饮料，家里不买不健康的饮料，我们也尽量喝些白开水或茶水。

4 经常给孩子变换饮水的容器、调配口味，利用孩子的好奇心和从众心理，增加孩子喝水的兴趣，培养定时饮水的好习惯。

总之，水对人体正常生理功能的维持非常重要，如何让宝宝想喝水、会喝水是一个习惯养成的过程，只要用心去培养，就一定能成功。

让宝宝和你同桌进餐

宝宝到了11个月后，已经能够吃很多辅食了，因此对食物的接受能力也越来越强。这时，可以让宝宝与你同桌进餐，这样不仅可以让宝宝觉得很愉快，还有助于提高宝宝的食欲。

到了这个月，婴儿对食物的接受能力强了，几乎各种食物，婴儿都可以吃。但要比父母吃得软些、烂些，味道稍淡些。这时小儿咀嚼能力进一步加强，手指也可以抓住食物往嘴里塞，尽管他吃一半撒一半，但这也是一大进步。这个月也正是模仿大人动作的时候，看到父母吃饭时，他会不由自主地吧嗒着嘴唇，明亮的双眼盯着饭桌和大人，还会伸出双手，一副馋嘴相。看到婴儿这种表现，父母可以抓住时机，和家里的其他成员一样，在婴儿面前也放一份饭菜，让他和父母同桌进餐，他会高兴地吃。这种愉快的进餐环境对提高婴儿食欲是大有益处的。

让宝宝与家人一起进餐，通常可使宝贝吃到多种口味的食物。同时，家里饮食一般都比较丰盛，可以帮助宝贝摄取到更多的营养。另外，食物的色、香、味一般也比较丰富，还可以提高宝宝吃饭的兴趣。

在吃饭的过程中，尽量让宝贝品尝各种食物，这样可以让他们认识和尝试各种味道。比如，吃到带有甜味的食物时，顺便告诉宝贝这是甜的。通过对食物的视、听、嗅、味的感觉信息，促进宝宝的大脑发育。由于宝贝的乳牙还没有长齐，咀嚼能力较弱，食物要尽量做得软烂一些，便于宝宝咀嚼和吞咽。

不能因为宝宝想吃，于是大家就你一勺、他一筷地喂宝宝吃各种食品，还是尽量让妈妈去喂。此时可以手把手地训练宝宝自己吃饭，这样做，既满足了婴儿总想自己动手的愿望，还能进一步培养自用餐具的能力。

【鸡丝彩椒饭】

材料: 鸡胸肉30克,稀饭1/2碗,玉米粒数颗,红甜椒适量

做法:

1. 鸡胸肉蒸熟后剥成丝状。

2. 将玉米粒、红甜椒及少许的盐加入稀饭中。

3. 最后再加入鸡丝即可。

营养小叮咛

　　鸡肉中含有丰富的卵磷脂,可以帮助宝宝修复受损的细胞膜,提高宝宝的智力,最适合成长发育中的宝宝。

【甘薯饭】

材料: 甘薯30克,鳕鱼1/2大匙,绿色蔬菜少许,米饭2/3碗

做法:

1. 甘薯去皮切成小方块,浸水后用保鲜膜包起来加1大匙水,用微波炉加热1分钟。

2. 鳕鱼适量用水烫过,将白米饭倒入小锅中,再将2~3大匙水、甘薯、鳕鱼肉和绿色蔬菜一起煮熟即可。

营养小叮咛

　　适合10个月以上的宝宝食用。鳕鱼鱼肉细软,宝宝容易消化。而且鳕鱼的鱼刺较少,处理起来不但方便,也不用担心宝宝吃的时候被鱼刺卡住。

【水果杏仁豆腐 】

材料: 豆花80克, 芋头40克, 樱桃1颗, 糖10克

做法:

1. 将芋头洗净, 切成小块煮熟。

2. 先煮好糖水, 再加入芋头、豆花即可(食用时可加樱桃做点缀)。

营养小叮咛

芋头属于根茎类食物, 富含纤维质。豆花是黄豆制品, 含有植物性蛋白质。妈妈把动物性蛋白质与植物性蛋白质搭配起来, 宝宝的饮食才能平衡、互补。

【水果酸奶】

材料: 苹果1/3个, 小番茄10克, 奇异果1/2个, 葡萄干5克, 酸奶100克

做法:

1. 将苹果、奇异果切成小丁状, 小番茄去蒂洗净。

2. 淋上酸奶, 沥上葡萄干即可。

营养小叮咛

利用酸奶酸酸甜甜的特点, 让宝宝更加爱吃水果。宝宝6个月大时, 如果要食用此道甜品, 建议以添加辅食的原则, 先每天尝试一种水果, 并且不要添加酸奶。

用脚尖走路正常吗

许多宝宝在学走路阶段，或多或少会有掂脚尖的动作出现，父母看在眼里，难免担心是不是身体或发育过程出问题了。其实大多数的掂脚尖生理原因不明，只要注意宝宝的发育进程是否跟上，掂脚尖只有走路才出现，蹲或站时脚跟可着地，等宝宝再长大一点，还是会恢复正常的，父母不必太过担心。

通常门诊常见的宝宝掂脚尖，以生理性的原因较多。仔细检查，可见宝宝的后脚筋并没有过短或过紧的问题，并没有异常的神经反射，发展过程也都正常，成长过程中并没有因为发烧、疾病，造成神经或肌肉方面的影响。如果宝宝不论走或是小跑，就是会掂脚尖。而宝宝平时蹲、站立时会平踩，只是一走路就掂脚尖，像这样的孩子大都是生理性的。一般而言，多数幼儿的掂脚尖，在满2岁之前会消失，超过5岁仍不见改善，病理因素的可能性就会增加了。

1 宝宝为啥容易掂脚尖？

一般容易出现掂脚尖走路的原因，主要有以下5种情况：

长短脚 掂脚尖通常两只脚一起掂着，若只有一只脚掂着，有可能是因为长短脚，或一边的张力比较高，张力较高的就会掂脚尖。

感觉统合失调 就机能治疗而言，会较偏重于宝宝感觉统合失调的问题，其前庭、本体觉与触觉出现整合问题，例如20%的自闭宝宝会出现掂脚尖。因为掂脚尖会带来较多的摇晃感和不同的关节压力的刺激，也就是前庭刺激与本体觉刺激，这也是宝宝之所以会掂脚尖走路的原因。

触觉防御 宝宝也可能是因为触觉防御（过度敏感）而造成掂脚尖，这么做是为了减少脚与地面接触的面积。例如，宝宝有时候突然踏到冰凉的地砖，也会出现掂脚尖动作。

后脚筋太短 长期掂脚尖会造成后脚筋太短，脚筋短则加深宝宝掂脚尖，二者互相影响。

神经肌肉骨骼问题 这是最为严重的情况，因为脑性麻痹或部分先天性疾病，也会导致宝宝有掂脚尖的习惯。

2 如何区辨正常与异常？

有些宝宝在学步期间也会出现掂脚尖走路的行为，这到底是正常还是异常状况？让我们来看看。

正常情形 父母可观察宝宝掂脚尖走路的频率，来判断是否为异常现象。若宝宝有时用掂脚尖的方式走路，有时恢复正常状态，则无需担忧。一般来说，宝宝大约在4岁之后运动协调才发展成熟，在此之前走路走不稳不用过度担心。以下两种状况非常常见，但皆属正常，爸妈不必担心。

状况一 一走路就掂脚尖，但站立不动时就能平踩，还可以蹲得很好。

状况二 有时候掂脚尖，有时候又正常走路。

　宝宝掂脚尖最担心的是先天后脚筋有问题，或是足部有异常。但如果是这种情况，那么孩子在还不会走路时，可能就会有其他的异常出现，不会到学走路时才发现掂脚尖的现象。在平时的生活中，家长要注意观察，在孩子做脚部的活动或是给宝宝穿鞋子的时候，可能就会发现宝宝的脚在站立时也不能平踩等。

3 康复与治疗方式

治疗掂脚尖的同时，必须先个别处理疾病的问题，再做康复较为恰当。尤其一些退化性疾病，会越来越恶化，必须另行处理，不然一直做康复，只是治标而不治本。这种宝宝反而有更严重的其他疾病，掂脚尖只是反映出来的其中一种症状而已。

治疗通常会从康复运动做起，例如被动地去压宝宝的脚板，拉脚筋——拉松过短的筋。若是感觉统合有问题，就必须进行感觉统合治疗。当找不出宝宝掂脚尖的原因时，家长应反复提醒宝宝要尽量平踩地面，或是提供诱因以改变习惯，甚至可以让他穿上硬底的鞋子，进而慢慢矫正过来。若是肌肉张力真的太强，也可以打肉毒杆菌，可是打完会无力一阵子，这是非常严重或极度重度才会去做的。但遗憾的是，有时候打了肉毒杆菌也不一定能够改善症状。

Tips　刚学会走路的幼儿，虽然不太可能单因走路跌倒而造成显著伤害，但却可能因跌倒而发生撞伤或挫伤等小伤，加上宝宝不能清楚表达，身体的局部也不会出现异状，因此父母要细心观察宝宝的一举一动。

父母应仔细观察宝宝走路是否出现一拐一拐的跛行现象，或躺在床上踢脚时，看宝宝是否能对称地踢得好。除此之外，也可压一压宝宝腿部各部位，看看宝宝是否会有疼痛的反应。一般而言，若无其他异状，例如局部压痛肿痛、局部红肿、发烧、体能或食欲变差、无法走路等，突然出现的步态异常若在两星期内即恢复正常，就可能只是小伤所造成的。

在临床上曾有3～4岁的孩子会掂脚尖走路，但检查过后仍是正常的。其实像这类型的孩子，除非检查出异常症状，否则到了一定年龄，因体重的关系就可能会正常走路，父母不必太过担心。

为什么出牙这么晚

孩子出生时，口腔内没有牙齿，出生后约6个月，下颌中切牙开始萌出，直到2岁半乳牙全部萌出。宝宝出生后1年内（1.5个月~11个月）所有乳牙釉质矿化完成，出生后2年内(6个月~24个月)所有乳牙萌出。因此，出生后1年内，如果孩子出现全身或局部紊乱(疾病)，将影响乳牙釉质的发育，导致牙齿发育缺陷，易患龋齿。

乳牙萌出一般时间

	中切牙	侧切牙	尖牙	第一乳磨牙	第二乳磨牙
上颌	7.5个月	9个月	18个月	14个月	24个月
下颌	6个月	7个月	16个月	12个月	20个月

萌牙正常时间范围

	中切牙	侧切牙	尖牙	第一乳磨牙	第二乳磨牙
上颌	5~15个月	6~21个月	8~29个月	8~28个月	8~34个月
下颌	4~17个月	6~27个月	8~29个月	8~27个月	8~34个月

牙齿萌出时间存在着很大的个体差异。这一点非常重要，因为个体差异的存在，有的孩子牙齿萌出偏早、有的孩子偏晚，但只要在个体差异的范围内，就是正常的。

1 3种原因造成差异

遗传因素 如种族、性别等。正常情况下，女孩比男孩牙齿钙化、萌出的时间早。

环境因素 环境因素的影响更为普遍，如气温、疾病等。一般来说，寒冷地区的儿童比温热地区的牙齿萌出迟。

营养状况 营养良好，身高、体重较高的儿童，比营养差，身高、体重较低的儿童牙齿萌出早。

2 乳牙萌出过晚需做检查

婴儿出生后1年内，萌出第一颗乳牙，均属正常范围。如果超过1周岁，甚至1岁半后仍未见第一颗乳牙萌出，超过3周岁乳牙尚未全部萌出为乳牙迟萌。此时需查找原因，排除是否有"无牙畸形"。个别乳牙萌出过迟较少见，全口或多数乳牙萌出过迟或萌出困难多与全身因素有关，如佝偻病、甲状腺功能低下以及营养缺乏等。佝偻病患儿的乳牙能迟至出生后14~15个月才开始萌出，并往往伴有牙齿发育缺陷。遇到这种异常情况，应进行临床咨询。

　　以为出牙晚就是缺钙，就给孩子吃鱼肝油和钙片，这是不可取的。孩子出牙晚不一定就是缺钙，要结合检查及其所表现的症状进行综合分析来决定。孩子缺钙常表现为囟门闭合迟缓、头发稀少、出汗多、爱哭闹等，此时在医生的指导下，可适当补充一些钙制剂和鱼肝油滴剂，并注意辅食合理，对孩子的健康是有益的。如果孩子不缺钙，父母就给他服用大量的鱼肝油和钙片，就很容易引起维生素D过量甚至中毒，这样对孩子的健康是有害无益的。

选择安全的玩具很重要

1 小心玩具里潜藏的伤害

小零件	玩具上松动的零件，毛绒玩具上未粘牢的眼睛、鼻子，玩具上掉落的纽扣，汽车上的轮子等，这些小零件都有可能造成窒息。
磁铁	小块儿的磁铁被宝宝吞入腹中，有可能导致窒息。如果宝宝吞入多块磁铁，磁铁相互吸引，还可能导致肠梗阻，危及生命。
毛发	玩偶或毛绒玩具上掉落的毛发如果被宝宝吸入肺里，有可能导致窒息或呼吸不畅。
化妆盒	儿童化妆盒是很受小女孩欢迎的玩具之一。但化妆盒中的眼影、指甲油、润唇膏有可能引起过敏，或者含有潜在的有毒化学物。
电池	电池因长期不使用有可能会泄露；电动玩具使用不当可引起触电和火灾。所以，这类玩具更适合年龄大些的宝宝玩耍。
线绳	带有线、绳、花边、网、链等部件的玩具可能会缠绕住宝宝的手脚。

2 买玩具要看这几点

安全是你为宝宝选择玩具时应考虑的重要因素。购买之前，你应确认以下几点：

1 玩具已通过安全和合格检测。

2 各部分结构耐用，不会散开。

3 玩具如果是电动的，应有安全保护装置。

4 所有的蜡笔、涂料和玩具圈等材料都应该是无毒的，因为它们有可能被宝宝放进嘴中。

5 玩具如果是用来骑行的，应该重心稳定而不会跌倒，座位舒适。

6 玩具中没有较细小部件，以防宝宝因吞咽而窒息。

7 玩具没有尖锐的边缘，以防刺伤宝宝。

8 对于宝宝经常玩的某个玩具，你应该不定期地检查一下，以确定没有破损或脱落，因为年幼的宝宝通常对玩具的破坏性较大。同时，应经常检查室外游戏场地的设备，以确定它们是否安全。

这些睡眠误区要不得

宝宝的睡眠看似是小问题，其实不然。不过很多的父母在这件问题上却存在着不少错误认识。下面这些想法，你有没有中招？

1 只要每天睡够时间就行了，几点入睡有那么要紧吗？

关于这个问题，我们的回答是两个字：要紧。人体的生长激素的分泌高峰是夜间23点至凌晨2点，而且必须是深睡眠才可以。所以，最好让宝宝在9点之前就睡着，以保证这"黄金3小时"的深睡眠。晚睡会使宝宝体内生长激素的分泌减少。

2 哎呀，今天少睡了1小时，怎么办？

某一天孩子"少睡"了1小时，需要担心吗？显然不需要。孩子在各个年龄段都有不同的睡眠需求量。原则上，只要宝宝的精神状态好、食欲正常、没有消化方面的问题、体重增长良好就可以。但是如果偏离得太多的话，比如新生儿每天需要睡16～18个小时，而你的宝宝每天只睡12个小时，这可能就需要咨询一下医生了。

3 不午睡是绝对不行的！

不午睡真的绝对不行吗？午睡确实是个好习惯，但不少宝宝白天的睡眠时间不会像生物钟一样那么准时，而且大孩子一般都精力旺盛，晚上睡眠质量很好，白天自然就不困了。所以，如果你用尽了办法，他都不愿意配合你午睡，也就别强求了吧。

戒掉安抚奶嘴吧

安抚奶嘴之所以深受信赖，主要是因为当宝宝哭闹无法安抚时，只要给予安抚奶嘴就能快速达到安抚效果。其实，温暖的拥抱、轻柔的抚摸、低声的哼唱等方式都可以达到安抚宝宝的效果，同样能给宝宝带来安全感。所以，除非照顾者无法立刻满足宝宝的需求，这时候才可以使用安抚奶嘴来"救急"，并非一有状况就寄希望于安抚奶嘴，更不要宝宝一哭就给他安抚奶嘴。

1 依赖奶嘴的5大后遗症

即便奶嘴确实有其重要作用，但是也需要格外当心，不能让宝宝对奶嘴养成依赖心理，否则将可能留下长久的后遗症。

咬合不良 奶嘴会让幼儿上下腭的牙齿无法接近或顺利咬合，进而影响牙齿咀嚼食物的功能，长此以往将导致消化系统的不协调。

暴牙 3岁以下幼儿的骨骼发育尚未定型，而吸吮奶嘴的工作是奶嘴在舌头上前后摇动，这股力量会把上腭骨往外拉扯，很容易形成暴牙。

脸型发育不良 牙齿咬合不良会持续引起牙齿、齿槽骨之间的压力不均，这样幼儿的脸型轮廓发育就容易受到影响。

发音不准确 长期使用奶嘴会导致整个口腔的动作不和谐，发音时的动作不正确，尤其是年龄越大，纠正不良发音姿势的困难就越大。当上下腭的牙齿无法正确咬合时，一开口说话就容易发生"漏气"的现象，无法正常发音。

蛀牙 牙齿咬合不良会导致牙齿排列得参差不齐，这样不易将牙齿清洁干净，多半会有食物残渣滞留在齿缝中，时间长了就容易出现蛀牙。

2 打破对奶嘴的依赖

逐渐减少奶嘴的使用时间

随着宝宝成长，注意观察宝宝对什么事物感兴趣，多提供他感兴趣的事物，慢慢减少吸奶嘴的时间。一天接触奶嘴的时间慢慢减少之后，生理上的习惯会慢慢改掉，宝宝心理上的依赖感也会渐渐被其他事物所取代。

一开始可以在进食三餐时停止使用奶嘴，然后再逐渐减少奶嘴使用的次数，每次停用的时间一开始以15~30分钟为宜，等宝宝稍微适应后，再慢慢延长停用奶嘴的时间。

解决睡觉难题

有的宝宝在睡觉时必须要吸吮奶嘴才行，这样家长可以在宝宝入睡后把奶嘴取走，如果宝宝出现吸吮手指头的现象，妈妈可以握着宝宝的小手，维持他的安全感，或者让宝宝拿着自己最喜欢的玩具入睡。

赞美取代责骂

宝宝不吃奶嘴时，要赞美宝宝的行为。千万不要用负面的言语或责骂宝宝，例如对宝宝说：羞羞，这么大还吃奶嘴。因为对于较缺乏安全感及自信心的宝宝而言，责骂或负面言语只会让宝宝更退缩，对奶嘴更加依赖，反而更不容易戒掉。

掌握感冒、鼻塞等关键时期

宝宝鼻塞期间，因为吸奶嘴会增加呼吸困难，所以宝宝自然不爱吸奶嘴，这时就是戒掉奶嘴的好时机。爸妈可以借机减少宝宝吸奶嘴的时间，让宝宝慢慢习惯不吸奶嘴。

多利用学习杯

多准备一些不同的杯子，要求色彩鲜艳、图案可爱，一方面可以增加对宝宝视觉和触觉上的刺激，一方面可以吸引宝宝的注意力，引发他想要自己使用杯子的兴趣。

按照宝宝成长发育的阶段要求，挑选不同功能的学习杯。循序渐进地诱导宝宝学习如何使用杯子，比如第一阶段奶嘴式——第二阶段鸭嘴式——第三阶段吸管式——第四阶段口杯式。

及时提供辅食

在戒除奶嘴的调整期内，家长也要视宝宝的需求做出相应安排，比如给宝宝一些辅食满足他们的咀嚼欲，像磨牙棒之类的就可以。

善用有效人群

如果宝宝上幼儿园之后仍在吃奶嘴，容易成为同学的笑柄。所以，父母可以借用老师、同伴等有效人群的力量，但应以正向的角度鼓励宝宝戒掉奶嘴。当宝宝不吸奶嘴时，请老师及同学给予鼓励及赞美，相信宝宝很快就能戒掉。

头发稀少是缺乏营养吗

孩子头发太少，多半是遗传造成的，并非靠饮食就能改善。而且也没有任何食物可以增加头发的数量，最多可以让头发的颜色变得更乌黑一些。所以，如果孩子的头发真的太少，建议家长最好先寻求医师的意见。

不过，有些孩子只是发丝细、发色较淡，所以看上去似乎头发很少，其实并不是头发真的太少。可以买些芝麻粉（最好不要食用市场上卖的芝麻糊，它的糖分含量太高，并不适合幼儿食用），把少量芝麻粉添加在米粉中，当成孩子的点心。先观察孩子的肠胃反应，如果能接受，再逐次调整添加比例或食物种类。

宝宝成长信号全记录

周数	每日奶量	身长	体重	其他
11个月零1周				
11个月零2周				
11个月零3周				
我们满12个月了				

13 ~ 15 个月
FROM 13 TO 15 MONTHS

成长印记

1岁以后，宝宝体格生长的速度明显放缓，这个时期宝宝的营养大部分要靠非乳类食物来供给，无论是母乳喂养、混合喂养还是人工喂养，都需要慢慢过渡到以普通食物为主、乳类为辅啦。奶水略差的妈妈可以开始考虑断奶了，不过断奶要避开炎热的夏天，而且宝宝不舒服的时候也别强制断奶。

宝宝发育知多少

宝宝体格发育表（满450天时）

项目	男宝宝		女宝宝	
	正常范围	平均值	正常范围	平均值
体重	8.40~12.70千克	10.30千克	7.70~12.20千克	9.6千克
身长	74.4~83.9厘米	79.1厘米	72.4~82.7厘米	77.5厘米
头围	44.5~49.1厘米	48.3厘米	43.4~48.0厘米	45.7厘米
胸围	43.0~50.6厘米	46.8厘米	41.9~49.5厘米	45.7厘米

1 身体运动

粗大运动 独立走路时已经比较平稳，会倒退走二三步，能扶着栏杆上台阶。

行走 大人和宝宝各持小竹竿的一端，带着宝宝一同向前走。把玩具放在1米远的桌上，让宝宝前走拿取玩具，逐渐延长行走的距离。用玩具引导宝宝练习侧向走、停步和慢慢改变方向走。让宝宝推着椅子、车子或空纸箱子行走，也可让宝宝拉着玩具倒退着行走。

上下台阶 辅助宝宝练习单足踏上较低的木块、砖块等，并逐渐增加高度。大人用手拉着宝宝的手上台阶或楼梯，逐步减少帮助。

变换姿势 变换站立、下蹲、匍匐等多种姿势，玩滚球、扔球、拣球、找东西等各种游戏。

精细动作 能用积木搭第二层；开始自发随意涂画；能按照示范从小瓶中倒出小丸。

用笔涂画 继续让宝宝用木棍在沙盘上涂画，或大人用手握着宝宝的手帮助宝宝用蜡笔涂画，逐渐减少帮助并鼓励宝宝自己随意涂画。宝宝涂画时不要过于要求握笔方式，只要涂画就要鼓励。

积木游戏 继续用积木、积塑和宝宝玩搭积木、插积塑的各种游戏，让宝宝发挥自己的创造力玩积木游戏，大人要鼓励宝宝的创新。

糖丸游戏 大人用手把糖丸一粒一粒放入小瓶中，然后再把糖丸倒出，整个过程要让宝宝看到，然后让宝宝把糖丸捏入小瓶中，再按示范倒出。

特别提示 训练时家长一定要注意严密监护，防止宝宝把小的玩具或食物放入口中误咽造成窒息。

2 语言能力

除了会说"爸爸"、"妈妈"外，还会说出别的词语。宝宝能听懂自己的名字，能指出自己身体3个以上的部位。

认识各种事物 多带宝宝到外边玩耍，随时教宝宝认识周围各种事物的名称。在认识这些事物时要不停地喊着宝宝的名字，问他"这是什么"，反复强化使之记住。

通过画面认识 多给宝宝看一些图片、画册，教宝宝认识日常生活中的常见事物。

认识人体部位 平时结合读画册上的宝宝图像，教宝宝认识人体的主要部位。

用语言表达 当宝宝用手势或动作表达自己的要求时，鼓励宝宝尽量用语言来表达，例如用简单的词"吃"、"喝"、"要"、"拿"、"走"等。

3 认知能力

知道将瓶盖盖在瓶子上。能再次认出几天甚至十几天前的事物。已建立物体存在的概念，可追寻多次移位隐藏的物品。初步建立空间概念，能照口头命令把玩具放入容器。

引导宝宝观察 结合家庭环境，利用一些玩具布置起适合宝宝兴趣的小环境，引导宝宝观察、玩耍中指认一些事物。

认识环境中的事物 多带宝宝到室外活动，让他观察环境中的各种事物、人物，以及猫、狗、鸡、鸭、鸟、兔等各种动物。

藏东西游戏 和宝宝一起玩藏东西的游戏，开始藏东西的过程让宝宝看见，藏好后可帮着宝宝找；以后藏好后让宝宝自己去找，找到后给宝宝口头鼓励。

示范放东西 在面前放一个透明的容器，示范给宝宝看如何把东西放进容器里；然后把一件物品交给宝宝，一边说"放进去"一边让宝宝把物品放入容器中，放进去后要加以称赞。

4 社会适应能力

喜欢模仿大人做家务。对大小便还没有很好的控制能力，但有的已经知道定点坐便盆了。

和小朋友游戏 有意识地安排宝宝和其他小朋友一起玩，和其他小朋友一起分享食物或玩具，玩一些互相合作的游戏。

注重依恋关系 此时宝宝和家长的依恋情感很强，家长对宝宝要特别体贴和爱护，尽量满足宝宝正当的要求。

鼓励宝宝做家务 做家务时可让宝宝在一边观察，让他模仿着做；不要嫌添乱而拒绝宝宝的参与。创造机会让宝宝做简单的事，例如拖地、取一个简单物品等。

训练宝宝大小便 把便盆放在固定的地方，培养宝宝形成固定地方大小便的习惯。

测定宝宝的气质 有条件的可以测定儿童气质类型，以便观察其变化，并按照宝宝所表现的气质特点，在养育过程中逐步磨合亲子关系，探索适宜的行为塑造和管理模式。

营养饮食细安排

一定要在这个月龄断奶吗？

在这个月龄断奶，只有少数的宝宝可以平静接受。因为宝宝的口欲期尚未结束，又处在为时6个月左右的"奶瘾期"，惨烈的断奶经历一般都是出现在这个月龄段。

如果一定要在这个阶段断奶，妈妈要对宝宝的烦躁、不安心怀理解，要做到不责备、不焦虑、勤安抚。让宝宝把不满情绪表达出来，很快就会恢复正常。妈妈自己在断奶期间要勇敢而有耐心，有决心给宝宝断奶，就该也有决心陪伴他度过断奶的艰难日子。

但是，当你觉得坚持断奶并非绝对必要，应该在遇到宝宝惨烈抵抗的时候放弃，没有什么比尊重宝宝的意愿和接受能力更重要的了。有些断奶断到一半就后悔了的妈妈，怕宝宝觉得家长可以出尔反尔，怕前面的罪都白遭了，就硬着头皮流着泪坚持，这并不可取。断奶后的"复吸"会让宝宝觉得妈妈是宽容温柔的，让宝宝有机会在拥有更强大的内心和更丰富的生活后，更轻松地去面对断奶。

10招让学步宝宝断奶

1	在宝宝醒来前先起床并梳妆完毕，让他没有机会或忘了爬到床上找妈妈。	**2**	改变平时的生活作息，例如在宝宝通常要喝奶的时间，尝试带宝宝外出。
3	当宝宝半夜醒来要喝奶时，由爸爸或其他家人照料。	**4**	改由爸爸或其他家人喂宝宝配方奶，或能替代母乳的辅食或饮料。
5	不要期盼在短时间内断奶成功，给宝宝一段适应的时间，让他慢慢学习接受。			

6	可以试着和宝宝沟通，并借机赞美其他已经断奶的大宝宝，告诉他"你也长大了，不用再喝妈妈的奶水了"！如果因为生病而暂停哺乳，也可以告诉宝宝，让他知道不能继续喝母乳的真正原因，避免让他认为是妈妈不爱他，才不让他吃奶的。		
7	逐渐减少睡前哺乳的时间，只要吃够即停止，并利用讲故事、唱歌等方式，转移宝宝的注意力。	**8**	不要长时间哺乳，可以利用交换条件的方式，缩短他吸乳的时间。
9	利用新奇的食物，不管是点心或饮料，分散宝宝吸母乳的注意力。	**10**	带宝宝外出时，不要穿着容易哺乳的衣服，也尽量避免在他面前换衣服。

补充维生素，别进入这些误区

目前公认的维生素共有14种，它们结构不同，作用各异，根据其溶解性可以分成脂溶性维生素和水溶性维生素两大类。前者包括维生素A、维生素D、维生素E、维生素K4种，另外10种水溶性维生素中有9种统称为B族维生素，还有一种就是维生素C。一般说来，水溶性维生素如果吃得过多，大部分都会迅速从小便中排出，所以不容易引起中毒。但是脂溶性维生素可储存在肝脏和脂肪组织中，排泄较慢，摄入过多时便会在体内积聚，从而产生各种中毒症状。

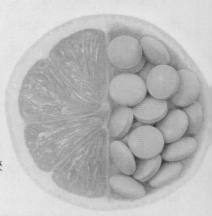

 一般不需要补充维生素

从理论上说，如果能遵照平衡膳食的原则，合理调配食物，那么就无需在膳食之外再补充维生素。但是在实际生活中，要真正做到合理膳食还是有很多困难的，何况人们的膳食往往还会受到食物的市场供应、食品的加工烹调、个人的饮食习惯以及人体的健康状况等因素影响，因此机体很容易就会缺乏某种维生素。特别是日常膳食中维生素D的含量很少，所以宝宝从出生以后15天起，就要开始补充维生素D，一直要吃到满2周岁。

空腹吃维生素最合适

由于维生素的分子小、吸收快，如果在空腹时吃，其血液浓度升高很快，水溶性维生素便很容易经过肾脏从小便中排出。所以，选择餐后服用水溶性维生素，不仅不会影响其吸收率，还可以避免从体内流失。

多吃维生素C会促进癌症的发生

确实有人在细胞培养中发现过量的维生素C有引起染色体畸变的可能，但是所需要的浓度很大（体内完全达不到这个水平），同时也有结果完全相反的报道。至于人体试验，迄今只有维生素C能够抑制亚硝胺（一种具有强烈致癌性的物质）的合成、从而发挥抗癌作用的报道，迄今还没有足够的依据表明维生素C有致癌性。

凡是水果都含有丰富的维生素C

只有柑橘类水果（如柠檬、橙、橘、柑橘）、山楂、鲜枣、柚子和草莓含有丰富的维生素C，平时常吃的苹果、生梨、香蕉、桃子、西瓜所含的维生素C并不多，每100克中大多在10毫克以下，远低于苜蓿（102）、香蕉（93）、荠菜（68）、辣椒（50）等蔬果中的维生素C含量。

经常吃新鲜水果和蔬菜就不会缺少维生素

新鲜的柑橘类水果和有色蔬菜含有丰富的维生素C和一定数量的β－胡萝卜素，后者在体内可以转变成维生素A。但是蔬菜和水果中缺少其他种类的维生素，因此单吃蔬菜和水果是远远不够的。

可以用果汁来代替新鲜水果

果汁饮用方便、口味诱人而且久藏不坏，所以很受欢迎，但其所含的营养素与新鲜水果相比则相去甚远。因为果汁中只有少部分真正来自于天然水果，其余大部分是由糖分、香精和色素所组成的，即使添加了少量的维生素C，也因为溶解在水里而极易被氧化破坏，因此果汁不能代替新鲜水果。

不肯吃蔬菜，多吃一些水果就行了

蔬菜含有较多的不溶性膳食纤维（如纤维素、半纤维素、木质素等）以及一些特殊的成分，如葱里的辣椒素、姜里的姜油酮、大蒜里的蒜素、萝卜里的淀粉酶等。水果则含有较多的果糖、有机酸以及可溶性纤维如果胶等，所以水果和蔬菜不能相互代替。

大剂量的维生素C可以代替多元维生素

每种维生素的功能各不相同，因此维生素C不能代替多元维生素。而且随着维生素C摄入量的增加，其吸收率会逐渐降低，未被吸收的维生素C便可刺激肠道引起腹痛、腹泻。即使吸收较多，进入血液循环后也会很快从小便排出，因此不宜长期服用大剂量维生素C。

✕ 常吃维生素C会引起肾结石

维生素 C 可以在体内转变成草酸，因此有人推测多吃维生素 C 有引起肾结石的可能。但是大量的人体试验（有的试验者每天维生素 C 摄入量高达 5000 毫克）发现，大量吃维生素 C 仅仅可使每天的尿中增加 6 ~ 13 毫克的草酸排泄量，并无增加肾结石发生率的报道。这是因为维生素 C 是一种水溶性的维生素，一旦摄入过多，将会很快从小便中排出，体内不可能达到很高的浓度。

✕ 维生素是补品，多吃一点没有关系

人体对维生素的需要量很少，每日仅数十微克到数十毫克。摄入过量的维生素，尤其是脂溶性维生素则会引起中毒。如维生素 A 过多可引起烦躁、头痛、呕吐、皮肤瘙痒、视物不清、肝脏肿大；维生素 D 过量会造成多脏器点状钙化和多尿；维生素 E 过多会导致出血倾向。"水能载舟，也能覆舟"，因此维生素也不能吃得太多，要严格按照产品说明书或医生的指示服用。

养成良好的饮食习惯

1～2岁幼儿活动能力增强，在吃饭时抢勺子、筷子，用手抓饭，把饭菜弄得到处都是，吃不了多长时间就跑了，喂孩子吃饭像打仗一样。

而且在这个时候，宝宝的饮食习惯开始发生变化，对饮食开始挑剔，进食很容易受外界因素影响，任何响声，任何事情，都能让宝宝停下来看一看，听一听；即使没有什么影响，宝宝也可能会停下来玩一会儿，会把妈妈喂到嘴里的饭菜故意吐出来，或嘟嘟地吹泡玩。这些都是这么大宝宝常有的现象。

1 要允许孩子自己拿勺吃饭，这是锻炼其手眼协调能力、促进大脑发育、促进生活自理能力发展的好方法。用大小合适的小勺，在小碗中盛少量的饭菜，可以边吃边喂。只要不怕麻烦，坚持练习，到 2 岁左右就会独立吃饭了。

2 家长以身作则，用良好的饮食习惯影响宝宝，避免出现偏食、挑食的不良饮食习惯。

3 培养宝宝集中精力进食，暂停其他活动。切忌边看电视边吃饭，避免追着宝宝喂饭。

4 创造良好的进餐环境，避免喧嚣吵闹，使宝宝注意力集中；桌椅、餐具适当儿童化，鼓励、引导和教育宝宝使用匙、筷等自主进餐。

5 重视宝宝水分的摄入，培育宝宝喝白开水的习惯。

6 吃饭时，坚持让孩子坐在固定的地方，尽量安排和家人一起吃，以激发孩子对食物的兴趣。幼儿不想吃、随处玩时，不要追着喂，等到下顿孩子饥饿时再喂。

妈妈厨房

营养指导

● 满周岁起的幼儿已经可以食用6大类食物了（蔬菜类、五谷根茎类、油脂、鱼肉豆蛋、水果类、奶类），为宝宝安排接近于成人的饮食，能够帮助宝宝日后养成良好的饮食习惯。

● 有些宝宝在此时逐渐断奶，但是断奶的意思是"断奶瓶"，并非不喝牛奶，其目的是要幼儿逐渐习惯大人的用餐方式，慢慢学习用杯子喝奶。这样，除了可预防奶瓶性蛀齿外，还可以培养孩子独立的性格。

● 这个阶段的营养均衡与否将影响宝宝未来的生长发育，因此，家长应该利用各种生鲜食材的搭配烹调出美味菜肴给孩子，而不是让年纪还小的孩子尝试过多的调味品，或是为了宠爱他而让他只吃喜欢的食物。

推荐食谱

【鸡蛋牛奶布丁】

材料： 鸡蛋1个，鲜奶100毫升，砂糖25克

做法：

1. 将鸡蛋在碗中打散，加入鲜奶。
2. 在砂糖中加入少许水融化，再倒入（1）中拌匀。
3. 放入锅中蒸20~30分钟。或者在微波炉中加热4分钟即可。

营养小叮咛

1岁以上的宝宝可以开始尝试鲜奶了，以便增加优质蛋白质的摄取。在蒸布丁的过程中不要将锅盖紧闭，略开一小缝，蒸出来的鸡蛋布丁会更漂亮哦！

【胡萝卜菠菜肉丸】

猪绞肉100克，菠菜、胡萝卜各少许

1. 在绞肉中放入淀粉搅拌均匀，做成球状放入开水中煮。
2. 将菠菜和胡萝卜放入锅中一起煮。
3. 肉丸煮熟后，放入少许调味料，撒上香菜即可。

【鲑鱼炒饭】

材料: 红鲑鱼100克, 米饭1/2碗, 青豆仁数个

做法:

1. 鲑鱼蒸熟后压碎。
2. 将压碎的鲑鱼略炒后, 加入米饭和青豆仁拌炒即可。

营养小叮咛

鲑鱼含有丰富的DHA, 对孩子脑部发育有很大帮助。利用炒饭的形式将孩子不喜欢吃的蔬菜切碎加进来一起炒, 可以增加孩子吃蔬菜的兴趣。

【鸡肉薯泥】

材料: 马铃薯20克, 胡萝卜、鸡肉、煮鸡蛋各10克

做法:

1. 马铃薯、胡萝卜去皮, 煮熟切丁、捣成泥。
2. 鸡肉洗净、切小块、捣成泥, 煮熟。
3. 鸡蛋切成碎丁。
4. 再将所有的材料拌匀即可。

【酿香菇】

材料: 新鲜香菇10个, 肉馅100克, 青豆10粒

做法:

1. 香菇洗净, 去蒂, 沥干水分。
2. 沾少许淀粉抹在香菇内侧, 再填入调好的肉馅(做法同饺子馅)。填满, 用手指抹平, 在中间放1粒青豆。
3. 把香菇平排在盘子上, 肉馅朝上, 放少许水在盘里(没过盘底即可), 覆盖保鲜膜, 放入微波炉。
4. 高火5~6分钟, 取出香菇, 留下汤汁, 加入水淀粉调匀。
5. 再将汤汁放入微波炉, 继续煮30秒, 汤汁变浓。拿出, 淋在香菇上即可。

【起司玉米浓汤】

材料: 成长奶粉2~3汤匙, 玉米酱1/4~1/3碗, 红椒 1个, 起司粉1~2汤匙

做法:

1. 红椒于1/4处切开, 将内部处理干净, 取部分红椒切丁备用。
2. 小锅中热高汤, 将玉米酱煮开, 并撒上红椒丁备用。
3. 调入成长奶粉, 搅拌均匀后倒入容器中。
4. 将起司粉撒于成品上, 入烤箱着色即可食用。

营养小叮咛

　　这是以蔬菜和谷类为主的餐点, 能够提供1岁幼儿生长所需的热量、钙质、维生素和矿物质。此时期的宝宝需要钙质帮助成长, 所以在餐点设计上, 除了成长奶粉外, 亦可添加一些奶制品以增加变化。红椒可提供丰富的维生素C及番茄红素。

健康护理看过来

厌食，可能是大人惹的祸

宝宝不爱吃饭确实是最让妈妈头疼的事情，有的宝宝吃一顿饭得全家总动员，连哄带骗，又逗又演。处于又吃奶又加辅食的阶段的宝宝厌食的原因非常多，而且因为个体的差别和特殊情况会表现出不一样的症状。

1 因患病引起的厌食

宝宝患有贫血、缺锌、急慢性感染性疾病等，往往反复感冒、腹泻或表现出其他症状，健康状况的下降会影响宝宝的食欲。这时需要请医生进行综合调理，必要时可以服用一些中药，调理宝宝的脾胃。妈妈们可以带孩子去医院检查，若经医生检查未发现宝宝有任何疾病，就要在其他方面寻找原因。

2 不合理的喂养方法

有些宝宝厌食时家长很焦急，为了哄孩子吃饭，有的在吃饭时用玩具逗引孩子，也有的任凭孩子边吃边玩。家长平时过于娇惯，又不了解合理的喂养方法，这也是造成孩子厌食的直接原因。另外，有的家长认为小孩吃得多对身体有好处，就想方设法让孩子多吃，甚至端着碗追着让孩子吃。久而久之，会对孩子形成一种恶性的条件刺激，孩子见到饭就想逃避。此外，大一点的孩子经常边吃饭边看电视或看小人书，随便吃几口就急于到邻居家或外面玩，时间久了就会影响消化液的正常分泌，造成食欲不振。

3 吃厌了常吃的辅食

妈妈要考虑是不是由于食物的色、香、味不好，而导致宝宝食欲不振。大人如果常吃某些食物会觉得腻，孩子当然也一样，所以即使相同的食物也要多做些花样。

4 零食过多

零食过多是宝宝厌食最常见的原因之一。有些宝宝每天在正餐之间吃大量的高热量零食，特别是饭前吃巧克力、糖、饼干、点心等，就会引起宝宝不爱吃饭。有时虽然零食的量不大，但甜度过高，宝宝血液中的血糖含量过高，就会没有饥饿感。所以到了吃正餐的时候根本就没有胃口，饭后又以点心充饥，造成恶性循环。

5 宝宝生活不规律

晚上孩子如果睡得很晚，早晨八九点还不起床，就会耽误吃早饭或者不吃早饭，这样午餐就会吃得过多，胃肠极度收缩后快速扩张，会使胃肠功能发生紊乱。

6 不注意宝宝的情绪

如果家庭不和睦或者父母经常责骂孩子，使其长期情绪紧张也会影响食欲。缺少户外活动、体育锻炼以及环境改变等也会影响孩子的食欲。

不挑不厌，没那么难

妈妈们遇到宝宝厌食时，着急是没有用的，我们要分析宝宝为什么厌食，然后再寻找解决办法。

1 与大人一起吃

大人吃饭的时候，孩子看见了也会动嘴。这时，把某一种辅食给他一点点，引起孩子的兴趣，不要求多，从一点一点开始坚持下去。但是，注意不要给孩子吃大人的食物，因为大人的食物口味太重，不利于孩子味觉的发育。

2 食物要多样化

宝宝的食物除考虑各种营养以外，还应注意品种要丰富多样和是否容易消化，尽量做到食物品种多而色香味俱佳，使孩子看到闻到就会产生吃的欲

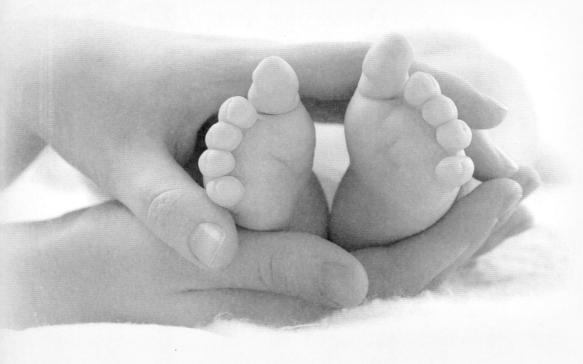

望。同时，给孩子吃的菜应切得细一些，米饭不要煮得太干，以便于他们咀嚼。

3 少给孩子吃零食

包括少吃甜食及肥腻食品，油煎的食品也应少吃。饭前半小时尽量不要给孩子吃任何东西，哪怕只是一颗糖、一块饼干，就连水也尽量少在饭前喝，以免抑制食欲和冲淡胃酸。

4 有饥饿感时再喂

平时饮食尽量定时，但是孩子的胃口时好时差，不可能每顿都一样，所以不要强求他一定得吃多少，尤其不可强制孩子吃"高级营养品"。孩子不想吃时千万不要强迫他，因为适当的饥饿感可以改善孩子的食欲。孩子有时要一口菜一口饭吃，有时却喜欢把菜拌在饭里吃，此时大人不要去干涉。另外，宝宝的消化能力弱，应该少吃多餐，注意不要让孩子吃得过饱。

5 关注宝宝的情绪

不要在孩子面前议论他的饭量，也不要谈论孩子爱吃什么不爱吃什么，别给孩子许下什么"吃一口，讲一个故事"的愿，对孩子不要百依百顺，也不要哄、骂、打、压。在孩子进食前，一定得将所有的玩具全部收去，不能让孩子边吃边玩。

给宝宝选择合适的鞋子

鞋子会影响宝宝的足部发育，也会影响宝宝学走路的意愿，所以，帮宝宝买鞋可是一门大学问。

1 给宝宝选一双步前鞋

8～15个月的宝宝处于爬行初期至学步初期，开始尝试站立及学步，此阶段应多鼓励宝宝赤足行走，让足部直接接触地面，增强足底抓地感，培养平衡力。而为了保温和避免足部受伤，应该给宝宝穿鞋底特薄或软身的步前鞋，保持足底抓地感觉。

2 大小以大人一根据手指宽度为准

由于宝宝的小脚发育快速，因此在买鞋时最好带着宝宝，让他穿上袜子后试穿一下，在宝宝穿好鞋之后，留下的空隙以大人能够伸入一根手指的宽度为准。这是因为刚开始学步的宝宝的脚趾会微弯，因此要预留空间让脚趾头伸展，但是鞋子也不能太大，因为宝宝还无法像大人一样利用脚趾的力量抓紧鞋子，一旦尺寸太大（超过1厘米），宝宝就容易摔伤。

3 鞋子是否合适，观察宝宝足部

观察宝宝的脚背是否有勒痕，如果发现小脚丫出现摩擦或勒痕，而宝宝也表现出不愿意走路的情况，那就表示鞋子尺寸不适合，该为宝宝换鞋了。平均每隔2～3个月检查一次，以免宝宝长时间穿着不合适的鞋，那样不仅影响学走路的意愿，勉强走路也会造成足部受伤。

4 避免亮片、珠子等装饰

1岁以前的宝宝还处在口腔期，喜欢将各种物品放进嘴里尝尝。因此，在给宝宝选鞋时，应避免有亮片、珠珠等易脱落装饰的鞋子，以免宝宝误食。

5 粘扣式设计优于鞋带

宝宝脚背脂肪较多，因此选鞋时必须考量鞋子的整个空间，尽量照顾到宝宝的脚背，避免形成压迫感。此外，鞋子最好是粘扣式设计，尽量避免绑鞋带设计，以免鞋带松脱时宝宝出现摔伤。

6 不要反穿鞋子

在发现宝宝走路有内八字问题时，有些妈妈会让宝宝将鞋子反过来穿。这么做并不能有效地矫正宝宝的走路问题，而且宝宝也容易跌倒，所以最好不要这么做。

Tips 妈妈选鞋锦囊

让宝宝多一些赤脚踏步的体验。

选鞋要领：保暖、保护小脚丫子最重要。

依照不同阶段选择合适的鞋。

鞋底要软底、平底、避免厚跟。

止滑功能要适度。

棉质、透气、完整包裹小脚，三要素缺一不可。

爱护眼睛从小做起

　　日常生活中，家长对宝宝的关爱可以说是无处不在，但是妈妈大部分的精力都集中在了宝宝的喂养和护理上，眼睛问题也就疏忽了。

1 按摩鼻泪管

在宝宝出生后几周，甚至几个月，你可能会注意到宝宝的眼角有黄色、很黏的分泌物。这种分泌物通常是泪管阻塞造成的。家长可以按照下面的小方法，帮宝宝清洁阻塞的泪管：泪管位于鼻侧眼角，细小隆起的下方，向上（朝着鼻子）轻轻按摩泪管约6次。

2 避开电视的伤害

很多医学专家建议2岁以内的婴幼儿不要看电视，2~5岁的宝宝看电视的时间不宜超过半小时。可现实生活中，很少有家长能控制好宝宝看电视的时间，这就使得患近视、斜视、弱视的宝宝越来越多，且患病的年龄也越来越小。因此，家长对婴幼儿视力发育的好坏起了至关重要的作用，千万不要为了方便，就把宝宝放在电视机前不管，这对宝宝的视力将会造成很大的损害。

3 避免眼睛外伤

宝宝好动，好奇心又强，而2岁以内的孩子走路又不太稳，所以家长要特别注意家中的物品及摆饰，以防对宝宝的眼睛造成伤害。一些有棱有角的物品最好加上软垫，所有尖锐的生活用品，如牙签、铅笔、剪刀、叉子、筷子等，都应小心收好。

4 避免侵蚀

家中各种洗涤剂、杀虫剂、香水等物品应小心放置。一旦发现宝宝眼睛受到化学物质的伤害，应立即用大量清水冲洗，边冲边让宝宝转动眼球，持续15分钟，冲洗完毕后送宝宝去医院治疗。用清水冲洗眼睛，可以缩短化学物质在眼内停留的时间及降低浓度，使其对眼睛的侵蚀降到最低程度，这是治疗的关键。所以，家长遇到这种突发事件时，一定要沉着、冷静，千万不要不冲洗就送去医院，这可能延误治疗，造成终身遗憾。

冲洗眼睛时，轻轻地把宝宝的下眼睑往下拉，边鼓励宝宝把眼睛尽量张大，边用温水轻轻冲洗眼睛。让宝宝的头侧着，受刺激的那只眼睛朝下，眼睛下面再垫一块干净的毛巾，使水可以直接流在毛巾上。如果宝宝把眼睛闭得紧紧的，你可以用指尖把他的下眼睑往下拉，或者把食指放在他上眼睑眉毛下的位置，另一根手指放在下眼睑，然后轻轻把眼睑分开。

5 异物巧处理

一般异物如昆虫、沙砾等进入眼内，多数是黏附在眼球表面，这时家长应用拇指和食指轻轻捏住上眼皮，轻轻向前提起，向眼内轻吹，刺激眼睛流泪，将沙砾冲出。这个方法若无效，可让先让宝宝向上看，家长用手指轻轻扒开宝宝下眼皮寻找异物，应特别注意下眼皮与眼球交界处的皱褶处，这里易存留异物。找到异物可用湿的棉签或干净手绢的一角将异物轻轻粘出。如果进入眼内的沙尘较多，可用清水冲洗。

6 补充叶黄素

叶黄素能有效保护视网膜免受氧化损害，而人体自身是无法合成叶黄素的，所以婴幼儿需在日常饮食中摄取足够的叶黄素来保护视网膜。母乳中含有丰富的叶黄素，对开始吃辅食的宝宝来说，深绿色蔬菜中富含叶黄素，如菠菜、甘蓝等。

除叶黄素外，维生素A、DHA等，也是宝宝眼睛健康发育必不可少的营养成分，蛋类、奶酪、黄油、鲭鱼、大马哈鱼及贝类等食物中富含这些营养素。

7 正确擦眼

帮宝宝洗澡时，家长先用纱布沾点温水(或用纱布巾沾冷开水)，由眼头往眼尾轻轻擦拭，切记不可来回擦拭，这样会使细菌来回感染。出门在外时，宝宝的眼睛上若有眼屎或脏东西，建议家长用纸巾沾取冷开水擦拭，或随身携带消毒湿巾。因为随身携带的小手帕、小方巾在帮宝宝擦嘴、擦手脚的时候，可能已经粘附上一些细菌或灰尘，如果再拿来擦拭宝宝的双眼，细菌就会趁机进入宝宝的眼睛，引发感染。

8 科学点眼药水

家长在帮宝宝点眼药水的时候，一定要先洗净双手，轻轻拉下宝宝的下眼睑，点入眼药水即可。无论是点眼药水或是眼药膏，即使宝宝眨眼睛，眼药水顺着泪水流出来了，家长们也不用太担心，只要沾到宝宝的眼睑(眼皮翻开，内侧红红的地方)即可，不需另外再多点几次药水。

> **Tips** 1 家长可以趁着宝宝还在睡觉的时候，抓住机会帮宝宝点药水。
>
> 2 点眼药水时，用拇指和食指轻轻翻开宝宝的下眼睑，露出下眼睑结膜，将药水点在结膜上。
>
> 3 眼药水(膏)的瓶口要避免接触到宝宝的睫毛或眼睑，以免造成眼药水污染。

9 彻底清洁手部

日常生活中，我们的手会接触到不同的东西，如钥匙、钱币、报纸、门把、水龙头等等，无形中可能就会粘附了一些肉眼看不见的细菌。这些细菌对抵抗力强的人来说，或许无法造成伤害，但是对于抵抗力相当脆弱的宝宝来说，便有可能因此而生病。因此，和宝宝玩耍之前，家长一定要记得先清洁手部。下班后回到家，最好能先换上家居服，这样才不会把细菌带给宝宝。

10 注意灯光

宝宝房间的灯光不要过于明亮，这样宝宝的眼睛就能避免和强光直接接触。宝宝睡觉时要关灯。抱宝宝外出时，如果阳光太强，家长可以临时用纱巾遮盖一下，以避免强光刺激宝宝的眼睛，但不可长时间遮盖。

认生的宝宝加油

从一出生开始，你的宝宝就有点奇怪，在家和在外的表现截然不同。在家里活泼好动，整天闹个不停，可是一出门，小人儿就老实了，总是静悄悄地趴在你的胸前，见了生人从不吵闹，只是紧紧地抓住你，仿佛你会溜掉似的。如果生人要给他东西吃，他会本能地往后退，谁要是想抱抱他，他就拼命地往你怀里钻，小腿蹬个不停，弄得大家很尴尬："这孩子，真好，又可爱又乖巧。"你呢，以为孩子小，并没有太放在心上。

终于，当你离开孩子要去上班的时候，或是要送他去幼儿园的时候，问题出现了，你发现宝宝除了爸爸妈妈之外谁都不跟，原来听话的小家伙原形毕露，抓住你就不放手，哭叫嘶喊，爆发出惊人的力量。震惊和困惑之余，你不禁着急起来：宝宝，你的脸皮怎么就那么薄？

1 宝宝为什么会认生

为什么孩子见了别人会认生呢？这是由孩子的气质决定的，儿童气质主要由先天遗传因素决定，但在发展过程中受到环境的影响而出现某些改变和调整。不同气质的儿童，对外来的刺激、机会、期望或要求的反应各不相同，这就是为什么有的儿童"认生"，而有的儿童却很快和陌生人熟悉的原因。

多数8个月以后的婴儿，见到生人都有些拘谨或惊慌失措；有些婴儿尤为严重，见到生人就哭。这是婴儿发育过程中的一种社会化表现。小婴儿在母亲和家人的精心照料下，自然会产生一种依恋之情，只要母亲或家人在身旁，他就觉得安全，而生人的出现打破了原有的格局，婴儿就会出现焦虑甚至恐惧。

孩子之所以形成排斥生人的这种习惯，与家长、老师的教育是不无关系的。从记事开始，家长和老师就会反复告诉他们："如果有生人要带你走、给你东西吃或跟你说话，都不要去理他。"特别是4岁以下的孩子，对社会的认知能力和是非判断能力是很弱的。家长和老师的教育，就成了孩子心中的"处世原则"，在生人面前，他们会本能地失去安全感。不过这种现象与"自闭症"是有本质区别的，家长不必担心。"自闭症"又叫"孤独症"，多是与生俱来的，发病多在2岁半以内，患童不会与人交流，对家长、老师也一样。

2 认生的不同表现

暂时性认生	从某种意义上说，认生很正常，是所有孩子在成长过程中自然而然出现的现象，因为他们刚刚来到这个世界，还没有区分熟悉事物和陌生事物的能力。
年龄性认生	对于脸上布满皱纹、戴着眼镜或是脸色苍白的人，孩子会表现出厌恶感。相反，如果是一身漂亮潇洒的装束，孩子会马上表现出好感，这说明他已经知道爱美了。
性别性认生	女孩对年轻有风度的男性和男孩对漂亮的女性，排斥程度都不是那么强烈，这就是性别的差异。但是家中如果有比较严厉、面容冷峻的男性长辈，那么即便是女孩也不愿与其接触，这又一次证明了生活环境对孩子心理的影响。
同龄人认生	如果遇到同龄人或是熟人孩子还是紧张的话，那说明孩子的性格比较内向，属于感情细腻型的人。
严重性认生	有的孩子不管妈妈走的哪儿都要跟在妈妈的后面，一刻也不离开，这种情况被认为是分离焦虑。原因是孩子很依恋妈妈，但是妈妈的某些行为却让孩子感觉到妈妈并没有把他放在心上，由此产生的不安和不信任感导致了这种现象的发生。

3 这样克服认生

孩子能否克服认生现象，直接影响到孩子将来在社会生活中能否正常发展。大人对婴儿的认生不应斥责，否则会加重他的紧张与恐惧。在克服这一缺点时，需要父母的鼓励和帮助，家长要注意在日常生活中加强训练，逐渐使他改善这种怕生的心理。

多让孩子接触人

让孩子慢慢地多接触一些人，自然而然就会对周围的生存环境产生自信，第一次见陌生人也许会转头大哭，但接触时间长了就会慢慢熟悉了。

多邀请客人到家中玩，尽量避免客人一来就去抱孩子或逗孩子（孩子不怕生后可以）。然后爸爸和孩子一起玩，妈妈和客人聊天。爸爸在和孩子玩时，如果发现孩子时不时地偷偷看客人，就可趁机告诉孩子客人是谁、和爸爸妈妈的关系等。如果孩子能认真听爸爸讲完，那么就可进一步引导，如请孩子把水果等拿给客人。刚开始孩子可能不配合，但一定要持之以恒地训练下去。

大人要创造出一种和谐的气氛，自己首先要和生人表现得很亲热，那么孩子也会信任这个人，进而开始接受他。相反，如果大人都表现出紧张，那么孩子心里自然也会竖起一道防护墙。

寓教于乐，培养孩子的社会性

经常带孩子出去逛一逛，比如公园、广场等，给孩子机会去熟悉周围的环境和人群，或是领他到有小朋友的地方玩，可能他一开始同别的孩子还玩不到一起，但孩子还是有兴趣的，慢慢地他就会同别的孩子一起玩了，同龄人之间好交流嘛。

要培养孩子的社会性，最重要的是引导孩子开口说话。和孩子一起去商场或超市购物时，可以让孩子付款，这样无形中孩子和收款人之间就形成一种社会关系，可以锻炼孩子的表达能力和交流能力。

了解了孩子怕生的原因，掌握了训练孩子不怕生的方法，你就会收获一个大大方方、善于交往的小绅士。来吧，试试看！

自我意识的诞生

随着渐渐长大，宝宝开始知道镜子里的宝宝就是他自己，开始认识自己的五官和身体。再大一些，他就能够区分自己和他人。这个过程就是宝宝的自我意识发展的过程，他开始有了越来越多的自我认识。

不要小看了宝宝这个逐步发展的过程。大哲学家苏格拉底有一句名言：认识你自己。从哲学意义上说，人的一辈子都在不断地认识自己。一个人是否能对自我有一个准确、客观的认知，关系到他是否能够与他人、与社会产生良好的沟通，关系到他是否能在社会的大坐标系中给自己一个准确的定位。我们常常能听到有人在特定的场合说出一些不合其身份的话，而他自己并不自知。这就是他对自己的认识发生了偏差。

对自我的认识要从小开始。宝宝在1岁半的时候就开始有了自我意识的萌芽。此后，他对自己的认识、评价，与父母对他的评价有很大关系。他会把父母对他的评价看作他对自己的认识和评价。所以，家长要特别注意自己的言行，既不要给予宝宝负面的评价，以免影响他建立自尊、自信，又不要让他毫无限制地随心所欲。这两者都可能导致宝宝自我认识的偏差。

1 自我意识的定义

自我意识是意识的一种形式，是指一个人意识到自己的外部行为和内心活动，并且能够恰当地评价和支配自己的活动、情感、态度和动作、行为，由此逐渐形成独立性、主动性、自尊心、自信心、自制力等性格特征。

2 自我意识对宝宝未来有什么意义

心理健康的人，具有较高心理素质的人，能根据自己及其与外界的相互作用，对自己有一个清楚而明确的认识（自我认识），并在此基础上形成强烈的自尊感（自我尊重），而且能根据内外环境的变化调整自己的行为（自我调控）。

从这个意义上说，一个人若想拥有一个健康的自我，在自我意识上必须能健康而顺利地发展。幼儿期是自我认识、自我尊重、自我调控这三个方面发展的关键期。因而，在幼儿阶段，有意识地对这三个方面进行培养，对儿童心理健康的维护、心理素质的提高，无疑具有极其重要的意义。

3 怎样培养宝宝的自我意识

通过游戏使孩子了解自我与客体

例如，通过认识"我和我家"、"我的身体和五官"活动，使孩子能说出自己的姓名、年龄、家庭成员等内容，再通过口令游戏、儿歌、美工粘贴等，使孩子充分感知自己身体的各部分功能及自己与他人的不同。引导孩子在游戏中交朋友、找朋友，与朋友共同完成作品或游戏，让孩子在认知自己的同时，也初步理解自己与他人的不同。通过"我的玩具"、"我的餐桌"等等，使孩子通过客体认知自己。

家长要正视孩子对社会性的感受能力

孩子每时每刻都在实际地体验着、认识着、行动着，只是还不能明确地用言语说出来。家长可以引导孩子把"我不开心"、"我生气了"、"我很高兴"等种种心情流露、表现出来，将自己的小照片放到相应的表情篮中。一方面引导孩子大胆地表达自己的情感、需求，另一方面，家长也可以借此了解孩子的心理，便于疏导。在引导孩子时，家长要将自己放在和孩子平等的位置，与孩子一同分享各种感情。

借助正面评价，帮助孩子获得积极的自我意识

儿童正处于自我意识萌发时期，他会通过他人对自己的表情、评价和态度，来了解和界定自己，形成相应的自我概念。由此可见，家长的评价对孩子自我概念的形成非常重要。所以，要给予孩子积极的、正面的评价，帮助他发展出良好的自我意识。

启蒙绘本怎么选

　　对某些家长而言，仿佛绘本教育中最重要的事，就是拿到一个正确的书单，上面清清楚楚地列出每一个年龄段相应的书目——就好像这件事情也有一个类似"三翻六坐八爬九立"的标准版本一样。其实，很多优秀的绘本是没有严格的年龄划分的。所以会有这样一种说法："绘本被称为世界上最美的图书，0~100岁都是适合阅读的群体。"那么，应该怎样为宝宝选择绘本呢？

1 挑选自己喜欢的书

　　当您站在琳琅满目的童书柜台前准备给宝宝选书的时候，脑海里会浮现出什么想法？大部分家长肯定会有这样一种困惑："1~4岁的孩子是不是就应该看适合1~4岁孩子读的书？"其实这个问题并不能这么简单地来理解，任何一种图书都没有特意对阅读者的年龄做出限制，不要以为孩子看不懂，其实他们的能力是非常强的，常常会超乎我们的想象，通过大人引导的态度、对图书内容的诠释以及当时的环境气氛，孩子会从中建立起对图书的感受和认知，所以，家长必须先选择自己有兴趣的书，将图书和日常的生活经验结合起来，然后产生一些新的想法，经过消化之后再讲给孩子听，如此一来，图书中的内容才显得既活泼又生动。

2 让孩子爱上阅读

亲子共读有利于帮助宝宝喜欢上阅读。如果家中有1～2岁的孩子，可以把孩子抱在胸前，一起面向童书，将书放在膝盖或地上，用孩子能够理解的语气来说故事，尤其可以借助声音和表情来引起孩子对书的兴趣，同时用手指头慢慢引导孩子的视线，切记手指移动的速度不要太快哦，否则孩子会眼花的。和3～4岁的孩子一起阅读时，可以让孩子坐在你的对面，彼此保留一些空间，以搭配肢体活动，这样就能一边读书，一边游戏。另外，童书的图最好大一点，文字不要太多，因为文字一多家长就容易照着字去读，文字少了，家长反而可以看图说话，自由发挥。

3 宝宝爱书的4大表现

书翻得破破烂烂：对书没必要过度保护，放得太高孩子拿不到的花，书对孩子的吸引力就会降低，所以请将书放到孩子可以拿到的地方，书被孩子翻得越破，说明这本书越得孩子喜欢。

喜欢啃书：年龄小的孩子需要满足口欲，所以可能发生啃书、吃书的情况，请不要太担心，只要平时做好书籍的清洁保养即可，不要过度斥责孩子，以免引起孩子的失落感。

专注聆听：家长在拿到童书之后，可以先说给自己听，再想想孩子会不会喜欢，讲故事给孩子听的时候，要随时注意孩子的神情，是专注地聆听、与你进行紧密互动，还是反应迟钝、漠不关心，若是孩子没有兴趣请马上停止，让孩子自己选择感兴趣的部分。

谈论同一话题：当孩子对某本书产生兴趣的时候，请马上和孩子一起进行阅读，亲子间谈论同一个话题时，代表你们已经在进行互动哦！

4 阅读不要偏食

"阅读就像饮食，一定要均衡。"这是严淑玲给广大父母的一条建议。过去我们的教育和阅读都太过"偏食"了，其实孩子的知识愈多元，他日后的适应力就愈强，阅读就是要让孩子找到自己感兴趣的东西，所以，家长不要给孩子的阅读设立某些限制，如果您希望孩子的未来有无限的可能性，那么请让孩子均衡阅读。

选择绘本的具体标准可以总结为"真善美趣"四位一体。黑田鹏信曾经说过："知识欲的目的是真；道德欲的目的是善；美欲的目的是美。真善美，即人间理想。"而对绘本的选择，除了需要贯彻对真善美的追求之外，针对儿童的特点还得增加一个"趣"字，作为跟前三者同等重要的第4个维度。也可以这样理解："真善美"主要指内容，"趣"主要指的是形式，只有用最有趣的方式呈现真善美的作品，才是最吸引孩子的绘本。当然了，趣也可以成为内容本身，只不过倘若为了趣味而趣味，境界始终有限。

5 买书前的2大准备工作

选购之前做足功课

可以通过网络搜集资料，查看网友的评论、听取专家的意见，选定大方向后，再到书店去现场选购，面对种类繁多的童书和销售人员的介绍，一定要有自己的主见。

多考虑孩子的需求

当前的童书版本众多，那是为了适应市场的需求。每个孩子的先天个性和气质都是不一样的，所以并不是所有的畅销书都适合您的孩子，一定要依据每个家庭的客观条件和孩子的心智发展来选择童书

6 选购童书3大重点

选择用心制作的童书

在购买之前一定要翻阅样书，确保对童书的品质有一个了解，尽量选择文字编辑、美术设计和装帧印刷都比较好的童书。

选择文笔通顺的童书

选择故事类的童书时，一定要多读一些书中的文字，看看语言表达是否流畅、逻辑上有没有冲突等，以免前言不搭后语。

检查书籍材质的坚固程度

孩子的年龄越小，破坏力就越强，对他们来说，书和玩具就是同一个概念，所以，在选书时可以多考虑硬壳书、塑料书、布书等，同时记得检查一下书籍的坚固程度。

安全感要早建立

当孩子经常处于父母言语不合或是肢体冲突的不安环境中时，孩子会有恐惧的猜测，爸爸妈妈是不是因为我不乖才吵架？他们是不是不爱我了？他们会不会离开我？由于孩子对大人们的争吵无能为力，因此只能躲在角落里暗自哭泣，或是独自生自己的闷气，后者会把这股怨气累积在心中，长大后心中将会有扭曲的价值观。因此，拥有一个安康快乐的生长环境，对孩子安全感的建立是至关重要的。

1 别当"假日父母"

现在有许多俗称的"假日父母"，即父母平常都将孩子托付给保姆或是长辈照顾，自己则因为工作应酬而很少陪伴孩子，甚至不接孩子回家，孩子难得与父母见上一面。而对于孩子来说，爸爸妈妈就像是玩伴一样重要。缺少了父母的陪伴，孩子将很难养成良好且规律的生活习惯，安全感自然也就无从建立或培养了。

2 允许孩子哭泣

有时一些小小的挫折就可能让孩子感到很委屈或孤立无援，比如生病、争宠，或是被隔壁小孩子抢走一颗糖果等，这时孩子哭泣只是想要吸引大人的注意力，来寻求一些安慰。不过有些父母却以训斥的方式不准孩子哭泣，薛兰香园长认为此举是不可取的，因为适当的哭泣对孩子来说是一种很好的宣泄方式，可以及时排除负面情绪，协助建立安全感。

3 别把应酬带回家

对于3岁以下的幼儿来说，家中的访客不宜过多或过于频繁。除了孩子可能会模仿大人一些不良习惯，例如打麻将、大声喧哗之外，同时也会因访客的到来而扰乱孩子平时规律的生活作息。对于学龄前的幼儿来说，除了公园或是书店之外，尽量不要带孩子去嘈杂的场所，因为外在环境有太多不可预知的突发状况，单纯而规律的生活环境及作息对孩子安全感的建立更为有利。

16~18个月
FROM 16 TO 18 MONTHS

 成长印记

16~18个月时宝宝的消化能力和自主进食能力明显增强，已能够完全脱离乳类食物而依靠普通食品。宝宝断奶以后要注意食物多样化和膳食平衡，多让宝宝自主进食，不仅可以增加宝宝的食欲，而且有助于提高宝宝的适应能力呢。

宝宝发育知多少

宝宝体格发育表（满540天时）

项目	男宝宝		女宝宝	
	正常范围	平均值	正常范围	平均值
体重	8.90~13.50千克	10.90千克	8.20~13.00千克	10.20千克
身长	77.2~87.3厘米	82.3厘米	75.2~86.2厘米	80.7厘米
头围	45.1~49.6厘米	47.3厘米	44.0~48.7厘米	46.3厘米
胸围	43.9~51.3厘米	47.6厘米	42.8~50.2厘米	46.5厘米

1 身体运动

粗大运动 可以独立扶着栏杆上下楼梯；能向前踢球。

变换身体的各种姿势，这个练习最好在空腹时进行，大人坐或躺在地板上，让宝宝爬上爬下，或把宝宝放在被子上，让宝宝转换各种姿势进行运动；把玩具放在椅子靠背的地方，让宝宝爬上椅子去拿，当宝宝爬上椅子时，再把玩具拿开，诱导宝宝翻身坐下。

继续练习行走，并让宝宝练习上下有一定斜度的坡道。

继续练习上台阶和楼梯，同时练习下台阶和楼梯。

平常可以多练习踢球，大人用手抓住宝宝膝关节或小腿，教宝宝踢的动作。动作熟练之后可以让宝宝靠墙，练习踢一些较轻的东西如易拉罐、空纸盒等，或者把气球或绒线球吊起来，让宝宝踢来踢去。然后可以把容易倒的玩具或物品放在前方，把球放在宝宝的足前，宝宝踢球时会把前方的东西碰倒，使宝宝感到有趣。

精细动作 能自主用积木搭四层塔；能自发地从小瓶中倒出小丸。

继续玩搭积木、插积塑的游戏，游戏过程中可适当增加花样，游戏结束时要求宝宝把玩具收拾整齐。

给宝宝看画册，尽量让宝宝自己一页一页地翻。大人可以和宝宝一起阅读，并且可以鼓励宝宝自己看图说故事。

继续让宝宝练习用手把糖丸一粒一粒地放入小瓶中，然后把糖丸倒出。

继续练习涂画，鼓励宝宝随意发挥，并注意训练宝宝握笔的姿势。

2 语言能力

能把两个字的词连起来说，如"放下"、"玩球"等。能说出熟悉事物的名称，如"帽子"、"袜子"等。

平时带宝宝多观察事物，向宝宝讲解日常事物的名称，还可以让宝宝聆听大自然发出的声音，如风声、流水声、鸟鸣声等。

和宝宝一起活动时尽量用语言来指示各个动作，如"起来"、"坐下"、"拿来"、"出去"、"上去"、"下去"、"喝下"、"放下"等，大人应该做好语言和动作的示范。

学习否定语句，例如"没有"、"不是"、"不要"、"不好"、"不去"、"不吃"等。拿两个杯子或碗，一个盛有饮料或食物，另一个空着，大人指着盛着东西的碗说"有"，空的则说"没有"。打开一个盛放球的玩具盒子，打开之前先问宝宝"里面是不是球呀"？随即打开盒子，显示里面的球，并且告诉宝宝"这是球"。然后打开另一个玩具盒子问"这是不是球呀"？不等宝宝回答就说"不是，原来是辆小汽车呀"。依此类推，反复强化，使宝宝记住。

继续为宝宝提供多种内容的画册，教宝宝指认上面的人物，理解部分故事情节。

认知能力

3 认知能力

18个月时宝宝知道身体的各个部分，对事物的记忆保持时间进一步增加。

继续玩藏东西的游戏，游戏中注意让宝宝理解事物之间的关系，如桌子的上面和下面，玩具的大和小，容器的里面和外面等。

结合日常活动，给宝宝讲解常见事物之间的联系，如容器可以盛东西。另外，还要教给宝宝将相同形状或颜色的物品放在一起，建立"类"的概念。

4 社会适应能力

18个月能主动把玩具给别人；能按照大人的要求做一定的事情；能脱掉外衣或短裤；对大小便有一定的控制能力，但有的还不懂得表示。

提供经常和小朋友一起玩的机会，多让宝宝和小朋友们接触。

经常呼唤宝宝的名字，在指示宝宝做活动前都要叫他的名字，而不要只是用"宝宝"、"乖乖"等统称来代替宝宝的名字，例如吃饭时要说"明明，再吃一口"，玩游戏时要说"强强，把球给我"等。

大人示范戴帽子、穿袜子、披外衣、脱外衣，然后在镜子前让宝宝自己做这些动作，观察宝宝穿衣的过程和效果。

培养晨起洗脸、睡前洗澡的习惯。

营养饮食细安排

给宝宝做点安全酸奶

如果有一点点时间，自己做酸奶是一件相当愉快的事情，而且也并不麻烦。最要紧的是，自己可以按照喜好和健康要求，制作出比超市出售的更称心如意的美味酸奶。

材料

酸奶机（保温器）、2袋250克袋装牛奶、1小盒新鲜酸奶或者干的菌粉

制作方法

1 把酸奶器里面带的塑料盒子拿出来，放1勺水，盖上盖子，在微波炉中高火转1分钟，用水蒸气给盒子充分消毒；

2 把牛奶放在60度热水（烫手，但拿开后不会觉得疼）里面温一下，把热好的牛奶剪开一个小口，消毒后的盒子也打开一个小口，把奶小心倒进盒子，或者直接倒入刷干净的酸奶器盒子里面，微波炉加热到略有点烫的温度；

3 找一个干净的勺子，可以再用沸水烫一下，舀出 2 勺酸奶加入盒子中搅匀，这就是菌种了；或者把菌粉倒进去，搅匀；

4 把盒子马上盖好，轻轻摇晃均匀，放入酸奶机中，接上电源；

5 保温 5~8 小时，看到酸奶基本上凝固，就马上拿出来，放进冷藏室里，过一夜或放几个小时就好了。可加入白糖、红糖、糖桂花、糖玫瑰、蜂蜜、果酱、果汁、水果块、糖姜汁、桂皮粉等调味，口味当然是随心所欲的！

说明

　　如果凝固太慢，假如不是温度不够，不是菌种放得太少，也不是牛奶太稀，那么可能是作为菌种的酸奶质量不好。当然，另一个很可能的原因是，牛奶中含有抗生素，抑制了乳酸菌的生长。

　　酸奶应当尽量使用外来的菌种，自制酸奶最多作为菌种使用一次。选择外来酸奶做菌种时，也要尽可能买刚出厂的产品，因为保存时间越长，乳酸菌活菌就越少，效果就越差。

　　自制酸奶在冰箱里可以放一周左右的时间。虽然乳清析出之后口感会变差一点，但不影响营养价值。变酸不会带来任何安全隐患，只是说明乳酸菌产生了更多的乳酸。但如果有酒味，或者有霉味，就不能再吃了，说明污染了杂菌。

自制酸奶，这些疑问先看看

1 可以不用酸奶机吗？

家庭制作酸奶最好用酸奶机。因为它可以提供稳定的温度，保证旺盛繁殖的一定是目标的乳酸菌，而不是其他的杂菌。酸奶机的温度是40～42℃，正好是制作酸奶所用的保加利亚乳杆菌和嗜热链球菌的最佳繁殖温度。多数致病菌的适合繁殖温度是20～37℃，它们不喜欢40℃以上的高温。如果温度差异较大，则有可能造成杂菌的繁殖增加，安全性下降。

2 用菌粉做种好还是用市售酸奶来做种好？

用菌粉或市售酸奶来做菌种均可。用菌粉时，加入的是冷冻干燥的菌种，它们在温暖环境中能够

"苏醒"过来发挥作用。用市售酸奶时，一定要注意买最新出厂的冷藏酸奶，因为随着储藏时间的延长和储藏温度的上升，其中活菌数会不断下降，影响制作酸奶时的效果。一定要注意，那些常温下销售的酸奶就不要用来做种了，因为它们不是经过杀菌无法提供活菌，就是活菌数已经严重下降，不能保证制作酸奶的安全性。

3 用市售酸奶来做酸奶的话，加多少量才合适呢？

一般来说，作为菌种的市售酸奶加入量在10%左右比较合适。比如说，发酵500克牛奶，用50克（小杯酸奶半杯）就可以了。这样的量，是为了让乳酸菌一开始就建立绝对的数量优势，能有足够的能力压制各种其他杂菌，即便是经验不足的人，也能保证酸奶制作成功。在工业生产中，因为操作比较规范，菌的活力比较强，菌种使用量占待发酵牛奶的1～2%就可以了。

4 做酸奶的时候，牛奶需要提前加热吗？

做酸奶之前，假如不是用刚从灭菌利乐包里倒出来的奶，最好把原料奶加热一下，加热到60～80度，不沸腾但是可以杀灭大部分细菌，然后再降到40多度（手摸着略有点烫，但不觉得烫得难受），然后再接种。做酸奶的盒子和加菌种的勺子等也要用沸水烫一下，或者在做酸奶的杯子、盒子里放一勺水，在微波炉里转一下，用热蒸汽杀掉上面沾染的微生物，尽量减少杂菌的污染机会。

5 可以用奶粉来自制酸奶吗？婴儿配方奶粉可以吗？

奶粉加上水，就是复原乳，可以用来做酸奶。前提是加水的量合适，大概一份无糖纯奶粉要加7份水，像普通牛奶那样加入菌种就可以发酵成功。只要用的是优质的奶粉，成品酸奶的质量并不逊色于普通新鲜牛奶做的产品。

需要注意的是，甜味奶粉中含有大量的白糖，稀释了蛋白质的含量，所以需要少加一些水，让蛋白质含量达到纯牛奶的水平，才能做出酸奶凝冻。一般来说1份甜奶粉加4～5倍水就行了，具体比例可以看产品的蛋白质含量来定。比如说，奶粉的蛋白质含量是18%，那么1份奶粉加上5倍水之后，蛋白质含量就是3%，正好和普通牛奶一样。

一段婴儿配方奶粉的蛋白质含量较普通牛奶低，乳糖含量却要高得多，如果按普通奶粉那样来加水，是无法做出合格酸奶的。所以，加水量要降低到给婴儿食用时的三分之一为好。由于乳糖含量非常高，所以做出来的酸奶会比较酸一些。而1岁以上较大宝宝的奶粉的蛋白质含量已经接近普通牛奶，因而可以用来做酸奶，略减少一点加水量就可以。

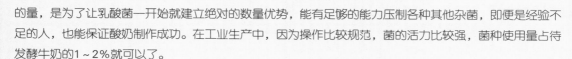

6 自己做的酸奶放两天就出水是怎么回事？这种黄色的水能喝吗？

酸奶发酵过度的时候，凝冻会发生收缩，容易出现黄色的水。在储藏过程中，也会出现凝冻不断收缩变形，黄色的水不断渗出的情况。这种黄色的水就是所谓的"乳清"，运动员用来增肌的乳清蛋白粉和配制婴儿奶粉用的乳清粉，就是从乳清里面提取出来的。它无毒无害，除了含有容易吸收的蛋白质，还富含钙和维生素B2。实际上，黄色就是因为富含维生素B2的缘故。所以，一定不要把这些黄色的水扔掉。

7 做一次酸奶喝不完，能存放多长时间？

自制酸奶最好及时放在冰箱中冷藏，如果一次吃不完，每次用干净勺子舀出来一部分吃，余下的仍然放在冰箱当中为好。建议保存时间不超过3天。随着保存时间的延长，凝冻会不断收缩，析出乳清，口感会慢慢变差。

其实，酸奶发酵过程中，凝固是有过程的。刚刚凝固的时候，酸奶的质地最为细腻，表面极为平整，用勺子舀起来吃时，质地比较黏稠。如果在凝固之后继续保温发酵，就会发现酸奶的表面出水，或者有小的凹陷，质地也变得不那么细腻，酸味过浓，活菌总数也会逐渐下降。所以，做酸奶的时候要注意多打开观察几次，只要凝固了就要及时取出来放入冰箱冷藏。冷藏一夜会让酸奶的香味变浓，这是因为微生物虽然在低温下停止产酸，却会产生香气物质，让酸奶比刚做好的时候更加美味。

维生素到底应该怎么补

1 宝宝最容易缺少哪种维生素？

婴儿最容易缺乏维生素D，这是因为日常食物所含的维生素D不多（一天不会超过100单位），与推荐量相差甚远。婴儿受阳光照射的机会也不多，无法合成足量的维生素D（每天400单位），因此极易缺乏，即使是母乳喂养，体内也会缺少。缺少维生素D以后，钙吸收不良，骨骼发育也会受到影响，可出现烦躁、夜惊、多汗、枕秃、骨骼畸形、动作发育迟缓等佝偻病症状，成人则表现为软骨病。因此，婴儿从出生后2周起就应该补充维生素D。

2 维生素需要天天补吗？每天要定时吃吗？

人体不能合成维生素，或者合成的数量很少，远远不能满足人体的需要，因此每天都要补充维生素，千万不能三天打鱼、两天晒网，否则仍有缺乏的可能性。在人体中，各种维生素都有其大小不等的"仓库"，摄入的维生素首先进入仓库中，以后根据各组织和器官新陈代谢的需要，从仓库中动员出来，所以只要天天吃就行，不必严格地定时。退一步讲，即使有短暂的几天忘记补充，只要"代谢池"中的维生素还没有用完，那么还不会出现维生素缺乏症。当然，维生素缺乏的时间不能太长。

3 平时应该大剂量补充维生素还是小剂量均衡性地补充？

如果确诊为某种维生素缺乏症，如夜盲症、脚气病、坏血病、癞皮病，则应针对性地给予较大剂量的维生素A、维生素B1、维生素C、维生素P。但在实际工作中，我们发现绝大多数小儿都表现为症状模糊、诊断起来很困难、治疗起来少依据的轻度缺乏。对此，一般主张采用小剂量均衡性的补充方法，这样既不会补充过量造成中毒，也不会漏掉某种维生素使之仍然缺乏，这是一种比较安全且有效的方法。

4 多元维生素和蔬菜和水果一起吃，会不会过量呢？

多元维生素制剂所含的各种维生素量，一般只是每天的推荐量，也就是刚刚能够达到每天需要的数量，相当于得了60分，勉强及格。而允许的最高摄入量（也就是安全范围）则是推荐量的数倍到十几倍，两者之间有很大的空间。因此吃了多元维生素补充剂再吃日常膳食，完全不必担心过量的问题。

5 市场上多元维生素制剂的种类很多，怎样合理选择呢？

目前市场上多元维生素制剂琳琅满目，令人目不暇接，其中难免鱼龙混杂、泥沙俱下，更有些假冒伪劣产品混迹其中，坑害消费者。所以，我们首先要选择名牌厂家的产品，千万不能贪图价格低廉而去购买不知名小厂的产品，否则一旦发现质量问题，会导致投诉无门。其次，非处方药的生产工艺、原料品质、产品要求、临床效果都比保健品严格很多，所以一般说来应该选用非处方药。有人认为"是药三分毒，保健品要安全得多"，实际上这是一种陈腐的观念，应予摒弃。由于补充维生素是一个长期的过程，所以应该事先做一些性能和价格的比较，并不是价格越高品质就一定越好。

健康零食聪明吃

五颜六色的点心与小零食，对宝宝可说是充满诱惑，父母更是对嗜吃零食的宝宝伤透脑筋。市面上的零食点心那么多，究竟该怎么选才好？有哪些方法可以防止宝宝只吃零食不吃正餐？又该如何对付爱吃零食的宝宝？

1 零食隐藏的5种危险

高热量： 虽然处于成长阶段的幼儿需要足够的热量，以应付每日消耗的体力，不过零食中的高热量却容易阻碍孩子摄取正餐的营养，增加每天热量摄取的负担，吃多了不但会造成营养失调，增加日后成为胖小子的可能性，还会增加日后罹患糖尿病、血脂肪过高、心血管疾病及脑中风的几率。因此，即使热量对幼儿很重要，但仍应该有限度地摄取。

高钠： 钠含量过高会造成肾脏的负担，尤其在幼儿时期，器官成熟度尚不足，不能消化分解足够的钠。摄盐多过会影响血压与体内的循环功能，长此以往必然对健康造成危害。

人工色素、防腐剂、调味品等添加物： 为了让零食的色泽鲜艳、味道可口，通常都会使用人工色素。人工色素会使幼儿智力下降，不适合3岁以下的幼儿过量食用。

高油脂： 适当的脂肪量对身体健康有帮助，但油脂量若过高，就容易转换成体内的脂肪，造成肥胖问题。许多零食含有"反式脂肪酸"，更是健康上的一大危害，在选择零食时，千万别忽略了它的影响。

高糖： 除了肥胖问题外，糖分更是幼儿牙齿健康的杀手，尤其是含糖饮料会降低口腔内牙菌斑的酸碱值，增加幼儿蛀牙的机会。许多父母误以为乳齿会替换，所以幼儿蛀牙无所谓。但经过医学证明，牙龈的健康和永久齿的生长都与乳牙有密不可分的关系，家长不可不注意。

2 选择零食3个重点

认清营养标示	爸妈帮幼儿选择点心零食时，一定要先学习认识食品营养标志，利用标示了解所选购的食品内含量及营养成分，从而得知食物的特性是属于高脂还是低脂。选择时，脂肪的比例不宜过高，脂肪与糖分一旦过高，热量一定会相对提升，每一份的总热量不要超过100大卡。
不选深加工食品	专家强调，种不出来或养不出来的，尽量少吃！只要是深加工食品，就会有添加物，就会对健康有一定的危害，建议父母不要让孩子多吃。例如薯条、香肠、汉堡等加工食品，不可能经由种植所得，就不宜过量食用。最好要以天然的食物或者浅加工食品为主，如水果、酸奶等为优先考虑品种。
不选淀粉、主食类或油炸类	面包、蛋糕、汉堡等淀粉类食物，会占去正餐主食的很大一部分热量，尽量不要选择它们作为零食。应该多选择一些富含纤维及均衡营养素的食物，如牛奶、麦片、新鲜水果、富含青菜的三明治等，既营养又可预防肥胖及便秘。

3 吃零食，和宝宝来几个约定

时间的限制： 在不影响正餐的情况下，可以适时补充能填充肚子的健康零食，因此建议吃零食点心的时间最好选在正餐前1～2小时，以免影响正餐的食量。

分量的限制： 每种食物都有其营养成分，一旦过量除了会造成营养失衡外，还会增加肠胃的负担，分量的多寡绝对会影响孩子的健康状况。宝宝在3岁前，每份零食的热量最好控制在100大卡内，才不会超出1天所需的总热量。

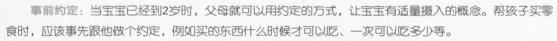

控制环境： 父母要先控制饮食环境，不要让宝宝终日处在充满有害健康的零食中。也就是说，家里不要囤积零食，更不能在孩子哭闹时拿零食当安慰剂，否则就会让他有"哭闹后就会有糖吃"的不当联想。

事前约定： 当宝宝已经到2岁时，父母就可以用约定的方式，让宝宝有适量摄入的概念。帮孩子买零食时，应该事先跟他做个约定，例如买的东西什么时候才可以吃、一次可以吃多少等。

学会分享： 建立宝宝分享的概念，培养孩子的饮食礼貌。当要给他吃东西时，先让他问问身边长辈"要不要吃"。其次也应分享给同伴，一来可以学会理解，二来也能把零食数量分散，不会一次吃得过量。

妈妈厨房

营养指导

此时期是幼儿从断奶到普通膳食的过渡阶段。由于孩子的活动范围扩大，运动量加大，因而体内所需的能量、各种营养素也增多。但此时幼儿的消化系统还未发育成熟，消化能力较弱，因此1岁半前的幼儿仍应以每日三餐两点为宜，1岁半以后可变为每日三餐一点。

这一时期在食物制作上，仍应强调碎、软、新鲜。避免食用有刺激性、过油腻、过硬、过粗、过大的食物。尽量少吃凉拌、油炸、黏性、过甜、过咸以及含铅含铝的食物。

坚持每日给孩子喝牛奶或其他乳类食品，豆浆可与牛奶交替食用。此时正值宝宝长牙期，钙质摄取是否充足尤为重要。所以可以给宝宝吃奶酪、豆腐、小鱼干、绿色蔬菜等，以补充钙质。

推荐食谱

【西红柿荷包蛋】

材料: 鸡蛋2个,西红柿25克,菠菜10克

做法:

1. 将西红柿洗净,去皮去籽切成小块。菠菜洗净,切成2厘米的段。
2. 坐锅,加适量水烧开,磕入鸡蛋,煮熟即成荷包蛋。
3. 另取一净锅,放入花生油烧热,下葱丝、姜丝炝锅,再加入西红柿块,煸炒一会将煮熟的荷包蛋及水一起倒入,加入精盐、白糖、菠菜段。开锅后,用水淀粉勾芡即成。

营养小叮咛

鸡蛋要往开水锅内磕,凉水下锅易将鸡蛋煮碎。

【茄汁炒饭】

材料: 米饭小半碗,鸡蛋1个,各色蔬菜适量,绞碎猪肉少许,番茄酱1大勺

做法:

1. 起油锅,将鸡蛋和蔬菜略炒。
2. 依次加入碎猪肉和米饭拌炒。
3. 出锅前加入番茄酱拌匀即可。

营养小叮咛

用番茄酱炒过的米饭呈红红的颜色,用餐时再搭配绿色蔬菜,可促进孩子的食欲。由于番茄酱本身含有盐分,所以不要再加过多的调味品。

【玉米粥】

材料： 玉米、芸豆适量，大米3大匙

做法：
把玉米和芸豆泡2~3个小时后，再放入锅内煮上1~2个小时，煮到黏稠为止。

营养小叮咛

这道粥可以充分补充粗粮中的维生素，很受宝宝喜爱。

【缤纷水果饭团】

材料： 糯米20克，猕猴桃、水蜜桃、西红柿各40克，做法：

1. 猕猴桃、水蜜桃、西红柿切成小块备用。
2. 将（1）中材料拌于米饭中，可做成外形、色彩各异的饭团。

营养小叮咛

水果含有丰富的维生素C，可使宝宝皮肤水嫩、牙齿健康又白皙。

【蔬菜饼】

材料： 白菜、胡萝卜、豌豆适量，面粉1杯，鸡蛋1个

做法：

1. 将面粉、鸡蛋、水和成面糊。
2. 白菜、胡萝卜切丝，与豌豆一起放入水中氽烫。沥干水分后，放入面糊中。
3. 取适量面糊煎成两面金黄色，即可食用。

营养小叮咛

　　蔬菜饼含有丰富的纤维质和蛋白质，无论当点心还是正餐都很合适。

【四色沙拉】

材料： 马铃薯1个，红萝卜、黄瓜适量，鸡蛋1个，沙拉酱2勺

做法：

1. 将马铃薯、胡萝卜、黄瓜切丁，煮熟后沥干水分。
2. 鸡蛋煮熟后去壳切丁。
3. 将沙拉酱与上述所有材料拌匀即可食用。

营养小叮咛

　　对不爱吃胡萝卜的孩子，妈妈可采用这种将食物混和的方法，达到摄取胡萝卜素的目的。

预防龋齿从乳牙开始

传统观念认为，反正宝宝迟早都会换牙，所以乳牙并不需要特别照护。但是，很早就发生蛀牙的宝宝，表示其口腔卫生习惯不好，所以，当恒牙在充满细菌的环境中成长时，自然也更容易蛀牙。另外，蛀牙问题会影响宝宝的食欲和营养摄取，太早蛀牙也使得宝宝必须忍受牙科检查、经历难受的牙齿治疗，有可能造成日后更恐惧做牙齿检查。所以，千万不要掉以轻心，从小就要培养宝宝养成良好的口腔卫生习惯。

长牙前：漱口、纱布并用

想让宝宝拥有一口好牙，口腔的清洁工作非常重要。在长牙时，牙齿一旦钻出，牙床上就有了伤口，如果又有食物残渣停留在伤口上，将会让发炎情况更加严重。因此，父母一定要格外注重宝宝的牙齿保健。

在宝宝6个月大、尚未长牙之前，家长可以使用漱口的方式清洁。如果想再清洁得更仔细一点，则可把小纱布或小毛巾套在食指上，伸入宝宝的嘴巴，清洁整个口腔。现在市面上也有套在大人手指上的指套型乳牙刷，能让洁牙工作更方便。

长牙后：软毛小牙刷轻轻刷

等到宝宝开始长牙，除了延用长牙前的清洁方式外，也可以使用宝宝专用的软毛牙刷。不过家长要注意，使用牙刷时力道一定要轻，因为即便刷毛再软，一旦用力过度，也会让宝宝的牙肉不舒服。所以，在施力方面要特别留意。

那么，宝宝刷牙需不需要使用牙膏呢？如果宝宝太小，最好先不要使用牙膏，用牙刷蘸清水轻刷即可。因为牙膏的成分中多少含有氟或香料等化学物质，虽然对清洁工作有加分的作用，但是万一宝宝不慎把牙膏吞进肚里，反而不好。等到宝宝大一点，能够理解"不要吞下去"的意思时，再让他使用牙膏较好。

Tips 怎么判断牙齿刷干净了？

一般而言，宝宝的各颗牙齿之间缝隙较大，不会藏污纳垢，不过为了保持牙齿健康，最好在刷完牙之后，再帮他使用牙线清洁齿缝。至于牙齿咬合面的部分，由于沟纹不容易用纱布或毛巾擦拭，就需要用小牙刷清洁了。宝宝的洁牙动作，必须来回清洁5－6次。

帮宝宝刷完牙后，可以用小纱布或小毛巾擦拭一下他的牙齿，确认牙齿表面上没有白白、软软的附着物即可。如果还能擦出黄黄的牙垢，则表示还没有彻底清洁干净。

适合宝宝的牙齿护理小工具

包括纱布巾、儿童软毛牙刷、牙线、儿童漱口水等。不建议给婴幼儿使用电动牙刷。

儿童牙刷刷毛的数量不要超过3排、每排刷毛的数量不要超过6束。刷毛太多、太硬都会造成宝宝不舒服，导致他不喜欢刷牙。如果宝宝容易感到恶心，可以选择刷毛更少、更小的牙刷。牙刷使用后要保持干燥，避免因潮湿而滋生细菌。

牙膏的量大约是一颗豌豆大小即可，应该涂匀在刷毛上。请注意，在宝宝还不会吐出泡泡之前（3岁以前），应该避免使用含氟牙膏。

小乳牙的清洁

1 每次清洁2颗牙齿

未长牙之前：用纱布巾蘸温开水擦拭。

只有门牙时：用纱布巾蘸少量儿童漱口水擦拭。

长出乳臼齿和犬齿时：用儿童软毛牙刷蘸少量儿童漱口水，帮宝宝刷牙。

用牙刷刷牙：每次清洁2～3颗牙齿，刷毛以横向方式，两颗牙前后来回刷5～10次。也可让刷毛与牙齿呈45°角朝向牙龈，再往牙面直刷。

使用牙刷时，一次清洁2颗牙齿。以上下振动及左右振动方式清洁。

2 改变喂养方式

喂养方式是造成宝宝很早就蛀牙的原因之一。所以，除了清洁牙齿的次数要足够之外，改变喂养方式也是预防蛀牙的好方法。

不要让宝宝含着奶瓶入睡，可降低龋齿的发生几率。

尽早戒掉宝宝的夜奶，以免牙齿长时间泡在奶垢里造成蛀牙。

减少摄取含糖饮食，例如选择不含蔗糖的奶粉、不能只喝果汁不喝水、少吃容易黏牙的糖果饼干。

3 尽早习惯使用牙线

宝宝的牙缝也需要注意清洁，可以使用牙线，而不是牙线棒。将牙线拉出约45厘米（约大人手掌到手肘的长度），将牙线两端用食指固定，放入宝宝牙缝中。请注意，每清洁一个新部位时，应使用一段新的牙线，以免附着在牙线上的牙菌斑把其他牙齿弄脏。

将牙线弯曲，想象着擦拭皮鞋的方式，上下刮动，将牙缝两侧刮干净。

将牙线拉直，感觉像在锯木头，前后移动牙线来清洁牙缝。

4 睡前一定要刷牙

照护者的口腔卫生习惯以及喂养宝宝的方式，都是影响宝宝牙齿健康的关键。在临床门诊中发现，很早就满口蛀牙的宝宝，其主要照顾者也常是满口蛀牙，这是因为大人都不注意自己的口腔卫生，当然也不会注意宝宝的口腔卫生。

那么，究竟每天要刷几次牙才算足够？一般来说，每天至少要清洁口腔2～3次，特别是宝宝喝完奶准备午睡或晚上就寝之前，一定要刷牙，不要让奶垢或食物残渣长时间停留在口腔内。

5 别等牙齿疼痛才检查

当宝宝上下颚各长出4颗牙时，就可以带宝宝去看牙医。第一次看牙医时，医生会详细地检查咨询，例如检查宝宝有没有幼儿早期性龋齿、颜面与牙齿咬合发育是否良好、有没有不良的口腔习惯（如吸手指和吸奶嘴）、会不会影响牙齿萌发等。

此外，医生也会教导父母帮宝宝清洁口腔的技巧。所以，建议在宝宝满1周岁之后，或上下颚各长出4颗牙之后，就应该做第一次牙齿检查，并且应该每隔2～3个月检查一次。千万不要等到蛀牙已经发生，甚至出现影响食欲及生活等非得处理不可的情况，才带宝宝看牙医。

Tips 注意摔断乳牙的处理

小宝宝总是喜欢爬高爬低，一旦不慎摔断了乳牙，怎么办？是否需要处理，要看牙齿断裂的程度而定，建议请专业医师协助评估。假如摔断部位深及牙龈、伤及神经，则需要做根管治疗。如果摔断后的牙齿有尖角，可能造成宝宝弄伤自己的嘴唇，则需要将尖端磨平。如果牙齿只是有些轻微摇晃，则可让其自然复原，不必处理。

母乳奶睡不会造成龋齿

很多妈妈为了保护宝宝的牙齿而选择断母乳夜奶。龋齿真的跟母乳奶睡有必然联系吗？真的严重到需要断母乳的地步？科学家对500~1000年前人类头骨（那时候都是母乳喂养的，而且母乳喂养时间长）研究后得出结论，母乳喂养不引起蛀牙。

1 造成蛀牙的2大因素

首先要解释的是，造成蛀牙要有两大关键因素，一是牙齿周围要有糖，二是要有变形链球菌来分解这些糖产生酸，从而导致蛀牙。此外，遗传也是一个很重要的因素。

2 配方奶比母乳更易引起蛀牙

相比奶粉喂养的宝宝来说，母乳喂养时，宝宝把妈妈的乳头含得比较深，而且必须用力吸吮才有乳

汁进入口腔后部，因此残留在牙齿间的乳汁较少。而奶粉喂养使用的是奶瓶，由于含乳浅，甚至宝宝不吸也会有奶流出来，因此留在宝宝牙齿间的配方奶不但多，加上配方奶中含糖量较高，更容易蛀牙。

3 为防蛀牙断母乳，得不偿失

可惜的是，很多牙医，即使是国外的，也并非知道这样的道理（想想看，即使儿科医生也很少有母乳喂养知识），如果得知母乳妈妈还在夜间哺乳，那么通常会建议妈妈断母乳夜奶。牙医往往只看到暂时的问题，却让妈妈放弃一个长期的益处。这是很可惜的。

4 给妈妈们的护齿建议

坚持母乳喂养，适时适当地添加辅食。

宝宝1岁后，最好每隔半年做一次常规牙齿清洁保护。

宝宝添加辅食后，吃完晚饭要清洁牙齿，这样睡前宝宝喝着奶睡着也可以，第二天早上起来再清洁牙齿。

添加辅食后，大人不要嘴对嘴喂，也不要自己先吃一口试试温度，再把勺子塞给孩子。因为唾液里有细菌，会将蛀牙传染给宝宝。

少给孩子喝市售的果汁、含糖高的酸奶或者吃糖果。尤其不要让孩子带着的杯子或者奶瓶里放着果汁等含糖饮料，随时随地地喝。这样造成蛀牙的风险是很大的。

请牢记，母乳喂养不是造成蛀牙的元凶。不要因为有了蛀牙就断母乳夜奶。孩子的生活里有着很多造成蛀牙的因素，千万不要责怪母乳。

宝宝有口臭，怎么破

宝宝张口大笑的模样真是超可爱，但是，怎么有股怪味扑鼻而来？真奇怪，宝宝只喝牛奶，最多添加一点辅食，怎么也会出现口臭的症状？其实，口气的发生与年龄无关，况且引起口中异味的原因众多，通常都是因为清洁不当，或是口中的食物及细菌所引起。

当宝宝出现口臭时，一定要先追查原因，以确认是因为其他部位不适所引起的异味，还是单纯因为口腔问题所引起。如果确定是其他部位所引起的口腔异味，那么先治疗该部位的疾病，待其改善后，再确认口腔是否仍有异味。如果确认口腔异味是单纯的口腔问题所引起，一般建议先为宝宝加强口腔清洁，再根据持续的追踪观察来灵活处理。

1 彻底清洁

每次喝完奶之后，都要用纱布为宝宝进行口腔清洁，或是喝完奶后赶紧让宝宝喝水，减少蛋白质在口中停留的时间。每天最好清洁口腔2~3次，以饭后睡前清洁为主，有口臭者更要努力清洁。晚上睡觉前，也务必用牙线将牙缝中的食物残渣彻底清除。

2 舌苔不可忽略

舌头上有许多突起，当其发炎或感染时，常常会有舌苔形成，而食物残渣及细菌也会堆积在其中，产生臭味。可用软毛牙刷轻轻刷过舌苔，并且经常漱口、多喝水。

3 建立良好饮食习惯

肠胃道功能也会间接影响口腔的味道，因此，必须留意餐具及食物的清洁，让宝宝建立良好的饮食习惯。

4 从父母做起

虽然婴幼儿接触的食物种类不多，但有时父母会先行咀嚼或用嘴巴撕裂食物，然后再喂给宝宝吃，可能由此将口中的细菌传染给宝宝。因此，父母应确保自己的口腔清洁。口香糖中常见的木糖醇成分不会被蛀牙细菌所利用，并可避免细菌附着在牙齿上，当外出不方便洁牙时，可多利用口香糖来减少口中的细菌。

5 定期看牙不能少

一定要养成定期看牙的习惯，因为蛀牙初期并不会有明显症状，等到能够察觉症状时，往往已经是相当严重的时候。因此，从宝宝开始长牙后，就要养成固定看牙医的习惯，以确保口腔健康。

满足宝宝的好奇心

从一出生开始，宝宝就具备了旺盛的好奇心。随着环境的改变和年龄的增长，宝宝的好奇心也与日俱增。好奇心能帮助宝宝拥有主动学习的动机，但很多家长在不经意间就将宝宝的创意表现抹杀在萌芽状态。其实，在我们的日常生活中，有许多方式都可以建立并满足宝宝旺盛的好奇心，就看父母如何善加利用了。

1 亲子共同学习

在成长的过程中，宝宝难免会遇到许多状况和问题。家长总是为宝宝做得太多，急切地想给宝宝正确的解答，却忘记了很重要的一点，那就是宝宝也需要从中学习思考和判断，也需要培养自己解决问题的能力。给宝宝一个独立思考的空间，是培养好奇心的最佳方式。

当宝宝兴致勃勃地开始提问时，请先别着急告诉宝宝答案。父母可以扮演记者的角色来采访宝宝："你觉得为什么会这样呢？""你有什么看法呢？"多为宝宝制造思考的机会，让他试着自己解决问题，并从中学习如何与他人达成共识。

就算家长已经知道正确答案，也可以先和宝宝"装傻"一下，抱持着共同学习的态度告诉宝宝："妈妈也不知道为什么，不如我们一起看看书，来寻找答案好吗？"通过这些对话沟通的方式，让宝宝拥有独立思考的空间，对于亲子关系的发展也有很大帮助。

2 游戏学习法

有着"德国幼儿教育之父"的福禄贝尔认为，宝宝是通过游戏认识这个世界的。通过游戏的过程，宝宝可以培养敏锐的观察力。举例来说，在洗澡的时候，只要通过一些简单的洗澡玩具，就能教导宝宝认识浮与沉的概念。

另外，生活中还有很多良好的游戏设施可以作为学习工具。比如公园里的翘翘板，能够让宝宝体会如何在游戏中与人合作。在排队等待玩溜滑梯时，可从中了解遵守游戏规则和秩序的重要性。在宝宝逐渐社会化的过程中，游戏对于经验累积起到非常重要的作用。正是通过这些游戏经验，宝宝才懂得如何面对人群，并勇于尝试解决问题。

3 观察与模仿

对于2岁以下的宝宝来说，虽然还没有很清晰的"朋友"概念，但却会互相学习和模仿别人的游戏行为。他们会通过观察，用眼睛仔细看、用耳朵仔细听，然后跟着其他人开始唱歌、跳舞和律动，并且还会纠正自己的错误行为，尽量做到与他人动作一致。就算观察的对象年龄和自己并不相仿，宝宝也会根据个人的能力来调整步调，做出适当的取舍。可以说，通过好奇心所引发的观察和模仿，就是宝宝学习的最佳动力。

4 营造刺激性学习环境

宝宝的感官能力需要有刺激性的媒介来帮助发展，如视觉、听觉、触觉、嗅觉等。在具备充足刺激的环境中生活，宝宝才有机会见识各种各样的事物，并引起他的好奇心。所谓有刺激的环境，必须具备2项条件，即"多样化的内容"和"开放性的空间"。家长可以常带宝宝到商场、电影院、公园或郊外各种公共场所，以有效刺激宝宝的感官和肢体，增加他探索和认识外界的机会。

5 适时提出建议

在宝宝的成长过程中，家长自己也要培养良好的观察力，以便随时了解宝宝究竟有什么样的需求，并对宝宝解决问题的能力有一个持续、准确的把握。在不危及宝宝安全的前提下，家长不要过分干涉宝宝的思考和决策过程。在宝宝面临问题时，应尽量避免给予负面、主观的说词，例如："你怎么这么笨？""上次不是已经教过你了吗？怎么这次还不会！"而应该试着将指导者的立场转化为辅导者，站在客观的角度上给宝宝提出建议："你要不要用这个方法试试看？"这样不但可以给宝宝一个正确的方向，也能让他感受到父母对自己的尊重。

6 正面的回答

应以正面、积极、温暖的方式来回答宝宝的问题。以死亡为例，应避免以避重就轻的方式去回答宝宝，例如"爷爷去了很远的地方"或"奶奶永远地睡着了"等。尤其不要让宝宝把睡眠和死亡连结起来，

这样更容易加深宝宝在夜晚入睡前的恐惧感。不要认为宝宝的年纪还小，不要认为他一定听不懂，只要我们耐心向宝宝做详细的解释就可以了，不要让其他不必要的内容来混淆答案。

7 大人的语言

应尽量避免使用"儿语"和宝宝交谈，例如把"睡觉"称为"觉觉"、性器官叫作"小鸡鸡"等。这样的口语模式会影响宝宝日后的语言发展，对其他方面的认知也没有正面帮助。

用左手还是用右手

在多数人以右手为惯用手的社会中，习惯用左手的人常常成为倍受关注的人群。很多人都说左撇子更聪明，也有人认为左撇子应该得到改正。但是到目前为止，所有的科学研究都显示，无论习惯用左手还是右手，人的发展都没有优劣之分。因此，只要尊重孩子与生俱来的能力，让他顺势发展即可。最重要的是，千万别强迫孩子用哪只手。

1 用左手更聪明？

人的大脑左半球支配右半身的活动，具有处理语言、抽象思维、逻辑推理、数字运算及分析等功能；而右半球支配左半身的活动，是处理总体形象、空间概念、鉴别几何图形、识别记忆音乐旋律和进行模仿的中枢。一般情况下，左脑抽象思维功能较发达，右脑形象思维功能较发达。

通常习惯用右手的人，大脑左半球的功能比较发达，右半球功能的开发利用较少；而左撇子的右脑得到充分的开发利用，这就能极大地提高其整个大脑的工作效率。所以，左撇子现象给我们的启示就是，如果幼儿左半身活动频繁，就会促使右脑发达，从而使左右脑的功能都得到更充分的开发利用。因此，如果您希望有意识地训练孩子使用左手和左脚，可采取以下方法训练：

一是夹积木。要求孩子用左手拿筷子把积木图案摆出来；二是拍皮球。要求孩子在拍皮球时双手交替进行；三是捡火柴。要求孩子把火柴一根一根摆进火柴盒内，只能用左手，不准用右手；四是跳皮筋。要求孩子用左脚跳，不可用右脚跳。

Tips 别把左手当神手

虽然说多用左手有一定的好处，但是在全面性的智力测验中，就惯用手为左手和惯用手为右手的孩子的测试成绩来看，却并没有显著的差异。由此可见，无论惯用左手还是右手，都只与人的大脑特质有关，而和聪明才智、发展快慢的关系则不是很大。可以说，多用左手、多用右手或双手并用的孩子，在认知发展上并无差异。当然，能够左右开弓的孩子在生活上的确更方便一些，平时可以创造机会让孩子的双手都得到充分使用，但是如果孩子不喜欢这样做，那就不要强迫他，因为太过强硬的引导也可能造成不良影响。

2 别强迫孩子改右手

无论从生理学还是从心理学的角度来看，左撇子都不宜遭到强行纠正。

生理影响：口吃、动作不灵活

从生理上说，左撇子不是病，完全是一种正常的发育情况。左撇子宝宝本来习惯使用右脑的语言区说话，如果被强迫改为使用右手，那么宝宝已经建立的大脑优势半球将从右侧改为左侧，常会造成原有的语言中枢混乱，最常见的症状是出现口吃，还有些孩子会出现唱歌跑调、发音不准。

在肢体动作上也是同样的道理，被强迫改用右手后，容易使得惯用的左手失去原有的灵活度，而后来被强迫使用的右手也难以灵活运用，导致宝宝在动作的操作上都变得十分吃力。

心理影响：影响智力和人格发展

"本来用左手正得劲儿，右手不太听使唤，既写不好字，也拿不好筷子，为什么偏偏不能用左手呢？"如果被强迫改用右手，左撇子宝宝肯定会冒出这种疑问，虽然家长能够理解孩子，但往往难以给小孩子一个合适的解释。

责骂是强行纠正左撇子最常见的方法，严重的还有捆绑体罚。因此，左撇子宝宝总是在担心："又要挨打挨骂了。"久而久之，他们对使用左手似乎有一种罪恶感，就像做了什么坏事一样，在这种情绪下，右手的训练效果也不可能好。

如果这种情形一直恶化下去，宝宝的挫折感、罪恶感、自卑感等都会与日俱增，因为有关外界对用手倾向的挑剔和指责，宝宝不仅感到不可理解，而且感到缺乏自信，这样势必影响心理健康，对宝宝的人格和智能健康发展都十分不利。

对于强迫左撇子改用右手这种现象，美国哈佛医学院做过一项试验和调查，强迫孩子改用右手的成功率仅为5%，其余95%的孩子都失败了，而且在心理上产生了阴影，足足影响他们的一生。

当宝宝大喊"我自己来"

有一天，宝宝开始说："我！"

有一天，宝宝开始说："我要！"

有一天，宝宝开始说："我自己来！"

……

这一天，宝宝的自我意识已经出现了，作为家长，我们该做些什么呢？

1 原来这不是"捣乱"

朵朵的故事	朵朵 8 个月了，可以抓握身边的小物件。无论是吃饭时的餐具、食物，还是平时身边的玩具，她都喜欢抓过来。而且还会把抓来的东西扔出去，然后再"咿咿呀呀"地让妈妈捡回，之后再扔，并且乐此不疲。反复抓扔东西让妈妈感到无可奈何，感叹这么小的孩子就开始"捣乱"了。其实，朵朵抓东西、扔东西并不是要存心和妈妈"捣乱"，这正是符合宝宝身心发展规律的自发性游戏。
聪聪的故事	聪聪快到 1 岁的时候，就不再满足于爬，而开始尝试走路了。最开始需要父母帮助把握平衡才能走，慢慢地他可以自己扶着东西走，而到了 1 岁半左右就可以很好地自己走了。就在爸爸妈妈为他感到高兴的时候，烦恼也跟着来了：原先听话的聪聪，一个不留神就不知道跑到哪里去了，总让家人感到担惊受怕。 其实，独立行走是宝宝发展的一个重要里程碑，使得宝宝从被动移动身体转为主动，行动具有了相当的主动性，明显地扩大了认知范围，也增加了与人交往的可能。聪聪四处走动，正是他自主探索世界的表现。

由上面两个例子，我们可以发现，儿童自我意识的发展是和动作发展分不开的。发展心理学理论认为，动作能力的发展是宝宝能够自主的前提。因为伴随着动作的发展，宝宝探究环境的能力在不断更新。宝宝从只能躺着看物体，到坐起平视观察物体，再到爬行和站立行走时能够多方位审视物体。

Tips 正是动作的发展，令宝宝越来越能掌握探究环境的主动权。通过手的抓握技能的发展，使其操作物体的主动性日益增加；通过爬行和独立行走，使其能够主动地接近和探索自己感兴趣的事物。这些都为发展个体活动和自主性提供了必要条件。

现在我们更加明白，原来这些都是宝宝自我意识开始萌发的表现。婴儿在8个月前还没有萌发自我意识，会认为自己和世界都是一体的。到了1岁左右，婴儿开始有了主体我的认知，可以把自己与他人分开。前面提到的宝宝热衷扔玩具，让家人捡起，再扔，再捡，就说明宝宝已经可以把自己和他人区分开了。而在2岁前后，宝宝逐渐有了客体我的自我认知，并开始产生实现自我价值感和自我意志的愿望，于是便有了"我"、"我要"、"我自己来"。

2 你的应对方式OK吗？

在宝宝自我意识发展过程中，家庭教育容易出现以下两种不良应对方式：

过度保护与过度限制

目前独生子女越来越多，往往导致父母对孩子过度珍爱，这就产生了过度保护和过度限制的情况。例如为了安全，宝宝醒着的时候经常被抱在怀里，很少给其提供坐、爬、站立、行走的机会；为了避免宝宝吃一身，通常都是家长在喂饭，不让其练习自己吃饭；为了节省时间，也不会让其自己穿衣服。这种过度保护和过度限制实际上剥夺了孩子主动探索和认识外部世界的机会，会阻碍其自我意识的发展。

父母应了解宝宝心理发展的特点，不要压抑其独立性活动意向，要解放宝宝的手脚，让宝宝做一些力所能及的事，鼓励宝宝的探索精神，培养宝宝的独立自主性，为其成长打好基础。

烦躁或者忽视宝宝

当宝宝出现了最初的自我概念，以第一人称"我"称呼自己，开始说"给我"、"我要"、"我会"、"我自己来"时，有些家长会觉得本来很听话的孩子，怎么突然这么不听话呢，会给宝宝很不耐烦的回应，勉强应付其需求。甚至有的家长会觉得宝宝提出这样的要求很麻烦，干脆不予理会。

当宝宝独立活动的要求不能得到满足时，会出现"我不好"、"自卑"等否定的情感和态度。与此相反，当能够得到某种满足或受到成人的支持时，宝宝会表现出开心、兴奋，出现"我很好"、"自豪"等最初的自我肯定的情感和态度。作为父母，我们必须十分珍惜宝宝的独立性意向，给予适当并及时的鼓励和支持，使其独立性不断发展。

Tips 以上两种情况都是非常常见的，其实父母应该根据宝宝的表现，抓住这个关键时期，因势利导地培养其生活自理能力，让其"自己的事自己做"，包括用杯喝水、用勺吃饭、小便、穿鞋袜、收拾玩具等。若错过时机，宝宝形成依赖和懒惰的习惯，改正就难了。

3 和宝宝走好关键期

尊重宝宝口中的"我"

理解这是宝宝的自主性需求，是正常的心理发展过程，给予其积极又理智的回应。

耐心接纳宝宝的探索过程

探索是缓慢的，探索更有可能是凌乱的。我们要给宝宝充足的时间，让其完成从探索到学会的过程。

鼓励宝宝做力所能及的事情

把宝宝能做的事情还给宝宝，在其完成后，及时表扬宝宝是"很能干"的，这样可以增加其价值感和自主性。

通过游戏和故事的方式引导宝宝

在宝宝强调"我"这个概念的时候，难免有些不讲理，与这么小的宝宝讲道理是完全没有用的，家长能做的就是用更有趣的方式，让宝宝学习。

培养宝宝的自理能力

随着孩子愈来愈大，他的生活范围由家庭扩展至团体校园生活，在逐渐社会化的过程中，他需要学习更多的自理能力，以应付生活所需，如穿脱衣服、收纳玩具与整理床铺等，这些能力应该从家开始培养，并且能够收到良好的效果。

1 拉下头上的帽子

在练习穿衣服之前，"脱"是一个很重要的动作，当宝宝能主动拉下帽子时，就表示他有了主动参与的意愿，不再一直处于被动状态。请试着在宝宝头上戴上帽子，并抱着他照镜子，指着帽子说："宝宝戴帽子。"然后示范把帽子拿开，并说："宝宝摘帽子。"再帮宝宝戴上帽子，引导他自行拉下帽子。只要宝宝出现了拉扯动作，就算具备了该项能力。

2 用学习杯喝水

虽然吸吮是一种天生的反射动作，但是如果练习机会不足，依然可能出现障碍。所以，在从吸吮奶嘴过渡到用杯子喝水时，更有必要让宝宝多多练习。

市面上有许多采用不同设计的学习杯，可挑选有趣、鲜艳的样式，以吸引宝宝的学习兴趣。

由于拿杯子需要使用到腕力，可挑选有把手的杯子，以方便宝宝抓握。

喝水需要抿嘴、吞咽，如果宝宝在1岁之后还是经常流口水，则表示其嘴巴闭合功能较差，需要多练习抿嘴动作。父母平时可跟宝宝玩嘴巴游戏，如发"呵"、"啊"等声音，以练习张嘴、闭嘴的动作。

要增加嘴部肌肉的张力，可让宝宝玩吹乒乓球的游戏，或是多咀嚼一些比较硬的食物。

3 用吸管喝水

从用学习杯过渡到用吸管喝水，又是宝宝吸吮能力的一大进步。刚开始可用较细的吸管来练习，因为细、短的吸管更容易让宝宝的口腔肌肉发力，等到熟练之后，再换用长一点、粗一点的吸管。

"吹"的动作比较容易学习，但"吸"的动作则相对困难一些。父母可用软包装的饮料帮助宝宝练习，当宝宝无法顺利做出"吸"的动作时，可稍微挤一下饮料盒，这样饮料就被挤到宝宝口中，让宝宝感受到"吸"的作用。

4 使用汤匙

随着宝宝的小肌肉发展越来越好，可以放手让他练习自行使用汤匙或叉子进食。可以先提供握柄比较粗、短的汤匙，以方便宝宝抓握。刚开始不必纠正宝宝的握姿，只要能够做出握汤匙的动作即可。随着宝宝的手腕动作越来越灵活，其抓握动作也会逐渐规范起来。

在使用汤匙时，请注意让其他餐具保持稳定，因为宝宝刚使用汤匙时，从碗中舀起食物的动作更像"戳"，稍不留意就容易把碗打翻。因此，可以使用防滑垫或底部加有止滑垫的餐具。为了让宝宝顺利用汤匙舀起食物，可先从泥状或糊状食物开始练习。

5 表示尿湿了或已经排便

在对宝宝进行如厕训练之前，最重要的就是他能够明确表达自己的生理状况，知道什么是尿尿或便便，并主动告诉父母。父母应尽量掌握宝宝的排泄状况，可通过宝宝的动作（如双脚交叉、扭动）、表情（涨红的脸）来加以判断，把握其排泄规律，准确预测需要换尿布的时间，并在适当时机先询问宝宝："你是不是尿尿了？"让他理解尿尿与便便的意思是什么。

在比较准确地掌握宝宝的排便规律之后，慢慢把更换尿布的时间提前，引导宝宝直接在坐便器上解决大小便，为日后的如厕训练预做准备。

6 用毛巾擦嘴

养成良好的卫生习惯，是宝宝需要建立的生活规范之一。在吃完东西后，可引导宝宝主动用毛巾擦嘴，逐渐养成保持自身清洁的好习惯。

进食前可在宝宝身边准备一条小方巾，以方便随时使用。吃完之后，不必急着让宝宝用毛巾擦嘴，可先让他用舌头舔去嘴边的渍痕，这也是建立本体觉的方式之一。让宝宝感受嘴边有残留饭粒，再用舌头灵活地舔去，舌头的活动能力得到强化，日后学习正确发音也更为顺畅。

刚开始使用毛巾时，父母可轻拉宝宝的手拿毛巾，做出擦拭动作，让宝宝了解擦嘴巴的意义，慢慢熟练这一动作。

7 洗手

早日协助宝宝养成勤洗手的习惯，可以降低很多疾病的发生几率。除了教宝宝学会洗手之外，也应教导他外出回家后第一件事就是洗手，在饭前、便后或摸过脏东西后也要洗手。

爱玩水可说是宝宝的天性，可以作为引导宝宝学习洗手的一大工具。事先分解洗手的步骤，一步步教会宝宝。比如先踩在椅子上够到洗手台——拉起衣服袖子——湿手+打肥皂+搓手——打开水龙头冲水——擦干手。

在打肥皂时，可顺势教宝宝认识手掌、手背、各个指头及指缝。不论用扭还是用扳的方式打开水龙头，都是一种手指训练，可试着让宝宝自己来，以便早日学会独立洗手。

从小培养幽默感

拥有幽默感的孩子总是能在人群中倍受瞩目，因为他们不仅有着逗人开心的魅力，还有着一颗开朗的心。不同年龄层的孩子有着不同的幽默表现，但却同样吸引人。想教出这样的孩子吗？其实并不难！

1~2岁

在幼儿满1岁以后，智力开始快速成长，具备了基本的认知能力，这时已经能够了解事物间的关联性，并能分辨简单的幽默。因此，当出现的情形与正常状况发生冲突时，幼儿就会觉得好笑，因为这并非他预期中会发生的，不过幼儿此时还无法自己制造幽默。

Tips 幽默需要他人回应

对成人来说，孩子自认的幽默感有时显得非常幼稚。但是，即便孩子出现了粗浅的幽默行为，也需要即时给予鼓励，绝对不能当场泼冷水或制止。因为3岁以前正是幽默感奠基的关键时期，如果不及时给予回应而加以忽略，就等于扼杀了孩子的幽默表现，将来再拥有幽默感就更难了。

1 玩简单的象征游戏。比如拿起宝宝的脚丫当做电话，假装跟他打电话聊天。

2 戴面具扮演角色。带上小动物的面具，跟宝宝玩角色扮演小游戏。

3 藏猫猫游戏。如果宝宝已经会走路，还可以继续玩难度高一些的藏猫猫游戏。或许宝宝刚开始还不会找人，但当他开始找你时，就表示已经拥有物体恒存的观念。

3岁以上

3岁以上的宝宝多半已经具有基本的语言能力，开始会表达自己的想法，这时就有了初级的幽默感，而且能把日常生活中的不一致当成笑话，又能真正扮演不同角色。

Tips 别把恶作剧与幽默

和孩子一起阅读有趣或具有幽默情境的图画书或故事书时，需要父母从中给予指导，共同讨论幽默的笑点，并且教导孩子分辨恶作剧与幽默。不能把自己的快乐建立在别人的尴尬和痛苦之上，这样才能让孩子真正拥有不伤人的幽默感。

父母这样做

1 可以玩更真实的角色扮演游戏，让孩子学习用不同的声音或语言来扮演不同的对象。

2 阅读有趣的图画书与故事书。

成长印记

19个月之后的宝宝应注意食物多样化和膳食平衡。多让宝宝自主进食，可以增加儿童的食欲，也有助于提高宝宝的适应能力。宝宝的活动范围不断扩大，多样化的活动有利于宝宝的体格发育。

宝宝发育知多少

宝宝体格发育表（满630天时）

项目	男宝宝		女宝宝	
	正常范围	平均值	正常范围	平均值
体重	9.30 ~ 14.30千克	11.50千克	8.70 ~ 13.80千克	10.90千克
身长	79.7 ~ 90.5厘米	85.1厘米	77.9 ~ 89.4厘米	83.7厘米
头围	45.6 ~ 50.2厘米	47.8厘米	44.4 ~ 49.1厘米	46.8厘米
胸围	44.6 ~ 52.0厘米	48.3厘米	43.5 ~ 50.7厘米	47.1厘米

1 身体运动

粗大运动 有的宝宝已经可以双足交替上下楼梯；能举手过肩扔球。

进行步行训练，在地上放一些纸盒子等障碍物，让宝宝行进时绕开这些障碍物；让宝宝手中拿一竹竿骑在裆中当作骑马前行；大人拉着宝宝一只手训练向前跑，随着动作的熟练可练习转弯和停顿。

练习迈过障碍物的活动。

继续练习上下楼梯。

继续用绳拖拉玩具，练习倒退走的活动。

经常和宝宝一起玩有目标的投掷球的活动。

精细动作 能用积木搭五六层塔；会穿串珠。

玩叠手掌的游戏，大人让宝宝把手放在桌面上，然后大人把自己的手放在宝宝的手上，再让宝宝把手放在大人的手上，最后把再放一只手在上面，使宝宝产生逐步加高的意识。

继续叠积木。大人示范把积木逐渐叠高，然后让宝宝往上叠，每叠高一块都要给予鼓励。

大人示范穿串珠，然后让宝宝练习穿串珠的活动，但一定注意不要让宝宝把串珠放入口中。

继续练习握笔，家长可示范画线，然后让宝宝模仿着画，模仿画线不要求一定的方向。

2 语言能力

能按吩咐做3件事中的2件；能在5张事物的图画中说出1件事物的名字。

1 和宝宝玩熟悉的玩具时，问宝宝要什么玩具；当宝宝挑选玩具时，可以让他讲出玩具的名称再给他。

2 在商店食品柜前，要宝宝说出食品的名称才给宝宝买相应的食品。

3 开始教宝宝稍复杂一些的词汇。让宝宝尽量模仿大人的发音。

4 让宝宝做活动时，尽量用语言指示而不用手势等其他方式。

5 给宝宝提供明快而富有童趣的画册，带着宝宝指认阅读。

3 认知能力

能记住短小儿歌；对圆形、方形能够判别；能辨别红、绿、黄3种颜色。

1 不断为宝宝提供新异的活动环境，在活动中观察事物，逐步增加对大小、远近、上下等观念的认识。

2 在日常活动中注意观察宝宝感性趣的事物，并有意识地引导宝宝集中注意力于感兴趣的事物上。

3 可让宝宝练习把圆形、方形、三角型的木块安装到形状板中去。

4 做红、绿、黄3种颜色的纸片，让宝宝将相同颜色的纸片指认到一起。

4 社会适应能力

用匙子吃饭、喝汤时能做到散落较少；玩交往的游戏，例如捉人游戏等。

1 和宝宝经常玩捉迷藏的游戏，可逐渐增加花样和难度。

2 鼓励宝宝和同龄宝宝玩耍、交往。

3 吃饭菜时，尽量让宝宝自己用匙子吃。把盒装的饼干等食品放在固定的地方，让宝宝自己拿着吃。

4 在游戏中可安排一些宝宝感兴趣有一定难度的活动，让宝宝努力去完成，以培养宝宝的意志能力。

营养饮食细安排

宝宝挑食怎么办

宝宝的食欲关系着妈妈的情绪，这句话一点也不为过。若家中有一个不爱吃东西、瘦瘦小小的孩子，那真是父母心中的一块大石头。

宝宝挑食的3原因

个人喜好

吃奶的宝宝算是最好养了，有奶万事足。6个月以后，味觉越来越灵敏，接触食物的种类也比较多，再加上个人的性格也越来越明显，挑食毛病就容易产生。

喜欢或讨厌可能是由于食物的味道、颜色或口感，也可能是因为曾有过不愉快的经验。如有些人就是不喜欢榴莲的臭、青椒的辣或苦瓜的苦，也有人就是不喜欢太甜的东西，因此，原因不能一概而论。

宝宝爱玩

另一类挑食的宝宝可能是爱玩，没有时间慢慢吃饭，在餐桌上总是狼吞虎咽，专挑容易入口的吃。处理比较麻烦的，如要去壳的、要咀嚼很久的，孩子就不会去碰，怕耽误自己吃饭的时间。

生理因素

虽然常见的挑食原因是心理层面的，但也有些是生理问题造成的。举例来说，有一类问题是"乳糖不耐症"，也就是这类病人无法很有效地消化、吸收乳糖。若食物中含有乳糖，则吃了之后病人会不舒服、腹胀、腹泻或腹痛等。

挑食有多可怕？

偏食或挑食的宝宝，通常容易缺乏某些微量营养素，比如锌，致使宝宝的生长发育较为迟缓。如果到长大仍缺乏，则可能对青春期第二性征的发育造成影响。值得注意的是，如果严重缺乏维生素B群和锌，则可能会造成孩子的味觉退化，他会觉得吃什么东西都没有味道，对进食就更没有兴趣了。为了避免孩子落入这样的恶性循环，妈妈必须多加观察，看看孩子为什么会偏食、挑食、拒食，再对症下药来处理。若是宝宝的身心状况出现了问题，要寻求医生的帮助。

5方法应对宝宝挑食

1 **循循善诱** 许多心理学家或教育学者都不赞成用激烈的手段来让小孩"吃"，如此往往会有反效果，造成宝宝更强烈的抗拒。最好的方法应是"循序渐进，循循善诱"，对于小孩不喜欢的食物，不妨从少量开始慢慢鼓励他尝试。

2 **改善烹调技巧** 父母也应花点心思在烹调上，使口味更适合孩子。第一次尝试新食物时，量不要太多，或者当作配菜与其他孩子爱吃的食物一起烹调，以"浑水摸鱼"的方式让他不知不觉吃下去，若能接受再慢慢加量。

如果孩子对某类食物很排斥，如不肯吃青菜，此时，家长可稍微打探一下原因，是味道不喜欢、还是不易咀嚼。若能找到可能的原因，则可选择一种较为美味的青菜，以他喜欢的方式来调理，让他能接受青菜这类食物。

3 **让孩子有自己的餐盘** 有些家长让小朋友自己用一套餐盘，把各类食物适量分给小朋友，并鼓励他珍惜食物，把餐点全部吃完。这也是训练小朋友不偏食的好方法。当然，配套措施还有减少"垃圾食物"的食用，以及家长以身作则不挑食，并维持愉快的用餐气氛。

4 **适当运动** 适当运动也很重要，消耗量增加，肚子饿了，自然比较不会偏食，所谓"饥不择食"嘛！若宝宝是因为生理因素，无法接受食物，则不应勉强，可以用其他类似的食物来取代。

5 **鼓励和赞美** 最后，还要常教育孩子或讲故事给他听，例如鼓励他："吃下菠菜会像大力水手一样强壮喔！"当孩子完成一种新食物的尝试时，要多多表扬他。

纠正原则

均衡营养是饮食的最大原则，也就是各种类型的食物都要均衡摄取。营养素包括糖分、蛋白质、脂肪、矿物质和维生素等。五谷类是糖分的主要食物来源；肉类富含蛋白质和脂肪；蔬菜、水果是矿物质、维生素、纤维素的主要食物来源。所以，在宝宝的饮食中，各类型的食物都要包括。若宝宝对于面食类、鱼肉类、蔬菜、水果类都不排斥，只是偏好某类食物中的某种食品的话，也可以接受。

妈妈厨房

营养指导

此阶段宝宝的消化功能进一步提高，膳食安排上可以参照成人的饮食内容。

孩子偏食是件很让人头痛的问题，其实大人本身也有不同的饮食习惯，这可能是造成孩子偏食的一个原因。所以，妈妈在准备餐点时，尽量摒除自己的口味偏好，变化不同的花样做给宝宝吃，这样才能给孩子提供全面的营养均衡的食物。

不要让宝宝吃得太多，否则会造成伤食，使消化功能紊乱，加重胃、肠、肝、脾、胰等消化器官的负担。并且可以使大脑皮层的语言、记忆、思维等中枢神经智能活动处于抑制状态，导致发展迟缓。

推荐食谱

【鸡肉羹】

料料：鸡胸肉20克，海带清汤3大匙

做法：

1. 将鸡胸肉炖烂之后撕成细丝，然后捣成肉末。

2. 放入小锅加海带清汤煮沸，加盐调味即可。

营养小叮咛

鸡肉中的丰富的锌，可以促进宝宝骨骼的发育和生长。

【咖喱通心粉】

材料: 牛肉末、葱头、胡萝卜各少许,通心粉3汤匙包,咖喱适量

做法:

1. 把葱头、胡萝卜切成丁,在水里焯熟。

2. 通心粉煮熟之后,盖上盖焖5分钟,这样可以使通心粉又软又烂。

3. 锅里放少许油,放牛肉末、葱头、胡萝卜略炒,再将咖喱卤放入锅中。

4. 出锅,淋在通心粉上。

营养小叮咛

味道有点辣,可以将葱头、胡萝卜改成小·西红柿(去皮),又是一种风味.

【煎双丝】

材料: 土豆、胡萝卜适量,火腿1大片,脆炸粉、淀粉若干

做法:

1. 将土豆、胡萝卜去皮,切成细丝,再用滚水焯熟,然后立即过冷水,取起滤干水分。将火腿片切成细丝状。

2. 将已焯熟的土豆丝、胡萝卜丝及火腿丝用脆炸粉、淀粉拌匀。

3. 烧热锅放油,下土豆丝、胡萝卜丝及火腿丝,用中、慢火炒到两面金黄,取起滤油后放入碟中,上面洒上盐及葱丝即成。

营养小叮咛

在切土豆及胡萝卜丝时,要尽量切细些,这样炒出的丝较爽脆.

【南瓜玉米浓汤】

材料： 南瓜50克，玉米165克，青豆20粒，奶油1大匙

做法：

1. 先将南瓜去籽去皮，切成小丁状，用电锅隔水蒸熟，再取出备用。

2. 将1/2份的熟南瓜丁和玉米粒倒入搅拌机，倒入清水打成细泥状，再加入适量清水搅拌成浓稠状。

3. 最后将浓稠状的汤汁倒入锅中，加入青豆搅拌，用小火煮开，最后加入奶油，搅拌均匀后即可熄火上桌。

营养小叮咛

　　青豆所含蛋白质、氨基酸都不是完整的蛋白质，所以要结合玉米的营养，才可以提供给小宝宝完整的蛋白质。

【鱼片粥】

材料： 草鱼肉80克，嫩姜、芹菜各少许

做法：

1. 将草鱼肉切成薄片，嫩姜切丝，芹菜切成细末备用。

2. 锅中加水煮滚，放入鱼片后立即开火，再加进姜丝、芹菜末，略微调味即可。

营养小叮咛

　　鱼类所含的DHA比家畜、家禽类要丰富得多，不妨多选择各式鱼类给孩子增加营养。不过要注意不要煮太长时间，以免肉质变涩。

分离焦虑怎么破

分离焦虑是幼儿时期常见的心理问题之一，当宝宝与父母亲或主要照顾者分开时，容易出现焦虑的情绪表现，一旦处理不当，将对宝宝日后的人际互动与生活适应造成恶劣影响。因此，父母亲应掌握正确的态度与方法，陪伴宝宝一起走过分离焦虑。

1岁至1岁半是高发期

所谓"分离焦虑"，就是指孩子离开父母或亲密的照顾者时所出现的负面情绪，比如紧张不安、沮丧、闷闷不乐，或者特别黏人、爱哭、固执，希望照顾者能留在身边等。

一般来说，宝宝的分离焦虑在6～8个月时出现，通常在1岁至1岁半时会比较严重，这与宝宝的表达能力增强、探索范围扩大、分离机会增加有关。不过，随着宝宝对父母的存在有安全感、对环境和自我状态的掌握越来越有信心，分离焦虑的状况就会逐渐改善。

11项技巧应对分离焦虑

1　**确信分离环境的安全性**

如果要安排宝宝独睡，必须先确认睡眠的环境是否安全、安适。如果要将宝宝托给保姆或托育中心来照顾，也应该先确认替代照顾者不要超过2人以上，而且能经常陪伴在宝宝身旁，另外托育环境的安全也不容忽视。

2　**让宝宝觉得安心才离开**

在必须和宝宝分离的情况下，最好给宝宝一点适应的时间，建议父母先陪伴宝宝，直到他比较放松后再离开。当然，如果能预先让宝宝有心理准备就更好了，如果能早早建立起"预告"与"预先熟悉新事物"的习惯，就能让宝宝在未来的生活历程中更为顺利。

3 记得和宝宝说"再见"

父母要记得在分开时与宝宝说"再见"，这对宝宝来说是很重要的承诺，也是对大人产生信心的基石。即使已经处在焦虑的分离情绪中，也要记得跟宝宝说"再见"，因为这是与宝宝建立信任的好机会，千万不要偷偷或强硬地与宝宝分开。

4 慎选临时照顾者

如果父母要外出一段时间，务必要将宝宝托育给自己和宝宝都信任、都熟悉的临时照顾者，这对于减轻分离焦虑非常重要。

5 带上喜欢的物品

有些宝宝独爱他自己的玩具，有些宝宝则更依恋自己的小被子。因此，在宝宝与父母短暂分离的时候，不妨让宝宝带着这些能为他带来安定、信任感的物品或玩具，可让宝宝舒服许多。

6 带上主要照顾者的物品

除了宝宝自己喜爱的物品之外，还可让他带上父母或主要照顾者的几样东西，如钥匙、梳子、包，让宝宝对父母亲的存在和归来更有信心。

7 预告回来的时间

父母应该将自己的时间安排说给宝宝听，让宝宝了解父母亲还会再回到他的身边。

8 尽可能遵守承诺

父母要尽可能遵守自己对宝宝的承诺，即使真的无法施行，也应该及时让宝宝了解自己的状况，以免加重宝宝的分离焦虑。

9 阅读教育

平时可和宝宝一起阅读与分离焦虑有关的故事，让宝宝在阅读过程中增进对分离的了解和处理方式。

10	**玩躲猫猫游戏** 对于年龄较大、已经学习行走的宝宝，父母可和他玩躲猫猫或藏东西的游戏，有助于让宝宝建立物体恒存的概念，明白东西不见了还可以找到、父母离开还会再回来。
11	**玩闹钟游戏** 运用游戏让宝宝适应分离，可以用闹钟计时，从1分钟开始，慢慢拉长与宝宝分开的时间，让宝宝逐渐适应分离的情境。

如厕训练正当时

对家长而言，孩子可说是生命中最甜蜜的负担，因此自然是心甘情愿地为孩子把屎把尿。但是，如果孩子能够学会自己上厕所，那么不仅孩子自己跨出了成长的一大步，也会让爸爸妈妈感觉轻松很多！现在，就为他准备好可爱的专属马桶，再教孩子在马桶上自行解决问题吧！

训练要看准时机

每个孩子适合如厕训练的时机都不尽相同，需要家长细心地观察，以选择适当的机会。一般而言，2岁左右是训练的好时机。不过，如果家长发现孩子发展较快，也可以提前减少孩子包尿布的次数，开始练习自己上小厕所。

除了年龄之外，夏季是训练孩子自己上厕所的好时机。因为冬天气候较为寒冷，出汗量较少，想上厕所的次数较为频繁，万一尿湿裤子又不能立即更衣，孩子就容易感冒。而夏季气候闷热，孩子本身不太爱穿尿布，即使孩子尿湿裤子，换洗衣物也方便，不用太担心孩子受凉。此外，家长在夏季也可以更好地观察孩子的身心发展，如果出现一些小暗示，就代表可以开始如厕训练啦！

如厕训练5大招

1 把握训练时机

当您知道具备了训练的条件之后，还要知道什么时候才是训练的时机。孩子能够听懂你说的话吗？孩子会走路了吗？每两次尿尿时间的间隔是不是到了2~3个小时了？如果这些问题的答案都是肯定的，那么训练的时机就已经成熟了。

2 地方和器具要选好

训练的条件具备了，时机也成熟了，那么，在哪里训练好呢？有人建议把便携式小马桶放在孩子玩耍的地方附近，方便随时让孩子上厕所。如果这样的话，将来让宝宝建立正确的如厕场所的观念时，就必须重新再教一次。所以，我们建议把小马桶放在厕所里，在大人上厕所的时候让孩子观摩几次，每次上完之后都要记得告诉孩子这是正确的做法。把厕所布置干净，在孩子习惯坐小马桶的时候，要告诉他厕所不是游戏的地方。

还有，要根据孩子的情况选择合适的小马桶，否则的话孩子觉得不舒服，会影响他参加训练的积极性。

3 进行尿湿感觉训练

有些家长认为还是先用一段时间的纸尿布比较好，我们建议家长直接给孩子换上普通内裤，因为万一训练失败，普通内裤会让孩子觉得很难受。正因为穿普通内裤尿湿后感觉比较难受，孩子的教训才会更深刻。等下一次他再想尿的时候，他就能够多忍一会，这样的话，训练起来反而会比较容易成功。相反，如果孩子一直有"尿就尿，无所谓，尿了再换"的想法，训练起来反而会更难。

4 细心掌握规律

要花时间去细心地观察孩子，不要总是问孩子"要不要上厕所"，那样的话根本抓不着孩子尿尿的规律。失败几次没关系，多擦几次地板就可以了。让孩子自己掌握尿尿的时间，这才是训练的本意。妈妈早晨需要细心观察几天，看看哪天尿了，哪天没尿，然后大致推算一下孩子早上尿尿的时间。至于晚上怎么办，父母只好辛苦一下，多起几次床吧！训练孩子，其实也是训练大人啊！

5 及时称赞孩子

你可以说"哇！你自己会坐马桶了，好棒啊"、"宝宝自己知道尿尿了，真厉害"等等。称赞孩子的话切忌空泛，要有针对性，不能只是一些"你真棒"、"你好乖"之类的赞美之词。要让孩子知道具体是哪件事或什么行为得到了称赞，那样才可以强化孩子头脑中的印象，下次会更自觉地去做。

训练成功4项诀窍

**诀窍1
使用布尿片**

有了方便易用的纸尿裤之后，相信很多父母都不愿意再去使用布尿片，因为清洗工作实在是太麻烦啦！其实，对于宝宝的如厕训练来说，布尿片的效果比纸尿裤要好得多。因为布尿片的吸水性不如纸尿裤，宝宝一旦尿湿就会感觉很不舒服。这对宝宝的生理反馈系统来说是一个极好的刺激，能让宝宝迅速发展出对大小便的身体感知能力。当一个正向的生理反馈发展出来之后，宝宝的感知能力就会越来越发达，进而发展出更好的自我控制能力。

等宝宝再大一点，他就会急于表达要上厕所的愿望，因为他不想停留在布尿布尿湿的那种感觉上，有了这种主动要求上厕所的动机之后，一切训练都变得容易多了。

**诀窍2
把握机会，
自然教育**

注意在日常生活中把握适当的时机，自然而然地进行教育。大人在家里上厕所的时候，完全可以带宝宝一起进去，让宝宝见识一下如厕的全过程，这样等宝宝有了便意时，他自然就知道该到哪儿去解决问题。

不要因为带宝宝上厕所而感到难为情，其实这也是性启蒙教育的开始。不同的性别有着不同的性器官，也有着不同的如厕方式。当这些事情成为生活中自然存在的一部分时，宝宝就会自然地去学、去做，而不会对上厕所产生抗拒。

**诀窍3
要 有 足 够
的耐心**

在训练过程中要有耐心，因为成功的如厕训练要配合特定的身心发展才能完成，所以不要着急，让宝宝根据自己的生理发育节奏慢慢来。

首先，宝宝的生理反馈系统要运作良好，能够掌握大小便所要用到的力量和知觉，这些都需要时间来感觉、学习和训练。宝宝越放松，训练的效果就越好。等宝宝的语言能力发展到能够清晰表达出"要上厕所"的时候，如厕训练会变得更有效果。

**诀窍4
愉快上厕所**

上厕所是将体内的废物排空，是一种释放的过程，它应该和"舒适、快乐"划上等号。千万不要因为如厕训练而斥责或打骂孩子，也不能在协助孩子的过程中流露出不悦的神情。那样会让孩子觉得"上厕所"是一件不愉快的事，以后训练起来会更辛苦，严重的还可能造成亲子关系紧张。

教给宝宝刷牙吧

宝宝刷牙3阶段

第1阶段	当宝宝开始长第一颗牙的时候，也就是大约从6个月开始就要给宝宝"刷牙"了。妈妈早、晚用干净的纱布包裹自己的食指蘸淡盐水帮宝宝轻擦牙齿表面及舌苔，洗去牙齿及牙床上的附着物。每次喂完奶之后要再喂一两口清水，以清洁口腔。
第2阶段	宝宝在20个月时就可以开始学习自己漱口了。漱口后，用毛巾或手帕拭去嘴边的水滴。一开始宝宝学漱口时，只要求他们做到饭后漱口，清晨用盐水漱口就可以了。
第3阶段	宝宝在2～3岁便可开始刷牙，因为这个时候，孩子的20颗乳牙已经全部出齐。爸妈在宝宝学会漱口的基础上，可以教宝宝刷牙方法。应给宝宝使用专用的牙刷，每日早晚2次。一开始让宝宝持牙刷练习"转动手腕"的动作，徒手模仿刷牙动作。

正确的刷牙6方法

1 一手拿杯子，俯身向前，一手拿牙刷转动手腕。

2 刷牙的方法是竖刷不能横刷，把刷毛与牙面成斜角转动刷头，顺着牙缝上下刷，上面的牙齿往下刷，下面的牙齿往上刷，咬合面上来回刷，里里外外刷干净。

3 刷牙顺序为先刷外面，再刷咬合面，最后刷里面；先左后右、先上后下、先外后里；牙缝牙龈都刷到，每个部位重复刷8～10次。

4 刷完后用清水漱口多次，牙膏泡沫吐干净。

5 洗净刷牙用具，甩去水分，毛束朝上，放在通风处风干，避免细菌在潮湿的毛束上滋生。

6 每天刷牙2～3次，每次刷牙至少3分钟。尤其晚上刷牙更重要，避免残留食物在夜间经细菌作用而发酵产酸，腐蚀牙齿表面。

妈妈经验谈

游戏法 宝宝很早就对我和他爸的刷牙行为感到很有趣，还常常将小手比作牙刷，放进自己嘴里，上上下下地刷着。让他自己刷牙前，我特地带他去了趟商场，让他自己挑选刷牙用具，他挑了米老鼠的牙刷、黄色的水杯、蘑菇形的牙膏，高兴极了。从此，刷牙成了宝宝最爱的一个游戏。

陪伴法 每天晚上，我和老公都会分工合作，要么是我陪着宝宝一起刷牙，要么是老公陪着宝宝，而且我们会互相比赛，看谁刷得快，刷得更干净。这个方法屡试不爽，每天宝宝都会很高兴、很主动、很认真地完成刷牙的"任务"。

广告诱导法 我们家的宝宝特爱看电视里的广告，而且记得很清楚。每次刷牙，他都会叨咕两句那些牙膏的广告。他不爱刷牙的时候，我就用广告里的话教育他："小朋友用牙膏就没有蛀牙，你要是不用，牙齿上面就会被害虫咬出很多小洞。"或者说："不刷牙，你的牙齿也会跟电视里的那个阿姨一样黄的。"通常，他都会迅速地去找他的小牙刷了。

Tips 如何选择合适的牙刷、牙膏

宝宝的牙刷 其刷头要适合宝宝口腔大小，宜用软毛、弹性好的磨毛牙刷，便于按摩牙龈；宝宝不要使用大头硬毛牙刷；牙刷头大小要适中，能在口腔中转动灵活；刷头有2~3排毛束，每排由4~6束组成，毛束之间有一定距离，易于清洗和通风；毛质要柔软，每根刷毛尖部应经过磨圆处理而呈圆钝形，未经磨圆的刷毛对牙齿和牙龈不利。

宝宝的牙膏 每次买小包装的牙膏，让宝宝常换常新；每次刷牙都只挤出豌豆大的一点，而且在刷过牙后要把牙膏放到孩子够不着的地方；牙膏要挑选有质量保证的，并且是专为儿童设计的牙膏，尽量选择水果味道的，一般这样的牙膏，宝宝会很喜欢，最好使用无氟牙膏；注意用牙膏刷牙时，要用水漱清口中的牙膏沫。

早教智能全开发

让孩子专心起来

"有始有终""专心致志""始终如一"，这些都是大家耳熟能详的成语，但并没有太多的人能够真正做到。对孩子而言，这样的标准似乎就更高了。不过，家长还是希望孩子从小就能拥有一流的专注力。但是，每个孩子的先天气质都不同，对事情的专注程度也不一样，所以，要想提升宝宝的专注力，还是要通过一些有效的方法。

影响专注力的5大因素

1 **生活环境。**由于环境对孩子的影响很大，现在的生活中又充满了太多的干扰，比如随时会响起来的手机、多得数不清的电视节目等，这虽然给我们带来很多方便，却也减少了孩子们之间的人际互

2 动，同时也不利于孩子专心学习。
先天气质。如果孩子本身特质就是属于坚持度低、注意力低的

3 情况，相应的专注力也会比较低。
刺激过多。现代孩子受到的刺激比较多，所以选择也很多，当孩子觉得眼前的玩具或事物缺乏吸引力的时候，或是对所进行的活动有挫折感时，就很容易找其他东西来代替，而不是专注于想办法解

4 决眼前的问题。
过度宠爱。如今家庭中的孩子都很少，所以家长的宠爱就更多地集中到一个孩子身上，处处都帮他打理好一切，学习的机会减少，专注力的

5 培养就更加困难。
大肌肉活动不足。孩子心中明明想要骑车、溜滑梯，父母却一直要孩子画画、玩拼图，造成大肌肉活动不足，专注力集中的情况就会很差。

提升专注力的10大方法

1 不要给孩子贴标签
即便你家孩子的专注力不强，比如大家都坐定位置准备用餐了，他才姗姗来迟，那也不要对孩子说出负面的话语来。对他们来说，这就等于贴了一张负面标签在自己身上，那样只会让孩子否定自我，而且也

会造成孩子对家长的反感，不利于亲子关系的发展。

2 观察孩子平日表现

家长一定要仔细观察孩子平常的行为表现，找出最适合孩子的方法。如果孩子属于能够静下心来学习的人，当然适合以静态的方式去引导，例如带孩子听一些音乐、让孩子玩拼图等。如果孩子的身体一定要动来动去才能学习，那就不如配合孩子。例如当孩子在玩的时候，可以随口问他一些与课业相关的问题，让他在运动身体的同时也能动动脑子。

另外，年龄越小的孩子越需要大肌肉活动，如果家长不方便一边玩一边和孩子说话，也可以采用先满足孩子大肌肉的活动量、再让孩子专心从事静态活动的方法。

3 帮孩子创造成就感

成功的喜悦感可以鼓励孩子再接再厉，当孩子顺利达到家长的要求时，可以奖励1个小红花。比如集满了10朵小红花之后，就可以给孩子买一本他喜欢的书或是玩具，让孩子在成就感中不断提高自己的能力。

4 赞美孩子努力的过程

不要将结果看得太重要，即便孩子还没有达到大人的要求，但只要他有了积极的表现，家长也同样可以赞美孩子。当亲朋好友打电话来的时候，家长可以在电话中向他人赞美孩子的努力表现，比如："小凯一直在努力学习做手工呢，虽然一开始做得还不是太好，但是他一直都在努力，始终没有放弃呢，你们真应该来看看！"

5 找出让孩子专心的办法

这里的"办法"针对的是感官。有些孩子特别容易被视觉刺激的东西吸引，有些则是触觉，也有可能是听觉。在了解到哪一种感官刺激最能吸引孩子之后，家长就能够因势利导，轻松提升孩子的专注力。

6 将工作合理分割

孩子的稳定度不如成人，如果要求孩子一次性解决需要长时间专心才能够做好的事，当然很难收到效果。这时不妨先仔细观察一下，看孩子专注的时间能够持续多久，然后把工作量做合理分割。如此一来，对孩子的要求一开始就落在了合理的范围内，然后再协助孩子逐渐拉长单位工作时间。

7 注意说话的语气与指令

家长一旦着急起来，在很多时候都会出现不耐烦的语气。另外，如果家长所说的话不是很清楚，也会让孩子感觉无法理解。因此，在与幼儿对话时应使用温柔的语调，重复、清晰地叙述指令，亲身示范给孩子看。例如先带孩子看时钟到了几点，然后提示孩子应该做什么事，最后带领孩子一起去完成那些事。

8 让孩子了解坚持的重要性

在事情刚刚开始或者进行到一半的时候，如果孩子开始抱怨"我不喜欢做这件事"，那么家长可以告诉他，并不是他不喜欢，而是他不够专心。当孩子开始某项学习课程后，家长也可以告诉孩子，倘若不继续下去就会有什么样的后果，把最后的决定权留给孩子，让孩子了解到坚持的重要性。

9 善用有效辅助品

当家长明确得知孩子喜欢某项物品之后，就可以利用这些物品来加强孩子的专注力。比如孩子喜欢有卡通图案的拼图，那么家长就可以使用拼图让孩子先稳定下来，然后再慢慢增加拼图的片数，以延长孩子专注的时间。或者使用沙漏计时，如果单纯跟孩子描述3分钟有多久，孩子可能觉得很抽象，那么可以使用沙漏做说明，滴完一次就表示3分钟时间到了。这样一方面能吸引孩子对时间的注意力，另一方面家长也可以更方便地进行观察，如果沙漏滴完了，孩子却仍然在继续做原来的事，那就明确表示孩子有进步了。

10 身教不可少

家长的以身作则非常重要。如果家长想让孩子看书，那么家长自己也要养成看书的习惯，即使是孩子和家长各看各的书也可以。相反，如果家长整天抱着电视不放，那么要想让孩子爱上看书还真不太容易。

家长要戒除的4种表现

1 家长是急性子

急迫的言行会对孩子产生不良的影响，在长期的耳濡目染之下，孩子也会学着家长说出情绪焦躁的话。虽然家长只是希望自己能够在工作及家事上更有效率，但是这样急切的心理容易给孩子树立不好的榜样。这样一来，一旦孩子碰到难以解决的问题时，首先想到的不是耐着性子去解决，而是先发一通脾气再说。

2 考虑事情过于长远

当然，眼光长远一些并非坏事，但是眼光长远并不代表可以跳过现在。如果孩子长期被这样的价值观所教导，那么将难以享受和满足现有的一切，自然也就无法培养起足够的专注力。

3 放任孩子看电视

过度的自由和放任，对于孩子的专注力也是有害无益。由于现在家长的工作都很繁忙，所以在把孩子接回家之后，很多人的办法就是打开电视给孩子看，或让孩子自行从事所喜欢的活动。久而久之，孩子自己就会养成一回家就开电视的习惯。由于没有家长在旁边引导和督促，专注力的培养也就很难有好的效果。

4 常常打扰孩子

可能是出于好玩的心态，当孩子很专心地做自己的游戏或其他活动时，有些家长总是喜欢突然跟孩子闹一下，或是要求孩子去做别的事，这是一种非常不合理的行为。如果家长希望培养孩子的专注力，那么当孩子在很专注地游戏或看书时，家长最好不要马上打断孩子的行为，而应采用预告的方式。比如家长已经和孩子约好，看书可以看到几点，在时间期限到来之前的5~10分钟，就可以先提醒孩子时间快到了。除了口头提醒外，家长还可以使用一些辅助工具，如铃铛、闹钟等。

正确引导，让宝宝更自信

教出拥有自信宝宝，就等于建立了孩子的自我价值！0~6岁，正是孩子人格发展的重要阶段，要想让自己的孩子未来能肯定自我，父母观念的正确与否，就显得相当重要。

建立自信，强化宝宝社会适应力

到底建立孩子的自信心对他的未来能有什么好处？只要建立得当，可以让孩子懂得如何分享、同时也能培养他未来良好人际关系，不但学习速度可以增快，也可用正面的态度面对生活，减少挫折；更重要的是，进入社会化的环境中，也比较能够守法负责，养成规则感。不管从哪个角度来看，如何教出一个自信宝宝，值得父母用心教养与深耕。

我们常常看到身边有些孩子，只愿意习惯身边熟悉的人事物，不愿改变，一旦到了新环境，就失了性，踌躇不安、嚎啕大哭，有的甚至还会不停地跟他人要求掌声与肯定，这些都是没有自信心最基本的外显态度。

这些看似平常的情绪反应，其实都可以在幼儿时期加以培养，以强化孩子未来适应社会能力的表现。一个自信心强、拥有正确价值观的孩子，到了竞争力强的社会模式中，父母就不用担心他面对挫败时的心态调整，因为，追求快乐的人生，就是他的最终目的。

6个原则，轻松教出自信宝宝

原则1 保持信任度

许多父母常常不信任孩子的能力，加上害怕孩子受伤、受挫，导致过度保护，却剥夺了孩子学习的机会，同时，也剥夺了孩子享受成就感的机会。如果只是一味地限制与怀疑孩子的能力，很容易阻碍他自信养成的发展；不要老是以为孩子还小，很多事情都做不到，或是为了自己的方便，让孩子缺少训练的机会。适时地让他在日常生活中，学着成长，做一些能力所及的事情，从成就感中提升他的自信心。毕竟，孩子的学习是需要经验的累积，不要忽略让孩子自我学习的动作，因为缺少训练的孩子，很容易因此丧失自信心。

你可以这样做： 让他自己学习用汤匙吃饭，如果怕弄脏桌子，铺上好清理的塑胶垫；或是让他清洗自己喝过的杯子、用过的小手帕等小物品。也别怕他洗得不干净，这些日常小事情都能让他得到你的认可，使他认为自己长大了！同时，如果过程中有错误，也先别急于纠正，否则容易抹煞他的自信与创意的展现。

原则2 探索的机会

父母不给孩子机会学习，就会使得孩子没有练习的机会，尤其在0～3岁重要的探索阶段，如果对孩子的包容度不大，就会间接局限了孩子的自信心。尤其一些容易紧张的父母，特别容易让孩子也跟着惊慌失措。

其实每个阶段的小孩，都有不同的学习目标，父母不用担心小孩的发展过程是否缓慢。能让小孩在生活中学习各种不同的知识与技能，是父母首先要建立的观念。

从阶段发展来看，3岁前的幼儿生理发展，有着平面、空间与向上的成长历程，这三个历程各自代表了不同的意义，如果特意阻碍其中之一的过程，很容易对未来某些发展造成妨碍。

就以爬行阶段来说，如果父母只是担心地板脏，而不让宝宝有在地面爬行的机会，就有可能阻碍宝宝对感觉的刺激与日后认知的发展。这些无理的制止行为，正是造成孩子挫败的主要原因。

你可以这样做： 在孩子喜欢探索的阶段，布置一个安全的空间，让孩子用触觉来感觉世界，有助提升探索的信心。

原则3　正确的鼓励

适当的赞美与奖励，有助于幼儿对自我价值的提升，但最容易被忽略的是，有时过多的赞美与奖励，却可能导致幼儿过于被动，以及过度依赖外在的性格，而失去了本身的自主性，这之中的拿捏，还需要父母的细心观察。

一般来说，幼儿如果可以在受到鼓励的环境下长大，对自己的能力就会有相当程度的了解，也会有自己的看法，这对他将来判断力的培养，有很大的帮助。

你可以这样做： 孩子进步的时候，具体地给予表扬。在与孩子相处的时候，可以多多寻找值得称赞的具体理由，例如：当他已经可以自己拿汤匙吃饭时，可以说："小敏，你学会自己吃饭了，有进步啰！"切记过分的赞许，让他过于自大。

原则4　少点比较心，欣赏孩子的优点

不要拿孩子跟人比较，很多父母都会把自己的小孩跟其他小孩相比，但却忽略了孩子拥有的其他特点，使他觉得始终达不到父母的期待，怎么做都不对，这时，自信心就随着丧失了。适时地欣赏孩子的优点，让他从优点中得到发展与启发，是建立自信的方法之一。

你可以这样做： 提供多元的环境供他探求，让他从中找到自己的兴趣所在，同时支持他梦想中想做的事，让孩子发觉自己的能力与才干，让他更有自信。

原则5　尊重的伙伴关系

孩子态度的好坏，直接来自于父母日常生活的身教与言教，如果父母言行中缺乏尊重，孩子未来自然也不会尊重他人；只有遵循合理的行为标准，才能受人尊重。

让孩子懂得尊重别人，满足他人的需要，了解拥有被需要的满足感，也可以增加自信。因为，受到尊重的人，也会以同样的方式尊重别人，不会以打压别人的方式，来凸显自己的能力，这也是自信的真义。

你可以这样做： 给宝宝一个属于自己领域的空间，或是拥有能自我掌控的物品与玩具，只要属于他的东西，都可以自己随意发挥创意、自由玩耍。但同时也教导他，尊重别人的专属物品，让尊重与礼貌成为一种习惯，自信就自然养成了。

原则6 适当的规范

孩子从很小的时候就有因果的意识，他会透过一次又一次的不断尝试，去架构对身边环境的认识，在试验中，得知做什么事会带来什么结果。所以，为了引导他养成良好行为，杜绝不良的行为，有时需要大人帮他设定适当的规范。

你可以这样做： 先建立与社会行为规范相同的规则，例如：过马路等红绿灯、主动与人打招呼与随时说"请、谢谢、对不起"等基本的社会礼仪等。

专家小建议·自信从小建立

幼儿的自信需从小培养，而且从婴儿时期的五六个月就应该开始，这个阶段通常从父母注视小孩时的表情与反应建立起，大人关爱与肯定的表情反应，可以让他获得充分的安全感。以1～3岁的幼儿来说，创造有规则且能自由活动的空间，也能让小孩充分建立自信。

此外，教养的事也不能托付别人，只有充满爱意的参与，才能教养出真正的自信宝宝。对于有工作的职场妈妈，即使每天只是抽出1小时，为孩子保留一点空间，都可以得到很大的效果，因为教养注重的是品质而非量的多寡。

让宝宝学会等待

在陪伴宝宝成长的过程中，父母常常因为宝宝没有耐心、无法等待而苦恼不已，有时下定决心要训练宝宝的耐性，又因为无法忍受宝宝的哭闹和尖叫而放弃。让宝宝学习等待，真的那么难吗？

等待·本来就不易

"等待"这件事，看起来没什么大不了，但是对大部分人而言，的确是一道难题。因此，当宝宝无法等待时，父母也无需大惊小怪。没有人生来就擅于等待，等待需要学习。在这个学习的过程中，其实也在学着处理自己的情绪。

当然，如果宝宝的哭闹是出于饥饿、尿布湿了、身体不舒服等生理需求，则建议父母立即满足宝宝的需求，这对于建立亲子关系、培养宝宝对外界的信任感尤其重要。如果此时仍旧强迫宝宝学习等待，反而容易造成不良后果。

等待·可以学习

随着年龄的增长，宝宝自我控制的能力逐渐得到提升，等待的能力也越来越强。这时，父母不妨在日常生活中制造锻炼等待的机会。让宝宝知道，等一下仍然可以得到东西，甚至得到比预想中更好的东西。

在教宝宝学习等待的过程中，肯定有很多困难和挫折，但是觉得值得坚持下去。因为等待可以训练耐性，而耐性则难能可贵。有耐性的人更懂得处理自己的情绪，在将来也更容易成功。

4方法学习等待

方法1 明确时间概念	宝宝对时间的感受常常和大人不同，有时候他不愿意等待，是因为他实在无法理解大人给予的时间概念。因此，当宝宝吵着要出去玩时，与其对他说："30分钟后再出去！"倒不如指着时钟的时针说："等时钟的长针走到这里，我们就出去。" 对于年龄较小的宝宝来说，他们的时间概念往往依据生活作息来辨认。例如吃午饭代表上午结束，睡午觉起来才代表下午等。因此，请事先了解宝宝对时间的概念，再依据他的想法来给出提示。例如，如果宝宝一直问"什么时候可以像上次一样出游"，那么"我们去保姆家接你3次之后"会比"再过3天"更容易让宝宝理解！
方法2 让等待变有趣	在等待时，宝宝总是专注地想着还没有得到的事物，于是等待的时间显得漫长而无趣。这时，如果父母能适时介入、陪伴宝宝，那么等待的过程将变得不再那么枯燥，而宝宝对等待也会减少很多排斥感。比如陪宝宝读一个喜欢的故事、跟爸爸带着家中的小狗到公园去散步、唱宝宝最喜欢的歌并手舞足蹈等。请注意，这些事都需要父母的积极引导，才能协助宝宝创造"等待也很有趣"的经验。

方法3 转移注 意力	在要求宝宝等待时，经常会引发他大发脾气。在这种状况下，父母不要强硬地对宝宝说"不可以"，要尝试转移宝宝的注意力。比如拿出他平时喜欢的玩具，当着他的面大玩特玩，也可以用宝宝熟悉的曲调自编一首"等待歌"，用夸张快乐的音调将"等待歌"唱了又唱。等宝宝的情绪稍微缓解之后，再想一些有趣的活动陪伴他度过等待的时间。经过几次训练之后，宝宝就会发现等待的过程并不枯燥，其实有很多有趣的事情可以做。渐渐地，宝宝也就学会了等待。
方法4 解释"等 不到"	等待不是万能的，并不是每一次的等待都能如愿得想要的事物。因此，对于年龄稍大、已经具备一定语言表达和沟通能力的宝宝而言，当他已经习惯用"等待"来达成愿望、同时又提出短时间内不能满足的要求时，父母要注意解释清楚"等不到"的原因，并且表现出积极的理解态度，尽量找出另外一种替代办法。 比如宝宝马上要见到远在另一个城市的爷爷奶奶，这时可以向宝宝解释清楚，为什么不能马上满足他的要求，并且想出另外一些办法。比如请宝宝画一幅画，或者唱一首歌录下来，然后寄给爷爷奶奶，这样虽然不能亲眼看见爷爷奶奶，但是同样能让他们看见自己的作品或听见自己的声音。

22 ~ 24个月
FROM 22 TO 24MONTHS

成长印记

22~24个月的宝宝逐步开始进入第一个反抗期，自主意识明显增强。此时在不发生危险和身体伤害的前提下，应让宝宝按照自己的意愿进行自主活动，多样化的活动有利于宝宝的体格发育、认知发展和人格发展。

宝宝发育知多少

宝宝体格发育表（满720天时）

项目	男宝宝		女宝宝	
	正常范围	平均值	正常范围	平均值
体重	9.80 ~ 15.10千克	12.20千克	9.20 ~ 14.60千克	11.50千克
身长	82.1 ~ 93.6厘米	87.8厘米	80.3 ~ 92.5厘米	86.4厘米
头围	46.0 ~ 50.7厘米	48.2厘米	44.9 ~ 49.6厘米	47.2厘米
胸围	45.2 ~ 52.8厘米	49.0厘米	44.1 ~ 51.5厘米	47.8厘米

1 身体运动

粗大运动：能并足就地跳，会蹒跚小跑，能骑三轮车。

练习跳 用细线在空中悬挂气球等玩具，示范引导宝宝双脚起跳够东西。在地上放一些小玩具，示范引导宝宝跳过小玩具。边唱"蹦蹦跳跳"的儿歌边和宝宝一起做欢快的蹦蹦跳跳的游戏。

跑动练习 继续训练宝宝跑动。

练习骑三轮车 把宝宝放在小板凳上，大人用手辅助宝宝进行蹬的动作。熟练之后把宝宝放在三轮车上，双手扶把，大人推着走，转来拐去，给宝宝在车上动的感觉。然后教宝宝用脚蹬车，开始可适当帮着推一推，逐渐减少帮助，直到宝宝能独自骑三轮车玩。

精细动作：能模仿画直线，会逐页翻书。

模仿画线 大人用笔画简单的线，直线、斜线、圆形，然后手把手地教宝宝画线；大人示范画线后让宝宝自己模仿着画，可将所画的线和现实事物做形象联想，例如画直线时说"这是一条绳子（棍棍）"、画圆时说"这是皮球"等等。画线时不要过于强调画得笔直或溜圆，大致相似就行。

小物品游戏 继续玩搭积木、插积塑、拣豆豆、穿串珠的游戏。在进行玩拣豆豆、穿串珠游戏时，要看紧宝宝，防止宝宝把豆豆和串珠放入口中，误入气管引起意外。

2 语言能力

能用“你”、“我”等词，能说出含有3～4个字的组合词。

注意词语开发 在日常生活中注意用代词“你、我、他”，教宝宝一些简单的句子，例如“我要吃饭”，“你过来”，“你把球给我”等等。

讲故事 利用画册和玩具向宝宝表演一些情节简单的故事。边表演边叙述和发问，以增加宝宝的语言理解能力和表达能力。

锻炼组词能力 将木偶玩具分别代表宝宝熟悉的人物如爸爸、妈妈、姐姐、弟弟等，并在每一个代表人物前放一个日常用品或玩具如匙子、小毛巾、杯子等。每拿起一个用品便问宝宝：“这是谁的杯子？”然后随即说“这是爸爸的杯子”并让宝宝重复。依次类推，如此可逐渐训练宝宝的组词能力。

3 认知能力

能再认十几天前的事物，能模仿一些熟悉的场景如给布娃娃喂饭等，还能说出红、绿、黄3种颜色。

口中一边说“上、下、里、外”，一边示范将积木或玩具放在桌子的上面、下面，容器的里面、外面，让宝宝逐渐理解空间概念。

继续用红、黄、绿、蓝等颜色的图片，让宝宝把相同颜色的图片放在一起。

多带宝宝外出，为宝宝提供多种接触外界的机会和多样化的环境，多给宝宝讲述事物之间的联系。回家后注意让宝宝按记忆叙述、表演所见到的情形。

可给宝宝提出简单的任务要求，但大人不要示范具体的操作方法，让宝宝自己动脑筋调动经验独立解决问题。

4 社会适应能力

会洗手并擦干，能控制大小便。违拗现象（第一反抗期）在此时开始出现。

由原来的大人帮助洗手改为让宝宝自己洗手，不要怕宝宝会因此弄湿衣服。

让宝宝自己吃饭、喝水，不要因为会洒出来而受到限制。

在日常生活中开始向宝宝灌输简单的是非观念，例如打人不好、不能故意摔坏东西等。

教宝宝穿简单的衣服，如戴帽子、穿短裤、披外衣等。

让宝宝学会控制大小便。以上厕所的图画向宝宝讲明大小便要上厕所。把便盆或痰盂放在固定的地方，训练宝宝坐便盆，并在宝宝大小便时说“尿尿”、“便便”，逐步让宝宝用“尿尿”、“便便”或手势来表示大小便。

多给宝宝提供和其他宝宝交往的机会，建立亲密的人际关系。要注意这时宝宝开始出现违拗情绪，除有危险或宝宝有破坏的情形外，不宜过分限制宝宝的活动。

营养饮食细安排

小胖墩儿不要不要

　　随着社会的进步，物质生活的改善，快餐业蓬勃兴起，低营养高热量的零食对宝宝们胃的"开拓"，肥胖不再是成年人(包括我们的准妈妈们)的专利，越来越多的肥胖儿，也成为社会关注的焦点。下面，让我们看看胖宝宝的营养救助攻略吧。

　　我国儿童肥胖的发生率为3%～5%，这表明宝宝营养不良的年代早已过去了，营养过剩、小儿肥胖成为当今的新问题。面对肥胖的宝宝，父母可不要掉以轻心，肥胖正在给孩子们现在或将来的健康带来不可预测的危害。那么，怎样才能养出一个不肥胖又健康的宝宝呢？

胖宝宝的判断标准

　　肥胖是由于热能代谢障碍，摄入的热量超过消耗的热能，引起体内脂肪堆积所致。通常情况下，采用以下方法判断：

1～6个月婴儿	标准体重(千克)＝出生体重(千克)+月龄×0.6
7～12个月婴儿	标准体重(千克)＝出生体重(千克)+月龄×0.5
1岁以上宝宝	标准体重(千克)＝8+年龄×2

　　根据公式：(实测体重／标准体重-1)×100%，若超过了标准体重10%，可以看作超重；若超过20%则属于肥胖了。超过30%～50%为中度肥胖；超过50%或以上为重度肥胖。

Tips 在婴儿期，孩子活动范围小，睡眠时间长，吃的食物营养丰富，加上有的家长给孩子进食不控制，孩子一哭就给他吃东西，这样很容易造成肥胖。在婴儿期肥胖的孩子，到两三岁以后，随着孩子活动量的增加，活动范围的扩大，肥胖现象可以改善。但也有部分孩子持续发胖，一直维持到成年。

肥胖给宝宝健康的"危害"

1.肢体成长发育受限

肥胖会使宝宝学会走路较同龄者要晚，活动能力相对较差，并容易出现膝外翻或内翻、筋内翻等症状。此外，关节部位长期负重，容易磨损而出现腿或关节疼痛。

2.脑、智力发育迟缓

宝宝身体肥胖，体表面积增大，使得血液带氧相对不足，脑子经常处于缺氧状态，容易有头昏、恶心等身体不舒服的现象。

3.呼吸系统的影响

肥胖宝宝胸部和腹部的脂肪蓄积量较多，在一定程度上影响了心脏的舒张和肺的呼吸，既妨碍心肺功能的改善和提高，又会影响其他机能。例如，肺活量减小、换气不足、呼吸困难等。

营养减肥势在必行

1.合理控制饮食

对宝宝进行饮食治疗的原则是既要限制能量摄入，也必须考虑到小儿基本营养需要和生长发育，不宜使体重骤然减轻。重点限制的食物为糖果、奶油蛋糕、肥肉、巧克力、冷饮和米、面等。为了保证儿童的生长发育，蛋白质供给不能少，可吃瘦肉、鸡蛋、牛奶、豆制品等含优质蛋白质的食物。在控制饮食时，为不使儿童发生饥饿的痛苦，可选择热量少而体积大的食物，如芹菜、笋、萝卜、茭白等各种新鲜蔬菜和苹果等水果。

2.纠正挑食偏食

肥胖的孩子大多都喜好吃肉及糖果、糕点、巧克力等零食，而不喜欢吃青菜、豆类和清淡食物。劝导和改变儿童不良饮食习惯是取得巩固减肥成效的重要环节，包括安排好早餐、避免进食过快、限制零食、防止偏食、控制甜食、限制洋快餐等。既要日常坚持、逐步进行，又要有足够的耐心，避免训斥、威吓。并时时注意对儿童予以心理支持，及时鼓励孩子的进步，决不在其他孩子面前批评指责孩子的不良膳食习惯及减肥失误等。

3.把好零食关

父母经常会把零食当成奖品。而这些奖励孩子的零食常是属于精制食品的糖果、饼干、布丁、蛋糕、巧克力、果汁、发酵乳等，这些精制食品都添加了糖，热量高，实非理想点心。是肥胖的罪恶之源。

对于已经习惯吃零食的孩子，可将其常吃的糖果、巧克力、口香糖、汽水、蜜饯等高糖、高热量的点心、零食更换成牛奶、酸奶、水果等低脂高纤维类食品，同时减少其饮料的摄入量。口渴时尽量选择白开水，因为白开水才是人体最健康、最经济的水分来源。

4.增加运动量

运动能增加能量的消耗，达到减肥的目的。尽量保证孩子充分的室内外活动量，不要将孩子整日闷在室内长时间处于静态。活动宜选择全身运动，并尽量选那些孩子感兴趣的活动。婴幼儿可让他们满地爬，到处去。儿童可跑步、踢球、跳绳和游泳等。适当做一些力所能及的家务劳动等。需告诫家长的是，运动要适量，至少保证每天运动1~2小时，每周运动5天即可。千万不能因孩子过量运动使得饭量大增，否则前功尽弃。

宝宝贫血有征兆吗

小儿贫血是指外周血中单位容积内红细胞数（RBC）、血红蛋白量（Hb）或红细胞压积（Hct）低于正常，可发生在任何年龄段的儿童，临床表现轻重不一，但往往以皮肤、黏膜苍白为最突出表现。像宝宝的脸色、耳垂、口唇、手脚指甲的颜色呈淡红色、甚至苍白色，严重者皮肤可出现苍黄或蜡黄色，没有光泽。

除此之外，由于胃肠蠕动及消化酶分泌功能受到影响，宝宝的消化功能减退，可出现食欲不振、恶心、呕吐、腹胀或便秘，婴儿常有腹泻的症状。同时，由于脑组织缺氧，宝宝还可能出现精神不振、注意力不集中，情绪易激动，烦躁不安或嗜睡，甚至神经精神发育缓慢，智力减退。大孩子可清楚地表达自己头痛、头晕、耳鸣或眼前有黑点。如果病程较长的宝宝，还会出现容易疲倦乏力、毛发干燥枯糙、营养低下、生长发育迟缓等。

由于日常生活中，最常见的是缺铁性贫血，故在此主要介绍这种贫血的治疗方法。铁剂是治疗缺铁性贫血的特效药，如果没有特殊原因，应采用口服治疗，不首选静脉治疗。

1.口服药可选择硫酸亚铁、富马酸铁、葡萄糖酸亚铁、琥珀酸亚铁等。口服铁剂最好选择在两餐之间，因为虽然饭前空腹时服用铁剂吸收较好，但容易刺激胃肠道，出现恶心、呕吐、胃部不适或腹泻的症状；如果饭后服用铁剂，虽可减少对胃黏膜的刺激，但食物中磷化物易与铁结合成不溶解的磷酸盐，降低铁的吸收度。

2.在口服铁剂治疗的同时，还需服用维生素C以增加铁的吸收。上述药物应服用至血红蛋白达到正常

水平后2个月左右再停药。而牛奶、茶、咖啡、抗酸药与铁剂同服可影响其吸收，故应注意避免。轻度贫血的宝宝还可以服用中药，如小儿生血糖浆、健脾生血颗粒、升血灵颗粒、归脾丸等。

小儿贫血重在预防

除药物治疗之外，预防贫血的发生也尤为重要。

1. **孕期给胎儿补足铁**。如果母亲在孕期存在缺铁、缺乏维生素B_{12}、叶酸等情况，则胎儿通过胎盘从母体内获得的铁、维生素B_{12}、叶酸不足，出生后可能会出现贫血。故母亲在孕期时可根据情况适当补充铁、维生素B_{12}、叶酸等。同时母亲应做到饮食合理，营养均衡。

2. **出生后提倡母乳喂养**。宝宝出生后，由于从母体获得的铁逐渐耗尽，加之生长发育迅速，造血活跃，因此对膳食铁的需求逐渐增加。而婴儿主食母乳或牛奶，其铁含量都较低，不能满足机体需要，贮存铁耗竭后很容易发生缺铁，故6个月至2岁的宝宝发生缺铁性贫血的概率高。因母乳中铁的吸收利用率较高，故提倡母乳喂养。

Tips 婴儿如以鲜牛奶喂养，必须加热处理以减少牛奶过敏所致肠道出血的可能性。同时，无论是母乳还是人工喂养的宝宝，均应及时添加含铁丰富且铁吸收率高的食物，如动物的肝脏（如鸡肝、猪肝）、精肉、鱼、血、黑木耳、海带、菠菜、蛋黄、豆类、红枣等。

3. **宝宝日常饮食要均衡**。要在餐桌上给宝宝们建立一个"金字塔"：最底层即每日摄入量最多的为谷类，其次为蔬菜、水果类，再次为奶类、豆类，第四层才为畜禽肉类、鱼虾类、蛋类，塔尖即每日所需量最少的为油、盐、糖等。要营养均衡、合理搭配，且比例要适宜。

4. **补铁食疗方**。通过食补补铁不仅吸收好，副作用也小。妈妈在平时可以学习几道既能补铁，又好吃好做的家常菜给宝宝吃，比如猪肝瘦肉粥、猪肝蛋羹、四彩珍珠汤等。

1.猪肝瘦肉粥

原料： 猪肝、瘦猪肉、大米、油、盐

制法：

（1）将猪肝切成片，放入开水中焯一下，捞出，剁成肝末，瘦肉洗净、剁碎，将两者放入碗中，加油、盐适量拌匀、腌制。

（2）将大米洗干净，放入锅中，加适量清水，煮至粥将熟时，加入拌好的猪肝、瘦肉，再煮至肉熟即可。

2.猪肝蛋羹

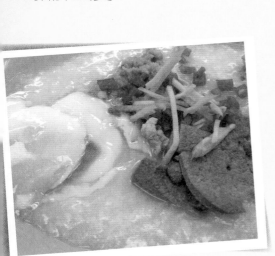

原料： 猪肝、鸡蛋、葱、盐、香油

制法：

（1）将猪肝切成片，放入开水中焯一下，捞出，剁成肝末，放入碗内。

（2）将鸡蛋磕入此碗中，加入葱末、盐，放少量水搅拌均匀，放入笼屉内蒸熟，点香油即成。

3.四彩珍珠汤

原料： 面粉、瘦猪肉、鸡蛋、菠菜、紫菜、葱姜末、油、盐、酱油

制法：

（1）将面粉放入盆内，加入适量清水，和好后将面团揪成指甲盖大小的面疙瘩。

（2）将猪肉洗净，剁成肉末，菠菜用开水焯后控水，切成小段。

（3）热锅入油，放入少许葱姜末，下肉末煸炒，再放少许酱油，添入适量水烧开。

（4）放入面疙瘩，用勺搅拌均匀，煮片刻。

（5）然后倒入鸡蛋液，放入菠菜、紫菜及适量盐，稍煮片刻即成。

宝宝能吃这些"粉"吗

市场上有各种各样的宝宝食品，核桃粉与豆奶粉就是其中很有市场感染力的两种。这些粉都是什么东西？真的像广告说的那样，对宝宝的发育"很有好处"吗？

什么是核桃粉？

核桃是一种很好的食物。虽然它的脂肪含量非常高，能达到60%以上，不过主要是不饱和脂肪，其中的多不饱和脂肪酸中有相当一部分是亚麻酸。人体每天需要一定量的亚麻酸，核桃是其中一种比较好的来源。跟饱和脂肪（比如奶油和肥肉）相比，不饱和脂肪有利于控制血脂和胆固醇。

核桃中的碳水化合物含量不高，糖很少，有一半左右是膳食纤维。膳食纤维正是现代人的饮食中比较缺乏的成分。核桃中的铁、锌和一些B族维生素也比较丰富，此外还有相当多的抗氧化成分。

简单说来，核桃中不利健康的饱和脂肪和糖含量低，而其他的主要成分膳食纤维、不饱和脂肪、蛋白质是优质的营养成分，而且其他的微量营养成分也比较丰富。

作为加工食品，同一种名称而内容不同的情况非常普遍。比如核桃粉，可能是核桃仁打磨成的粉，也可能是米粉糊精等原料加上少许核桃粉而制成的。后者只是"借核桃之名"的粉，跟核桃关系不大，这里也就不说了，只讨论"真正的核桃粉"。

什么是豆奶粉？

豆奶粉有两类。一类是"豆基婴儿配方奶粉"，它跟基于牛奶的婴儿奶粉是同一类产品，都是根据婴儿的营养需求，严格按照国际标准调配而成的婴儿食品。还有许多是"幼儿豆奶粉"，也是一种配方食品，是在大豆蛋白制成的奶粉中添加了一些维生素和矿物质等微量营养成分而得到的。

两种粉，宝宝能吃吗？

这两种如此有感染力的宝宝食品，真的适合婴幼儿食用吗？和奶粉相比，谁更优质呢？

婴儿只能吃配方奶粉

婴儿的主要营养应该来自于奶。即使是6个月之后添加一些辅食，主要的营养来源也依然应该是奶。母乳被认为是婴儿的最佳食物。只要母亲能够提供足够的母乳，就完全没有必要去吃配方奶粉。

因为种种原因，有不少母亲无法实现母乳喂养，或者无法做到全母乳喂养，那么配方奶粉是唯一能

够接近母乳的替代品。通常的婴儿配方奶粉是基于牛奶，按照母乳的组成调整了营养组成而得到。豆基婴儿配方奶粉则是用大豆蛋白代替牛奶蛋白进行配方得到的。就各种营养成分而言，这两类配方奶粉没有实质差别。

不过，也有儿科医生以及研究者认为大豆蛋白在消化率上可能不如牛奶粉，而其中的异黄酮对婴儿有什么样的影响不好说，所以一般会推荐首选基于牛奶的配方奶粉。美国FDA等机构给予了这两类婴儿奶粉同等的地位，"虽然不如母乳，但已经足以满足婴儿的生长需求"。尤其是那些对牛奶蛋白过敏的婴儿，这种配方奶粉是合适的选择。在美国的市场上，这种奶粉在所有的婴儿奶粉中大概占有10%~20%的市场份额。

除了配方奶粉，其他的各种食物都无法接近母乳。比如核桃粉，虽然它的营养价值挺高，但是跟婴儿的营养需求相去甚远，也就不能用来代替母乳或者奶粉。

幼儿可吃，但别信神效

通常，"幼儿"是指周岁以上的孩子。他们已经可以吃常规食物，主要的营养成分也应该是来自常规食物。跟婴儿不同，奶只是他们的全面食谱的一部分，主要为他们提供蛋白质和钙。核桃粉含有的不饱和脂肪、膳食纤维、B族维生素以及抗氧化剂都是很好的营养成分，作为食谱的一部分是不错的选择。但是它的蛋白含量相对于奶粉较低，钙也较少，所以不能代替牛奶或者奶粉。许多人相信核桃可以"补脑"，主要是来自于"以形补形"的传说，实际上只是一种美好的愿望。

幼儿豆奶粉中的蛋白质、脂肪和钙都是模拟牛奶。这的确也不难做到。此外，它还加入了其他的一些微量营养成分。仅仅从营养的角度来说，它可以代替牛奶，而且提供的微量营养成分还要更多一些。不过，奶毕竟只是孩子食谱中的一部分，全面的营养并不一定要从奶中来获得。

也就是说，如果"不差钱"，那么用"幼儿豆奶粉"或者其他的"二段、三段配方奶粉"来代替牛奶是可以的。如果考虑到价格，那么完全可以通过包括普通牛奶在内的全面均衡、多样化的食物来实现。

儿童，吃核桃比吃核桃粉更好

在食品营养领域，有一个概念叫做"营养密度"。就是在相同的热量下，比较食物能提供的人体需要加强的营养成分。如果只用一个指标来比较食品的优劣，那么营养密度高的食品就会更加"优质"。核桃就是一种营养密度很高的食品，在摄入热量相同的前提下，它对于心血管健康以及控制体重会更加有利。不管是大人还是儿童，核桃都是很好的食物。

从核桃到核桃粉，要经加热研磨等加工。在这些加工过程中，不饱和脂肪容易发生氧化，抗氧化剂也会发生氧化，从而使得它的营养价值有所降低。而且，为了改善风味和口感，核桃粉中还可能加入糊精或者糖等成分，也就降低了营养密度。太小的孩子不适合直接吃核桃，主要是担心被噎住。而大的孩子和成人，直接吃核桃就是最好的选择。

妈妈厨房

营养指导

此时期宝宝的吞咽功能尚不完善，因此还不能给宝宝食用花生米、瓜子及带核的枣等食物，以免误入气管，发生危险。

与植物类食物相比，幼儿更容易从动物类食物中摄取铁质。因此，要保证每天给宝宝食用15~30克的肉食。

推荐食谱

【塔香杏鲍菇】

材料：杏鲍菇30克，鸡肉30克，黑木耳15克，九层塔少许

做法：

1. 九层塔去老茎、洗净，黑木耳、杏鲍菇、姜少许切片，鸡肉剁泥备用。
2. 锅中倒入3小匙麻油烧热，爆香姜片。加入鸡肉、杏鲍菇拌炒片刻。
3. 再加入少量清水和酱油、胡椒粉，起锅前加入九层塔略焖即可。
4. 将材料混匀后捏成球状，放入滚水中煮熟捞起即可。

营养小叮咛

杏鲍菇含有丰富的多糖体，可以有效增加宝宝的身体抵抗力。

【薯饼】

材料: 马铃薯1个，鸡蛋1个，鸡胸肉50克，冷冻蔬菜（玉米粒、红萝卜、青豆仁）30克，面包粉30克，番茄酱少许

做法:

1. 鸡胸肉切丁，马铃薯去皮切丁，放进电锅中蒸熟。
2. 将面粉2勺、半个鸡蛋、鸡丁及冷冻蔬菜加入马铃薯中拌匀。
3. 将混合好的马铃薯团做成圆饼状，先沾上剩余的蛋液，再裹上面包粉，放入油锅以中火煎至两面金黄即可。
4. 食用时沾上少许番茄酱。

【蔬果三明治】

材料: 全麦吐司2片，番茄薄片15克，苜蓿芽5克，生菜10克，苹果片15克

做法:

1. 吐司烤约3分钟。
2. 吐司切片，依序把食材铺上。
3. 插上牙签，斜切成4等分。

营养小叮咛

全麦吐司所含的叶酸和可溶性纤维质较白吐司多，有助于维持神经、肌肉系统的正常功能。苜蓿芽是豆科植物中最小的一种，但它的营养价值却远高于其他豆种，含蛋白质、钾等多种营养素，热量低、清爽可口。

【菠萝什锦炒饭】

材料：米饭1小碗，鸡蛋1个，热狗香肠1根（也可以用其他的香肠），蟹柳1条，胡萝卜1/2根，小黄瓜1/4根，青豆、甜玉米粒、菠萝适量

做法：

1. 鸡蛋打散，香肠、蟹柳、黄瓜切碎，胡萝卜切碎煮熟（比较大的宝宝可以不用煮熟胡萝卜，直接炒就可以，菠萝切碎丁。

2. 锅烧热，放少许油，油热后倒入鸡蛋，炒熟盛出。

3. 再放少许油，放入葱末炒香，把香肠、蟹柳、青豆、玉米粒、胡萝卜、黄瓜一起放入翻炒大约1分钟。

4. 加入米饭，翻炒均匀，再加入炒好的鸡蛋和菠萝丁，最后加少许盐即可。

营养小叮咛

菠萝也可以不加，那就是美味的什锦炒饭。加了菠萝有特别的口感，有点酸甜，小朋友会很喜欢。炒饭的蔬菜可以自由选择，香肠也可以由鸡肉末代替。只要妈妈们开动脑筋，就可以自己创造出更多美味的炒饭食谱呢。

【海鲜面包汤】

材料：蛤蜊5克，虾仁20克，洋葱20克，法国面包60克，鸡腿肉20克，牛奶、高汤适量

做法：

1. 鸡腿肉去骨洗净剁碎，浸熟捞起备用。剔出的鸡骨可用来熬高汤。

2. 洋葱、大蒜洗净切碎，蛤蜊、虾仁洗净、切小丁备用。

3. 用油起锅，将蒜爆香，把所有材料翻炒均匀。

4. 加入牛奶和高汤煮开，用少许盐调味。

5. 将法国面包挖空，盛汤。挖出的面包可用果汁机打成细末加入汤中。

营养小叮咛

蛤蜊要先泡淡盐水，让它吐沙。虾仁可用牙签挑出背部脏泥。

健康护理看过来

规律作息从小培养

　　协助宝宝建立规律作息，有助于日后宝宝发展稳定的情绪、与旁人的信赖关系、对生命的安全感。但规律的生活作息并非一成不变，只要让宝宝规律地吃、清醒、游戏、睡觉，达成生活的平衡，并使宝宝感觉安心，就是为幼儿建立安全感的重要关键。

　　对刚出生的婴儿来说，不是吃就是睡；随着年纪增长，睡眠时间愈来愈少，活动时间愈来愈长，该怎么安排宝宝的生活呢？

日常活动设计

早餐时间	和宝宝微笑打招呼，让他自主选择自己想玩的游戏。或邀请宝宝一同准备食物，让他拔青菜的叶子、把东西归位。
活力上午	带宝宝去社区的小花园或者公园散步，让他在树阴下走路，寻找年纪相仿的玩伴，如果宝宝想尝试，也可以让他试图爬到滑梯上滑下来。 如果天气不好，就在家里做些大的肢体律动，与宝宝一起随着音乐单脚跳跃、学他熟悉的动物（如小狗、大象）走路，妈妈还可以用家里的纸箱或自己的身体，做出宛如隧道的环境，让宝宝穿越。
闲静午后	午睡起来后，陪宝宝看书或跟宝宝说说故事。
晚安曲	陪宝宝看喜欢的书、跟宝宝聊聊天、说一个他熟悉且喜欢的故事，1~2岁的宝宝一旦爱上一个故事，就会要爸妈反复地说，这种故事最适合在晚上或睡前与宝宝分享了！再帮宝宝洗个舒服的洗澡后，送他上床睡觉。

保证夜间睡眠

提供舒适环境	突然出现的噪音或声音改变，很容易干扰宝宝的睡眠，因此一个舒适又安静的睡眠环境非常重要。建议将宝宝安置在噪音较小的房间，房间内要保持空气流通、温度适中。如果担心宝宝半夜醒来会因为怕黑而哭闹，可以开一盏小夜灯。 宝宝睡觉时的衣服要穿得刚刚好。可用手触摸宝宝的背部，如果没有流汗而且有温暖的感觉，大致上就是宝宝感觉舒适的温度，这样就不会因为太热或太冷而影响睡眠质量。
让宝宝分床独睡	宝宝的睡眠模式是浅睡与深睡交替，在浅睡状态下，任何声响或动作都容易让宝宝惊醒，因此建议父母让宝宝养成自行入睡的习惯。许多父母会先抱着宝宝入睡，等睡着后再放到床上，这样宝宝大多只是浅睡，很容易因感觉到睡眠环境的变化而醒来。因此，最好一开始就让宝宝独自睡在婴儿床上。
避免过度安抚	宝宝有时候会利用哭闹来引起父母注意。如果宝宝不是因为生病的原因而哭闹，只是希望得到父母的注意或安抚，建议不妨先让他哭上两三分钟，然后再到身边安抚他，否则宝宝就会习惯用哭闹的方式来吸引注意，一定要父母哄才肯入睡。
固定就寝时间	宝宝因为贪玩而不想睡觉，也是经常出现的头疼事。建议父母明确行为规范和赏罚细则，让宝宝明白规律作息的好处和重要性，尽量在固定的时间就寝。

Tips 建立规律生活的 4 个原则

1 尊重宝宝的节奏，不要让宝宝感受到时间压力。

2 因宝宝的年龄、发展特性及需求而异。

3 因家庭文化与习惯而有不同。

4 随季节与节奏调整，以丰富内涵。

吃饭乱跑怎么办

门诊上经常听到一些家长皱着眉头向大夫倾诉："我的孩子特别不爱吃饭，一到吃饭就到处乱跑，每顿饭都要逼着吃，哄着吃，吃饭要花一两个小时。大夫，他是不是厌食啊？应该怎么纠正孩子吃饭乱跑呢？"

要搞清楚孩子是否是厌食，首先要明确厌食的概念。小儿厌食是指小儿较长时期内食欲低下，甚至以拒食为主症的疾病，是儿科门诊常见的疾病之一，多发生于1~6岁的小儿。西医所称的厌食，一般特指神经性厌食，有严格的界定。人们通常所指的小儿厌食是在排除患其他疾病的情况下，较长时间不思饮食，食欲不振或消失，甚至拒食的一种病症，属于西医学所说的消化功能紊乱。引发这类厌食的原因很多，真正由于疾病而影响消化功能，使孩子食欲下降的实属少数，大部分都是由于家长错误的喂养和孩子不良的生活习惯造成的，导致孩子一到吃饭就到处乱跑。

孩子不好好吃饭的原因

零食过多	很多家长总怕孩子饿着，家里备有吃不完的糖果、甜点、巧克力等小食品。孩子整日零食不断，肚子没有空着的时候，导致胃肠功能紊乱，引发消化不良，到吃饭时自然就乏而无味了。
食不定时	有的家长缺乏正确的喂养知识，孩子一哭就喂奶或喂饭，或者不能正确地控制孩子的进食量，导致孩子进食过多或过少，进食没有一定的规律。这样便无法培养孩子自己的进食乐趣，无法养成按时吃饭的习惯，时间久了还会影响消化液的正常分泌。
饮食无度	有的家长生怕孩子吃不饱、长不胖，错误地认为孩子吃得越多越好，片面追求高蛋白、高营养饮食，不惜一切代价给孩子进补。每天都以鸡蛋、鱼虾、肉等作为主要食物，以牛奶、果汁、可乐等作为主要饮料，忽略了孩子对粮食、蔬菜、水果的需求。自古就有"鱼生火，肉生痰，青菜豆腐保平安"、"若要小儿安，留得三分饥与寒"的说法，因为小儿胃肠娇嫩，长期饮食无度势必会损伤胃肠功能，影响其正常的消化吸收，食欲必然下降，引起厌食，更有甚者会出现营养不良。
精神因素	小儿的大脑发育不全，注意力不易集中，吃饭时家长应把孩子的注意力引到美味的食物上，使小儿大脑皮层的食物中枢形成优势的兴奋灶。如果家长在孩子吃奶或吃饭时逗孩子玩，使孩子注意力分散，或者利用吃饭时间管教、训斥孩子，使孩子处于抑郁紧张甚至恐惧的状态，都会影响孩子的进食情绪，导致孩子逃避按时吃饭。

一旦孩子因为上述原因出现厌食，单纯靠药物的调理是很难矫正的，需要家长从生活、心理2个方面入手，消除上述不良因素，把孩子紊乱的饮食习惯重新纠正过来，帮助孩子建立良好的饮食习惯和进食时的愉快情绪，促进脾胃的消化吸收。

四大方法培养良好饮食习惯

食贵有时	要做到"乳贵有时，食贵有时"，饮食要定时、定量，不吃或少吃零食、甜食和肥腻、油煎的食品，尤其饭前，一定不能让孩子吃零食。每餐进食时最好固定时间，时间一过就将饭菜收起，不可由着孩子吃多久都行，这样可以使孩子认识到只有在进餐时间才有东西吃，如果错过了就要挨饿。进食量也要大致固定下来，避免养成有时多吃、有时少吃或不吃的不良习惯。此外，食品要多样化，以粮食为主食，碳水化合物是我们饮食营养金字塔的塔基。
顺其自然	对已经有不良饮食习惯的孩子，如果不肯吃饭，家长不可强迫进食，也不可用牛奶、零食等替代孩子的正餐。孩子少吃一点或少吃一餐没有任何问题，下一餐孩子饿了，自然就有食欲了。
培养进食兴趣	愉快的情绪有助于消化液的分泌，从而增进食欲。可在饭前给孩子看些有趣的画报，听些音乐，讲些笑话或者邀请其他孩子一同进餐，通过疏导孩子不良的心理因素来改善不良的饮食习惯。对于喜欢自己动手进食的幼儿，父母不要因为孩子会将餐桌弄乱而训斥孩子或包办代替，要适当地鼓励，让孩子在进餐中找到自己动手的乐趣，增强进食兴趣，促进食欲。对于较大的有偏食习惯的孩子，可安排孩子与年龄相仿的小朋友共同进食，并在进餐时适当地鼓励与表扬，让孩子慢慢接受各式食物。尽量提供孩子爱吃的色、香、味俱全的食物，可以试着将食物做成各种好看的形状，从外观上吸引孩子的注意力。也可以变换花样，让孩子参加食物的准备与制作，自己动手之后，食物会更美味的。 总之，在保证愉快的情绪的同时，给孩子吃的食物，要注意新鲜和品种多样化，不仅要有蛋类、肉类，还应有各种蔬菜瓜果、粮食等。实践证明，饭菜多样化、艺术化、色香味俱全是刺激小儿食欲的好方法。
善于引导	遵照"胃以喜为补"的原则，先从孩子喜爱的食物入手，诱导开胃。可以采用鼓励的方法刺激孩子，比如故意在孩子面前对其在乎的人说孩子吃饭很好，很喜欢吃蔬菜、水果等等，利用孩子的好强心理让他慢慢接受自己不喜欢的食物。不要用许愿来诱导孩子吃饭，因为这样会使吃饭成为孩子的思想负担。

谨防玩具中毒

玩具是孩子的亲密伙伴，孩子把喜悦与玩具一起分享，把孤独与玩具一起消磨。然而，孩子们并不知道：玩具这个好伙伴会带给他们带来致命的危险，凶手就是"潜伏"在玩具身上的铅。

喷漆玩具谨防铅中毒

铅是目前公认的影响中枢神经系统发育的环境毒素之一。儿童肠胃对铅的吸收率比成人约高5倍，由于儿童的中枢神经系统发育未完全，所以对铅的毒性比成人敏感。铅中毒影响孩子的思维判断能力、反应速度、阅读能力和注意力等，使孩子学习成绩不好，辍学率增加。老师经常抱怨的成绩不好的学生，有可能就是脑中铅在作怪。而含铅漆或油漆制成的儿童玩具、图片是铅暴露的主要途径之一，从而导致婴幼儿铅中毒。

玩具基本上都要用到喷漆，如金属玩具、涂有油漆等彩色颜料的积木、注塑玩具、带图案的气球、图书画册等，即使是毛绒玩具，上面娃娃或小动物的眼睛、嘴唇都是油漆喷的。漆中大多含铅，孩子抱着玩具睡觉、去吻玩具和不洗手就拿东西吃，都容易造成铅中毒。

塑料玩具小心镉中毒

市面上塑料玩具很多，这些玩具绚丽多彩，既好看精巧，又不易损坏，深受家长的青睐和孩子的喜爱。可是，你知道为什么这些塑料玩具的艳丽色彩能够经久不褪吗?原因就是：这些塑料玩具在制作过程中掺入了2.5%的镉。

镉含有较高的有毒物质，进入人体后会引起中毒。如果孩子喜欢口含玩具，或在玩的过程中及玩后吮吸手指，或玩后不洗手就抓东西吃，就可能会在不知不觉中将这些镉摄入体内。由于个体差异及饮食习惯的不同，胃肠道对镉的吸收率不同，据测算大约为15%。镉进入人体后不易排出，久而久之，就有可能在孩子体内慢慢地蓄积，甚至发展成为慢性镉中毒。慢性镉中毒的孩子，通常会表现为体重不断减轻，骨骼疼痛，小便为蛋白尿，有的还出现呼吸困难等症状，中毒严重者可导致肾病、肝病、高血压、心脏病、骨质疏松等。

玩具的选择与消毒

街边小贩出售的廉价塑料玩具，以及商家为促销放在儿童食品袋中的小塑料玩具，因造价低而有可能含镉量更高，家长最好别为孩子购买或给孩子玩耍。家长给孩子买玩具应去正规的、信誉好的大商场，厂家的产品进商场需要8证齐全，包括产品安全检测合格证。玩具是用的喷漆必须是无毒漆，即漆中铅含量等符合国家安全标准。家长买玩具还要留意警示语，看清玩具上表明的孩子适宜年龄。

此外，家长平时一定要注意培养孩子玩玩具时良好的卫生习惯，告诉孩子，玩具尤其是塑料玩具不可口含，玩时或玩后不要吮吸手指，玩后要洗手，以防止孩子中毒。刚刚买来的玩具，妈妈最好也进行一下简单消毒。那么，有什么方法可以给宝宝的玩具消毒呢？

1 塑料玩具可用肥皂水、消毒洗衣粉、漂白粉等稀释浸泡后，用清水冲洗干净，用清洁布擦干或晾干。

2 布制、毛绒玩具可洗净后直接放置在阳光下曝晒消毒。

3 耐湿、耐热、不褪色的木制玩具，可用肥皂水泡洗后晒干。

早教智能全开发

开发宝宝的创造力

创造力也是一种思维能力，它并不是漫无边际、天马行空式的创意，而是能提出问题、解决问题、创造新事物、帮助人适应环境的能力。相对来说，并不是越聪明的人，创造力就一定越高。事实上，历史上很多有成就的人，本身智商不一定很高，书也不一定读得呱呱叫。但因为他们点子多，心思巧，遇到问题不放弃，所以成就反而比一般人高出许多。

父母、老师的评价经常会给孩子一个思想的框框。"延迟评价"就是在孩子做出一件事情或者说出一种想法之后，不要急于对他的言行进行评价、做出结论，而是让它处于一种自然发展的状态。对于促进儿童创造力的发展来说，这一点是非常重要的。

心理学家奥斯本曾经提出过一种"头脑风暴法"，其根本就是让人们头脑中新颖的"想法和观念"在没有"看守"的情况下，蜂拥而出。但是如果人们一旦产生一个想法就遭到评价，那新的想法就不会紧接着出现，原来的想法本身也不会变得更加深入。

妈妈确实比孩子懂得更多的东西，因此总会有一种给孩子"指点迷津"的欲望，孩子干任何一件事，总要评价一番。最后孩子可能很"听话"：如果你在他的身边，那么他每做完一件事情，都会瞪着可爱的眼睛看着你，征询你的意见。此时的你会不会感到一种莫大的宽慰？

Tips 你的孩子有这样一种"听话"的习惯吗？如果有，那这对于孩子创造性的发展可能是一个不好的兆头。孩子对外界评价已经形成一种稳定的依赖。如果你不在他的身边，他可能会因为这样一种对评价的依赖和对权威的服从倾向而变得无所适从。

1 控制语言模式

由于在引导孩子创造力发展的时候，很难直接告诉孩子应该怎样做才是最富于创造性的。因此，鼓励孩子的创造欲望，养成孩子的创造习惯，可能显得更加重要。在这一点上，控制语言模式能起到很大的作用。

什么是控制语言模式呢？它是指外部的语言表达代表着内部的心向，影响内部的心向可以通过外部的语言控制来实现。比如下面的A类句子可能是我们通常都能听到的，如果你用B类来表达，将是非常有益的。

A：老师画的猫是灰色的，你却画成红色的，你得改过来。

B：老师画了只灰猫，你画了只红猫，让我们来看一下哪只更可爱呢？

A：这样的事情等你长大了自然会做。

B：你也可以试试，如果需要什么帮助就招呼妈妈一声。

你一定已经清楚A类语言和B类语言的不同了吧？所以中国有句老话"话要巧说"，同样的一件事情，用不同的语言说出来，效果就不一样。

2 鼓励孩子"随心所欲"

孩子在玩耍时，最令人头疼的事情就是他们常常"胡闹"。这种情况下，父母通常会对他们明令禁止，要求他们"好好地玩"。这其实就是要他们按照某种通常的规则来进行游戏。如果孩子只会按通常的规则玩，又有多少创造性可言呢？

3 让孩子有独处的机会

妈妈可以尝试一下：下定决心在一天甚至两三天的时间里不去过问孩子的事情，即使孩子没有同伴在身边也是这样。试试这样做，看看你和孩子会有些什么新颖的感觉呢？

4 善对孩子发问

问题是思维的起点，发问对于培养孩子的创造性是很重要的。要想激发孩子的潜能及创造性，妈妈可以多掌握一些向孩子发问的形式和技巧。当然妈妈既要有关于发问的技巧，也要学会听孩子发问。这不仅有助于增进亲子关系，更可激发孩子的思考能力，同时可培养其表达能力。

宝宝怕黑是病吗

怕走夜路、怕到黑屋子里拿东西……只要是黑的地方，或是谈到黑，恐怕大多数人都有一种"恐惧黑暗"的心理。许多成人尚且会有这样的感受，也难怪小孩子会有怕黑的恐惧呢。总是有很多家长说："我家宝宝的胆子特别小，只要天一黑，他就缠着大人不松手，一步不离地跟在大人身后，有时候都没办法做事情，缠得大人没办法了，就开始跟孩子发脾气、打他几巴掌，可大哭之后，宝宝还是缠着不放。"

宝宝为什么怕黑

说到这个怕黑的问题，估计也为很多家长所头疼。那么，宝宝为什么这么小就会这样？经分析主要有两种可能。

生理问题

有的宝宝怕黑是因为小脑发育不良所造成的，一旦进入黑屋子就会失去平衡。因此，如果宝宝特别怕黑，家长应带宝宝到医院检查。只要是生理原因造成的，就可以通过医学进行干预。

心理问题

这里所说的心理问题，就是在平时的外部环境中，成人在不经意中给宝宝造成的怕黑恐惧。比如说有的家长看电视时只顾自己一时的痛快，居室内不是刀枪棍棒声就是惊险发出的尖叫声，有时惊险的武打画面还呈现在宝宝的面前；或者大人在讲故事时没有仔细选择，出现了有关"黑"的可怕的事情；也有些家长为了以示惩罚，把宝宝关在黑屋子里来恐吓宝宝，这样宝宝自然对又黑又静的屋子产生了恐惧心理。

怎样消除黑暗恐惧

一个人在一定的环境中所受的熏陶，总会随着时间的推移而有所变化。什么样的环境就会造就出什么样的人来，对宝宝的培养和锻炼也是一样，建议家长朋友试一试下面的办法。

1. 黑屋子里的快乐故事

宝宝都特别喜欢听故事，家长可充分利用这个特点，在黑屋子里讲一些美好的、快乐的、具有引导意义的故事。如"在冬天的一个夜晚，天空中突然下起了小雪，一片片雪花天使穿着白色的纱裙，从高高的空中飘落下来，不一会儿，树枝上、房子上、地上都铺满了晶莹透亮的小雪花。这时，一位圣诞老人不怕天黑，坐着雪橇从很远很远的地方赶来，给小朋友们送来了一件件可爱的礼物。这时候小朋友们正在黑夜里熟睡着、做着香香的梦，第二天醒来的时候，就发现了枕边的这份礼物，真是高兴极了……"。通过故事让宝宝知道，黑屋子里也有好听的故事和美丽的传说，让宝宝对黑屋子有新的感受和认识，逐渐不再惧怕。

2. 黑屋子里的奇妙问题

天黑的时候，一家三口不妨在黑屋子里讨论一些奇妙的问题。比如透过黑屋子的窗户可以看到天上的星星，星星为什么会眨眼睛呀？为什么天上的月亮有时像饼干，有时又像香蕉呢？为什么天有时黑有时亮？其实宝宝还会提出很多奇妙的问题，家长可以趁机把这些自然现象解释给宝宝听，记得要用宝宝能够理解的语言来讲述哦。这样一方面增进了宝宝和父母之间的感情，另一方面也加强了宝宝对科学探索和研究的兴趣，再就是通过观察、讨论使宝宝对黑暗有了更正确的理解和认识，从而淡化宝宝对黑暗的恐惧心理。

3. 逐步适应黑屋子

宝宝怕黑是在长期消极经验的积攒中逐步形成的，要消除这种心理也要一步一步慢慢来，最典型的难题就是为什么晚上宝宝不肯一个人睡觉。在刚开始让宝宝独睡时，家长可以先坐在床边陪宝宝说说话，可以讲一个美好的、快乐的小故事，也可以播放一小段摇篮曲等，然后把灯光调到比较合适的亮度并逐渐变暗。总之，要让宝宝有一个逐步适应黑屋子的过程。如果总是批评、训斥、惩罚，那么宝宝怕黑的情况只会越来越糟。

Tips 家长需要做的功课

宝宝怕黑是完全正常的，也是有理由的。要消除宝宝怕黑的心理，以下几项功课请家长多多用心哦。

1、在宝宝面前，自己不能表现出怕黑的恐惧。

2、不能把进黑屋子作为惩罚宝宝的手段。

3、不能把黑屋子与可怕的事情联系在一起。

4、在保证安全的前提上，让宝宝独立到黑屋子里小·待一会儿，比如一两分钟或几分钟，也是可以的。记得为宝宝找一个合适的、能接受的理由，比如去取一下东西等。然后家长给予表扬和鼓励，以此来锻炼宝宝的胆量，从而帮助宝宝消除"黑暗恐惧"。

坏脾气的倔宝宝

孩子在家都得到父母长辈的百般疼爱，要什么就有什么，因此，在走出家门之后也难免过度以自我为中心，稍不如意就大发脾气，显得有点倔强甚至是蛮横。然而，如今是一个讲究团队合作的时代，如果孩子的性格太过强硬，势必会影响到人际交往。因此，我们不妨从小就和孩子较较真，让他对挫折有着更好的忍受力，慢慢克服倔强任性的习惯。

3大因素造成倔强

许多父母认为倔强、难缠是孩子天生个性使然，其实并非完全如此，家长的教养态度也是不可忽视的关键因素之一。

天生气质	坚持度是先天气质中的重要内容，一个人的坚持度越高，就越容易出现大家所认为的倔强行为。而坚持度高的孩子在新生儿时期就可见端倪，例如孩子喝奶喝到一半被打断时，便出现剧烈的哭闹，那就代表可能坚持度较高。
父母教养态度	有些孩子的行为不见得是倔强，而是和父母的期待有落差。比如孩子的能力有限，可能需要 10 分钟才能完成一件事，父母却期待他在 5 分钟内就完成，因此在 6 分钟就出现亲子争执，孩子认为自己没有错，而大人却觉得孩子不听从教导。
父母缺乏原则	如同上述，每个人都有自己想做的事，无奈却不能尽如人意。而坚持度高的孩子势必努力为自己争取，当他们发现能够以情绪或实际行动向父母施加压力、进而达到自己的目的时，便会不断试探父母的底线。如果父母缺乏原则，只要孩子一哭闹就妥协退让，那么往往会助长孩子的倔强性格。

4妙招面对倔强儿

事先预告	家长在做每件事之前都应事先预告，特别是对坚持度高的孩子，更应该以具体的方式预告，而不要只是模糊地说"等一下"，可以用"等长针指到 6，我们就要收玩具啦"，并告知孩子接下来要做什么事情。

坚持原则	由于倔强性格使然，并非每个孩子在接到预告信息后都能心甘情愿地配合。因此，当孩子耍赖时，家长一定要坚持自己的原则，不宜轻易退让，否则孩子发现哭闹可以帮自己达到目的时，便会一再采用这个方法，而家长也只能一退再退，这样孩子的倔强性格就越发不可收拾。
接受孩子的情绪	当父母和孩子对峙时，孩子可能会哭闹或大吼大叫，这就是他的宣泄方式，没什么好奇怪的，家长决不能因为孩子出现负面情绪就举白旗投降。此时父母应该很明白地跟孩子说："我们等一下要一起出去，所以没办法让你继续玩，要等到回来之后才能再继续，我知道你很生气，你自己先在这边冷静一下，等一下再跟我讨论要怎么办。"说完就离开，让孩子自己独处一会儿，但需要特别留意所处环境的安全性。
适时鼓励	凡是坚持度高的孩子，往往都想把事情做到最好，但是受到自身能力的限制却经常不能如愿，对此他总是感到泄气或沮丧，此时父母便要适时给孩子鼓励，告诉他"我觉得你这样做已经很不错了"，及时帮孩子排解情绪，避免积聚成更大的情绪包袱。

2岁宝宝很"难缠"

一般来说，2岁之后的宝宝好奇心很强，常常觉得自己已经是小大人，凡事都想自己解决，但偏偏实战经验不足，不仅常把事情搞砸了，还给身边许多人造成其他的麻烦，因此常被形容为"Terrible two"，意为"恐怖的2岁"！

到底2岁的幼儿有多恐怖，又会为亲子关系带来多少冲突和紧张呢？

让人又爱又怕的"2岁"

2岁幼儿活动力渐强，反抗性也渐强，常常会要求依照自己的意愿来完成某些事情，一旦效果不如意，可能就会惹得他非常生气。

反抗性渐强，凡事都要自己来

当孩子成长至2岁时，由于各项能力逐渐精进，他可能会走、会跑、会说话，所以常会觉得"我已经长大了，可以自己完成所有的事"，以至于凡事都会要求自己来，但往往做得不是很好，所以容易造成家长的紧张。

依附感增强，经常出现分离焦虑

2岁的孩子正是对依附关系产生需求之时，因此会对最亲的人（家长或主要照顾者）产生分离焦虑，只要他们一离开视线，就会哭闹不休，简直像个橡皮糖一样。

过于自我，容易变成小霸王

看到别人有，自己就想要，这就是2岁儿的特性。他们有时很难和他们小朋友友好相处，比如抢玩具。当孩子出现不当行为时，先别急着责备孩子，因为他刚从家庭进行团体生活，难免会有些不适应。建议您不妨多给孩子一些时间去适应团体生活，并慢慢从生活教育里教导他学习与人分享。

3妙招搞定2岁儿

妙招1	**故事教育**	"和小孩讲道理，他能听得懂吗？"许多人也许会质疑，但是千万别小看孩子的能力！用孩子听得懂的语言与他对话，效果通常很不错。建议家长尽量简化语言的复杂度，以说故事、比喻的方式来引导孩子，尝试与孩子正向沟通，或许会有意想不到的功效。
妙招2	**教养方式要一致**	如果孩子已经上了托儿所，那么多与学校老师沟通是很有必要的。家长可以将孩子在家的情况记录下来，带到学校与老师讨论。当碰到类似的难题时，与老师建立一套相同的教育模式，不要让教养方式因时因地而改变，如此孩子才不会无所适从，比较容易矫正偏差行为。
妙招3	**建立原则**	"孩子想要什么就给他吧！省得他哭闹不止，搞得大家精神崩溃！"不少家长在孩子耍脾气时，会采取妥协、满足孩子的需求等消极性解决方式，以求能迅速化解争执，让孩子乖乖闭嘴。但如此反而可能让孩子更加任性妄为，想要什么就非得拿到手，否则就以吵闹方式直到父母妥协、答应为止。 合适的教养方式应该是建立正确的基本概念，疼爱宝宝，但应坚持原则。当孩子吵闹时，用他可以理解的话语告诉他这样做是不对的。有时孩子是在试探父母的底线，只要一次赖皮成功，下次他可能就会如法炮制。 如果孩子在公共场所吵闹得厉害，一时真的没办法沟通，为避免造成他人的困扰（或惹来白眼），也可先将孩子抱走，带到其他人少的地方，先试着安抚孩子，让他安静下来，再继续进行教育。

24~30个月
FROM 24 TO 30 MONTHS

 成长印记

　　2岁宝宝现在动手能力更强了，当宝宝遇到困难求助于妈妈时，可以锻炼宝宝动脑解决难题的能力，妈妈给予关心和协助，宝宝一般都能顺利解决问题。宝宝的动手能力越来越强。语言发展好的宝宝，这个月已经可以说一些完整的简单句了。

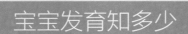 宝宝发育知多少

宝宝体格发育表（满900天时）

项目	男宝宝		女宝宝	
	正常范围	平均值	正常范围	平均值
体重	9.86~19.13千克	13.64千克	9.48~18.47千克	13.05千克
身长	82.4~105.0厘米	93.3厘米	81.4~103.8厘米	92.1厘米
头围	45.30~53.1厘米	49.1厘米	44.3~52.1厘米	48.0厘米

1 身体运动

粗大运动 爬上椅子再上桌子够取物→交替双足上楼梯→单足站稳(不扶物) →从台阶上跳下→在单排砖上行走→开儿童电动摩托等

精细动作 穿上1~3个珠子砌积木造塔→小豆子装进小口径的瓶中→在玩积木、拼插玩具时，灵活、有目的地拼成某一物体等

2 语言能力

培养此阶段孩子的语言智能，我们可以通过以下方法进行：

给孩子念诗歌 平时家长应收集一些好听的、通俗易懂、短小精悍的诗歌、儿歌念给孩子听。在给孩子念诗歌、儿歌的同时，也可结合孩子的生活，合理的选择，如孩子要睡了，妈妈可以念《宝宝困了》。如果孩子吃饭吃不干净，妈妈可以抓住这一机会，对孩子进行教育，可以给孩子念《锄禾日当午》等，这样做可以训练宝宝对语言的理解能力、欣赏能力等。父母除了在生活中给孩子念诗歌外，为了加强孩子对诗歌的记忆和理解，父母要不断重复念诗歌，待孩子对诗歌内容熟悉后，再更换新诗歌。

介绍自己 让宝宝向别人介绍自己，清楚地讲出自己的姓名、年龄和性别，可以有效地培养孩子的语言表述能力，对于培养他们的语言智能有着很重要的作用。

看图说话 家长准备一些动物图片，如小兔、小鱼等，成人出示图片(小兔)，让孩子说出名称。启发孩子说说小兔，以引起孩子听话说话的兴趣。"小兔有尖尖的耳朵，小兔有红红的眼睛，小兔有三瓣嘴，小兔有短短的尾巴。"大人边指着小兔边说。让孩子跟着大人一起边念边指，等他熟悉了，可以跟随儿歌中的语句让孩子指认图片上小兔身体上的相应部位。

训练目标 发展孩子语言智能，增进亲子关系等。

除了我们介绍的这些方法外，大人也可以自己创设，重要的是有益于培养宝宝的语言智能。

3 认知能力

孩子在此阶段，认知能力的培养又上了一个新的台阶，如果成人能够给孩子足够的机会去实践，可以让孩子尽早地掌握一些重要的概念。为今后生活、学习、认知等奠定基础。家长可以通过以下方法来对宝宝进行认知训练：

比较概念的掌握 家长们应该根据生活中的有利条件为孩子创设一些学习比较的方法，如可以结合日常生活教宝宝学会比较。如：爸爸比妈妈高，宝宝比妈妈矮。也可出示西瓜和苹果，让宝宝认识到西瓜比苹果大。给宝宝出示两堆糖，3颗和2颗，让宝宝了解到3颗比2颗糖多。家长可以多跟宝宝进行此类游戏，除了比较大和小、多和少、高和矮外，还可创设条件让宝宝分长和短、粗和细、圆和方、正方型和长方形等数学或几何概念。

配对概念的掌握 家长给孩子出示2对东西，如，2个苹果和2支香蕉，让宝宝学习配对。家长先拿出1支香蕉放在桌子上，让宝宝从剩下的水果中拿出一个水果来与香蕉配对，如果宝宝拿出1支香蕉，放在香蕉的右边，家长要对宝宝点头或称赞他。如果宝宝拿错了，家长要摇摇头或说"不是"，然后再让宝宝拿直到拿对为止。接此往下进行，这样可以使宝宝学会配对的方法。等宝宝掌握后，增加到3对、4对，每对之间的差距也逐渐减小。以后还可以逐渐过渡到图片配对、符号配对等。

分类概念的掌握 给宝宝一些不同大小、不同颜色的球，如有大的红球、大的黄球，又有小的红球、小的黄球，把他们混在一起让孩子分类。孩子在分类时往往标准不统一，有时按颜色分，不一会儿又按大小分，结果往往是混乱的。这时你可教给他们，怎样按一个统一的标准进行分类。在只按颜色的分类中，大小红球为一类，大小黄球为另一类；而在以大小为标准的分类中，大的红球与黄球为一类，小的红球与黄球为另一类。通过这些练习，孩子能学会"一样"与"不一样"、"相同"与"不相同"、"像"与"不像"等关系。诸如此类的游戏，可让孩子学会思考和分辨，学会认真观察事物，增加思维的敏捷性，同时在生活中增长很多知识和技能。

动物拼图 动物具有不同的外貌特性，将零碎的图片，拼成一个完整的动物图形，可以训练孩子的分类技巧和逻辑思维能力，也对动物的外形有一个更深刻的认知，大人可以从杂志或书上裁剪各种动物的图片，再将每张图片对折裁剪，把动物的头部（上半身）和尾巴从中间剪开。拿出剩下的图片，要求孩子将这些动物下半身的图片和上半身的相互配对。一旦配对成功，请孩子在一张卡纸上完整帖好动物的外形。重复上述步骤，直到完成所有的图片为止。家长也可以准许孩子发挥想象力任意配对动物的上半身和下半身，在创造新动物当中会有意想不到的乐趣。

4 社会适应能力

生活中可以用来引导宝宝发展社交能力的方法有很多。下面我们就介绍几种在日常生活活动中培养宝宝社交能力的方法：

做小主人 让孩子当小主人，全家人(父母及祖辈)围坐在沙发上，茶几上放有果盘和几只不易碎的杯子，杯中各盛一半水，给孩子戴好帽子和围裙，鼓励孩子为大家送水，让宝宝双手端着杯子，一一送到大人手中，边送边学说："请××喝水。"大人应答："谢谢宝宝!"也可以在家中有客人时进行此活动。方法客人来了，成人一定要热情接待，可以对宝宝说："宝宝，请阿姨吃糖。"并与宝宝一起把糖送给客人吃；客人走时，教给宝宝客气地与客人道别，欢迎下次再来。

与邻里和睦相处 引导孩子搞好邻里关系：尊重邻居。比如，平常指导孩子见到邻居中的长辈要上前主动问好，打招呼，主动让路，而不能置之不理或抢到前边，特别是对年纪较大的爷爷奶奶；帮助邻居。当邻居家有了困难要主动帮助，如邻居不在家，主动代收信件，代替邻居招待客人。如果遇到刮风下雨天，还应鼓励孩子一起主动为邻居代收衣物，邻居家有病人，带孩子主动探望等等。鼓励孩子和邻居家小朋友交流，提供一起玩的机会，并告诫孩子要有吃亏精神，能够容忍，特别应该谦让比自己小的孩子，主动把自己的书、玩具等借给邻居小朋友玩耍。教育孩子不随便打扰别人，在邻居休息的时间里，尽量把录音机、电视机的音量放小，不在楼道里大声喧哗、玩耍等，以免影响他人的学习与休息等等。

营养饮食细安排

餐桌上的战争

你家是否也天天上演一番餐桌大战？无论谁赢谁输，都免不了劳力伤神。孩子的吃饭问题，是很多家长的共同烦恼。其实，有2个依据可以帮助父母判断孩子的饮食习惯是否有问题：一个是身高和体重（大多数孩子的身高体重都会在一个常规范围之内），一个是孩子进食的情形。对于幼儿来说，吃饭的重要性不仅在于补充身体必需的营养，它还可以培养孩子的生活自理能力，养成良好的生活习惯。帮助孩子建立良好的饮食习惯，渐进的计划和耐心是重要的。

孩子能够自己吃饭是一件令人兴奋的事情，这表示孩子在某些事情上能够做主。如果引导得当，孩子会很乐意自己进食，除非成人把吃饭变成冷漠的战场，或把进食变成一场激烈的战争，没有机会让孩子自己学习，剥夺孩子学习的权利，孩子才会不肯自己进食。

让孩子学会自己吃饭

固定座位	这是培养良好习惯的第一步。父母必须下定决心，只在餐椅或餐桌旁（如果没有餐桌，要选定固定的位置），才给东西吃，以养成孩子吃东西不四处乱跑的习惯。另外，没有在规定的时间内，也不要给他东西吃。两餐之间不可有过多的点心，尤其是吃饭前半小时不可吃零食，吃饭时最好不要看电视，同时要把玩具、书本拿走，以免造成孩子分心。
有意培养	孩子在1岁左右，有自己动手的强烈愿望。他们对任何事情都有浓厚的兴趣，在吃饭时，常常有抢勺子的举动。这时，父母应该因势利导，鼓励孩子学习自己吃饭，给孩子一把勺子，让他有自己动手的机会，在旁边给予适当的帮助。当然，这个年龄孩子的精细动作还不协调，常常有弄洒饭菜的情况发生。但是，如果家长怕麻烦，剥夺了孩子学习吃饭的权利，就为以后孩子不自己吃饭下了"基础"。其实，不管是成人还是孩子，学习技能都要经历从不熟练到熟练的过程，孩子掌握技能的同时，还能促进手眼协调动作的发展。
选用餐具	孩子在1岁半左右，就会使用勺子吃饭。这时，大人应该准备适合孩子用的碗、勺。例如，勺子的大小要适合孩子的嘴，最好一勺一口，不多也不少；碗、盘子要好盛，以免溢出或打翻。那些有可爱的装饰的餐具，也能增加孩子吃饭的兴趣。经过愉快的引导和示范，让孩子学会自己吃饭，同时也学会用餐的规范、礼仪。
鼓励与肯定	吃饭的气氛、饭前的鼓励以及对时间的要求应事先与孩子沟通。在鼓励、肯定和期望的过程中激励："很好，就剩下几口了。""你今天的速度比昨天还快。""你一定能在动画片开始之前吃完。" 利用反馈表也是一个很好的办法。在餐桌前贴一张表，登记用餐的情况，20分钟之内吃完贴大星星，30分钟内吃完画苹果，不到处乱跑画一个圈，不剩饭画一朵小花……让孩子明白其中的含义，体验成功的喜悦，然后再积累起来好好奖励他。
坚持原则	最后需要说明的是，父母一定要坚持自己的原则，并让孩子清楚地知道。比如，要求孩子20~40分钟内必须吃完一顿饭，吃不完也要把饭菜收走。如果孩子屡屡犯规就要适当地惩罚。这种惩罚可以是不允许孩子从事自己喜欢的活动，如不能出门、不能看电视或玩玩具，切不能只说不做。父母只有坚持原则，才能帮助孩子建立良好的饮食习惯。

缤纷水果餐

水果富含纤维素与维生素等营养素，每天摄取足够的水果，可以帮助提升免疫力，让宝宝健康有活力。

现在，水果入菜的做法从饭店蔓延到了家庭厨房，水果与正餐结合，营养会发生怎样的改变呢？

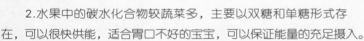

水果入菜有哪些好处？

1.多数新鲜水果含水量较高，大约在85%~90%，是维生素（维生素C、B族维生素和胡萝卜素）、矿物质（钾、钙、镁）和膳食纤维（纤维素、半纤维素和果胶）的重要来源。对于不喜欢吃菜的小朋友，水果既是补充这些营养素的良好来源，又是调和菜品口味的好帮手。

2.水果中的碳水化合物较蔬菜多，主要以双糖和单糖形式存在，可以很快供能，适合胃口不好的宝宝，可以保证能量的充足摄入。

3.水果中的有机酸，如果酸、柠檬酸、苹果酸、酒石酸等含量比蔬菜丰富，能刺激人体消化腺分泌，增进食欲，有利于食物消化；同时有机酸对维生素C的稳定性有保护作用，可以减少菜肴在烹调中维生素C的流失。

4.水果含丰富的膳食纤维，可以促进肠道蠕动，尤其水果含有丰富果胶，是一种可溶性膳食纤维，可降低胆固醇，从小保护宝宝的心血管系统的健康；还可与肠道中的有害物质结合，如铅等重金属，促进其排出体外，避免重金属沉积对宝宝智力等功能造成影响。

5.有些水果含有蛋白酶等酶类，如新鲜菠萝含有菠萝酶、木瓜含有木瓜蛋白酶、无花果含有无花果酶，这些水果入菜后可以让肉中的蛋白质发生一个初步的分解，使肉质更鲜嫩，也可以更好地促进食物在宝宝体内消化吸收。

6.有些宝宝对水果中的酶较为敏感，水果入菜加热后酶的活性消失或减弱，从而使宝宝更容易接受。

水果可以补水、防晒和补钙，真的吗？

人体每天的水液代谢要保持平衡才能保证生理功能的正常运行，水液的来源途径有食物中获得，蛋白质、糖类、脂肪代谢产生一部分，液态食物、白开水、饮料摄入剩余部分。虽然水果的含水量很丰富，但不能完全依赖其中的水分，还是需要补充液体水分的，一是因为水果中水分渗透压较大，摄入过多会对身体带来负担；其二是如果完全靠水果来满足宝宝水分的需要，很可能造成营养过剩，因为水果中能量物质含量还是较高的。

水果能防晒吗？太阳之所以会对宝宝皮肤带来伤害，是因为其中紫外线穿透皮肤表皮甚至真皮层，对皮肤细胞造成伤害。不论吃什么水果也不能阻挡紫外线的伤害，所以吃水果不能防晒，但吃水果能起到晒后修复的作用，因为其中的营养素是皮肤修复过程中所不可缺少的。

水果可以补钙吗？之所以有这样的说法，是因为有些水果中钙含量较高，如100克的食材中钙含量酸枣435mg、沙棘104mg、柠檬101mg、无花果67mg、樱桃59mg、金橘56mg、山楂52mg，但是大家可以看出这些含钙量高的水果有些不是常见水果，或者因为口味原因每次不可能摄入过多，所以不能达到彻底补钙的目的，宝宝最好的钙来源仍然是乳制品。

不甜不代表含糖量低

水果中的能量主要来自碳水化合物，也就是糖类，取同样100g的食材，比较一下碳水化合物的含量，其中西瓜为5.8g、甜瓜为6.2g、樱桃为10.2g，荔枝最高为16.6g，大家可能也观察出，平时口感觉得甜的水果并不一定是含糖高的，比如樱桃和西瓜，口感上肯定西瓜更甜，但樱桃的含糖量几乎是西瓜的两倍，所以水果能量的高低并不取决于口感上的酸甜度，爸爸妈妈们在这方面一定要多注意，避免宝宝因能量摄入过多而导致内热、肥胖等问题。

水果过敏怎么办？

桃子、菠萝、柑橘类、草莓、猕猴桃、樱桃、芒果、椰子等，发生过敏可能出现湿疹、荨麻疹、眼皮肿、流涕、打喷嚏、咽部充血、呕吐、腹泻、便秘、肛周皮疹甚至肠内出血等症状。如果过敏源一直没有解除，宝宝可能出现生长缓慢或停止的现象。

解除过敏的方法

1. 不吃未成熟的水果。未成熟的水果中含有抗营养物质，食入后宝宝可能在消化道、皮肤等器官出现不适症状，水果成熟后，这些抗营养物质会转化成有机酸、芳香物质、色素等对人体有益的营养成分。

2. 带毛的水果如桃子、猕猴桃要将毛去除干净。

3. 蛋白酶含量丰富的水果，尽可能地将蛋白酶灭活，如菠萝在盐水浸泡、芒果加热等。

如果以上方法使用后仍过敏的宝宝，建议继续延后添加及避免接触此类食物。

宝宝水果餐的制作

　　非过敏体质的宝宝在这个阶段几乎可以吃所有的水果，所以水果餐的选择更为丰富，如酸奶蔬果沙拉、香蕉泥饼、木瓜牛奶银耳羹等。

【酸奶蔬果沙拉】

食材: 酸奶、圣女果、紫甘蓝、牛油果、芒果

制作方法:

1.将所有食材清洗干净；

2.牛油果从中间剖开，取出果核，用小勺将果肉挖出，切成1cm大小的粒状，留果壳做容器；

3.圣女果、紫甘蓝、芒果分别切成1cm大小的粒状；

4.将酸奶倒入切好的食材中搅拌均匀，装入牛油果壳即可。

Tips 1.有些水果餐中会用到酸奶、奶酪等牛奶制品，不适宜于牛奶过敏的宝宝。

2.适量食用、现做现吃。

营养指导

2 岁以后，宝宝的营养需求有了很大提高，每天所需的总热量达到了 1 200~1 300 千卡。尽管此时乳品已不是宝宝的主食，但仍要尽量保证每天饮用牛奶，以摄取更佳的蛋白质。

宝宝户外活动比小时候多，饮食种类逐渐多样化，因此对于健康宝宝来说，就不需要专门补充维生素 D 和钙剂了。

粗粮中含有宝宝成长所需要的赖氨酸和蛋氨酸。这两种蛋白质人体不能合成，因此从这一阶段开始，可以适当给宝宝吃些粗粮。

推荐食谱

【白菜肉卷】

材料： 大白菜叶75克，肉馅50克

做法：

1. 肉馅放入碗内，加入精盐、葱姜末、酱油、香油，搅匀待用。
2. 将白菜叶用开水烫一下，把调好味的猪肉馅放在摊开的白菜叶上，卷起成筒状，再切成段，放入盘内。
3. 上笼蒸30分钟即可。

营养小叮咛

白菜富含多种维生素及胡萝卜素、钙、磷、铁等营养成分，与猪肉相配制，营养价值更高，对幼儿生长发育大有裨益。

【清香杂粮粥】

材料：糙米、燕麦、绿豆、糯米、薏仁、红豆、砂糖各10克

做法：

1. 糙米、绿豆、薏仁、红豆、糯米洗净。
2. 连同燕麦加水、糖后，置入锅中煮熟即可食用。

【糖醋里脊】

材料：里脊肉200克，竹笋适量

做法：

1. 将里脊肉拍松切成菱形块，用盐腌一下。
2. 加入少许水淀粉拌匀，滚上干淀粉，放入油锅中炸至金黄色，捞出备用。
3. 竹笋切成小片，用热油炒几下，随即加入盐、糖、醋、酱油、汤。用水淀粉勾芡即可。

【南瓜黄桃派】

材料： 南瓜100克，干炸粉1包，黄桃2只，蔬菜少许

做法：

1. 南瓜煮熟后碾压成泥，加入干炸粉，拌匀。
2. 黄桃切成小丁，煮熟，加入芡粉拌成糊状，放少许糖，备用。
3. 起油锅炸南瓜泥，装盘后浇上黄桃糊，再配上烫熟的蔬菜叶子即成。

营养小叮咛

南瓜富含钙质和胡萝卜素，对宝宝的发育大有好处，而且虽甜但含糖量很低。

【阳春面】

材料： 阳春手工面100克，鸡蛋1个，高汤2大杯

做法：

1. 将面条煮熟，盛到碗内。
2. 坐锅烧油，把鸡蛋打匀倒入摊成蛋皮，盛出，切成丝。
3. 把高汤烧开，加入酱油、精盐、香油、葱花、蛋丝，浇在面条上即可。

防止"成人病"过早出现

"成人病",顾名思义,一般是成年人才会得的病,孩子们对这些病基本上是"免疫"的。但是,由于受现代社会各种因素的影响,许多孩子也都患上了如颈椎病、胃炎、脂肪肝、糖尿病、失眠等"成人病"。为此,提醒家长们应帮助孩子们纠正不良生活习惯,积极运动、合理饮食,为他们的健康建立一道防护屏障。

1 小儿也患高血压

梦雨今年上小学5年级,父母对他要求非常严格,不仅要求学习成绩优异,还希望他多才多艺。于是,父母替他报名参加了各种各样的课外辅导班。而在一次学校体检中,他竟查出患上了儿童高血压。

专家点评: 据调查,目前国内儿童高血压发生率为1~7%。儿童高血压的罪魁首先是有高血压家族史,儿童及青少年原发性高血压有家族史者占50%以上。其次是肥胖,据调查,肥胖儿童患高血压的危险是非肥胖儿童的3倍。儿童高血压病通常很"隐秘",一般只有通过体检和健康普查才能被发现,但疾病却会在机体内慢慢地损害器官,患病儿童绝大多数在成年后会被心血管疾病、糖尿病等所困扰。所以,孩子要养成良好的饮食习惯,饮食宜清淡少盐,多吃蔬菜、水果,适量吃高脂、高胆固醇的食物;要消除精神紧张和压力,在学习上要避免精神负担,劳逸结合,防止血压升高;多运动,既可消耗体内过多的热量,还能增加肺活量,增强心肺功能和心肌收缩力;有高血压家族史的孩子应定期或不定期地检测血压,若发现血压有偏高的迹象,应及早采取治疗措施。

2 小儿也患抑郁症

逸帆今年5岁,半年前随父母从西安来上海。在幼儿园里,逸帆由于语言障碍而很少与其他小朋友沟通,结果沉默寡言,甚至还引发儿童抽动症。儿童心理医生说,逸帆已经有儿童抑郁症的表现。

专家点评: 一项最新研究表明,由于社会环境和生活环境发生变化,儿童患抑郁症的数量有明显的上升趋势。特别是随着越来越多的新移民涌入上海,一些"新上海人"的子女因为不会说上海话而无法自然地和同伴沟通,小小年纪竟也患上"抑郁症"。治疗儿童抑郁症，首先要改变对孩子的不正确态度。要多关心他们，多理解他们，对他们多加开导，避免专制的家长作风，让孩子把自己心中的积郁倾吐出来。同时，家长要尽量多安排他们参加集体活动，增进他们和同龄儿童的交往，丰富他们的精神生活。

3 小儿也有颈椎病

颈椎病以往一直是成人"专利"，眼下开始有了低龄化趋向。8岁的庆惟是一名小学生，自从5岁时学会了上网，玩游戏就成了他的爱好，他能连续数小时在网上"激战"，游戏水平在同龄孩子中是佼佼者。为此，庆惟的父母还感到很自豪，认为自己的孩子非常聪明，接受新生事物的能力也相当强。但半年前，庆惟经常感觉头痛、头昏，症状越来越厉害，睡觉、吃药都没用，于是被父母送到了医院。拍片一检查，竟然患了"颈型颈椎病"。

专家点评： 颈椎病多是因为长期伏案姿势不正确，以致颈椎小关节紊乱，多见于30～40岁人群，孩子因为爱动、可塑性强，一般不会患此病。但如今的孩子上网和学习常常过度，致使颈椎病出现了低龄化。颈椎病主要是颈椎周围软组织劳损，致使肌肉僵硬、酸胀、头昏，对颈椎有问题的孩子，多采取保守治疗，要坚持做颈部体操，否则随着年龄增长，病情会加重。同时上网、写作业要定时，一个多小时就应活动活动。

4 婴儿也患脂肪肝

去年年底，奕萱生了个白白胖胖的胖儿子。奕萱的奶水非常足，小宝宝既能吃又能睡，孩子长得非常健壮。为了让宝宝健康成长，奕萱及时地给宝宝添加了各种营养补品。到11个月大时，小宝的体重竟然达14.5公斤，已相当一个3～4岁小孩的正常体重了。前几天，不知是什么原因小宝宝有些不对劲了。奕萱将宝宝带到医院检查，竟发现宝宝患有中度脂肪肝。

专家点评： 俗话说"10个胖墩8个脂肪肝"，就是指长期摄入过多动物油、蛋白质、动物内脏、巧克力、糖等，又不喜爱活动的人，由于营养过剩使得过多的脂肪异常沉积在肝脏，产生脂肪肝。虽然肥胖并不一定会使孩子患上脂肪肝，但脂肪肝在肥胖症患儿的发病率则占到了50%～60%。脂肪肝并不是肥胖者的"专利"，一些营养不良极度消瘦的小孩，机体缺少必需物质而使得脂肪在肝脏的转化吸收受阻，脂肪也可异常沉积在肝脏形成脂肪肝。脂肪肝主要与孩子们不良的饮食行为有关。而脂肪在肝脏内长期堆积，则会导致肝脏变形、坏死，也会影响孩子的生长发育。少吃多动、注意锻炼等是防止脂肪肝的良药，营养不良性脂肪肝患者则应适当增加营养，特别是蛋白质和维生素的摄入。预防脂肪肝还要提倡多运动，因为运动可以消耗掉体内多余的脂肪。

5 "喂"出来的胃病

远涵今年1岁半，刚出生时白白胖胖，父母工作忙，由奶奶带大。老人在喂食时习惯先在自己嘴里嚼几下再喂到远涵嘴里。后来，远涵越来越瘦了，经常哭闹，父母带他到医院检查，结果发现血HP(幽门螺杆菌)呈阳性。原来，奶奶无意中把自己的胃病传给了宝贝孙子。

专家点评：过量吃零食和冷饮、甜食、油腻等食物，经常不吃早餐和过量食用不合格的小食品是导致近年来儿童胃病患者逐渐增多的主要原因，而大人与孩子之间的交叉感染，也使得不少孩子过早地拥有了成人病。父母要让孩子养成科学的饮食习惯，不要只吃大鱼大肉，五谷杂粮最养胃，每餐不要吃得过饱，更不要"填鸭式"强迫孩子进食，以减轻胃肠负担，减少胃病的发生。此外，幽门螺旋杆菌可通过睡液口口传播，在年龄50岁左右的中年人中发病最多。如感染者口对口喂食婴儿，则会传播给孩子。

6 "吃"出来的糖尿病

浩阳出生时体重就超标，平时最爱吃洋快餐，虽然今年只有9岁，体重却达到了60公斤，是个不折不扣的"小胖墩"。无奈，妈妈只好带浩阳来到医院，想请医生帮助孩子进行减肥。没想到在体检过程中，浩阳被确诊为 II 型糖尿病。

专家点评：据统计，儿童糖尿病发病数占我国糖尿病人总数的5％，且每年以10％的幅度上升。一般5～6岁及10～14岁为发病年龄高峰，无明显性别差异。现在很多小孩子都喜欢吃炸薯条、汉堡等高热量、高油脂而又难消化的食物，而且独生子女多娇生惯养，吃得多，活动少，体重上升得特别快，结果容易出现血糖过高，从而引发糖尿病。此外，如果父母患糖尿病，孩子患此病的几率也通常要高些。儿童糖尿病若得不到控制，则会出现生长滞后、身材矮小、肝脾肿大、智力低下等并发症状，严重的可导致死亡。建议家长如果发现孩子有极度口渴、多食和消瘦现象时，应立即就诊。平时儿童应选择适量蛋白、高纤维素(蔬菜)的食品，不要过多地吃"洋快餐"等高热量食品，同时应多做运动，以控制体重。一旦体重超过正常人水平，也不要乱吃减肥药，应及时到医院检查。

7 "熬"出来的失眠症

姜女士的儿子才9个半月，可只要晚上9点带他去睡觉，他总是哭闹着不配合。据姜女士说，有一次晚上宝宝又哭又闹睡不着觉，无奈之下，只好让他多看会电视，结果从此以后，宝宝便染上了"夜猫子"的坏习惯。

专家点评：据了解，现在有将近1/3的儿童具有成人夜生活综合征的症状，其中，孩子的睡眠问题已经成为儿童健康咨询问题中最为家长关心的话题。主要原因是成人夜生活过多，影响孩子作息。家长要提高儿童睡眠健康意识，让儿童有充足睡眠时间，以促进儿童的智能发育和体格生长。父母可以帮助宝宝一起进入睡眠状态。同时，宝宝临睡前不能过于兴奋，更不要让宝宝跟父母一起熬夜。

入园准备开始啦

每年的九月秋高气爽，是个入园的好季节，妈妈们大都计划着在这个时候把宝宝送到幼儿园，这是孩子从家庭走向社会的第一步，这一步走得好与不好，不仅是对宝宝的考验，同时也是对妈妈的考验。

几岁入园最合适

要给学龄前孩子提供良好的成长环境，除了家庭教育外，学校教育与社会教育同样重要，到底几岁上幼儿园最合适，则需要父母自行评估。就幼儿发展来说，在3岁前与照顾者有亲密的接触，确实有助于安全感的建立，而3岁后则需要更多地进入团体生活，培养"分享"及"尊重他人"的态度。因此，如果家里没有年龄相近的幼儿做玩伴，或照顾者没有多余的时间能陪伴孩子到外面活动，就建议送去幼儿园。

不过，除了环境等外在因素之外，孩子本身的体质也是考量重点之一。如果孩子体质较弱、抵抗力不足，进入幼儿园就容易感染疾病。所以，必须注意孩子本身是否已具备适应团体生活的能力。

准备入园的5个步骤

在送宝宝入学之前，父母应该对他的能力有一个基本了解。除了基本的生活自理能力、表达需求的能力外，还需要对学习表现出高度兴趣，以及至少可维持半天活动所需要的体力，以应付团体生活。

步骤1：做好心理准备

在宝宝准备上幼儿园之前的几个月，妈妈不妨经常带宝宝去附近的幼儿园转一转，看看别人上学放学的情况，并告诉宝宝幼儿园里面的情况，特别说明里面有很多有趣的玩具，还有很多同龄的小伙伴在一起做游戏。

在参观过多家幼儿园之后，再由妈妈和宝宝一起讨论要去哪家幼儿园。有些家长可能会自己做出决定，其实三四岁的孩子已经有自己的想法，家长不妨听听孩子的意见，让他说说最喜欢哪所幼儿园、为什么喜欢它。

到了准备入园的前1个月左右（一般是幼儿园开学前的1个月），妈妈就带宝宝去准备就读的幼儿园参观，让宝宝对幼儿园建立初步的亲切感，而妈妈也可借此机会询问教学理念，观察老师的教学状况、园内的环境等。

步骤2：适应幼儿园作息

幼儿园都有一定的作息时间表，例如几点上学、几点用餐等。因此，从准备入园前的2个月开始，妈妈就应该慢慢调整宝宝的生活作息，让他养成早睡早起和定时用餐的习惯。有了规律的生活作息习惯后，宝宝在幼儿园里就能更好、更快地适应上学的节奏。

步骤 3：培养基本自理能力

进入幼儿园之后，宝宝就正式开始了团体生活。如果自理能力比较好的话，宝宝在很多事情上都能和其他同学的步调保持一致，就会对自己更有信心。因此，在家对宝宝的基本自理能力加强培养，将对适应幼儿园生活有极大帮助。

自己喝水、吃饭 到了2岁左右时，就要让宝宝自己拿杯子喝水、拿汤匙吃饭，通常到了2岁半至3岁时，宝宝自己就能比较顺利地吃完饭。为了避免宝宝一顿饭要吃上1个小时，建议先在碗里放少量食物，让宝宝有吃完的成就感，刺激吃饭的积极性。平时不要给宝宝太多零食，等吃饭时间一到，就让宝宝一起上餐桌，让他习惯和大人在差不多的时间内结束用餐。

如厕训练 宝宝一般在2~4岁开始上幼儿园，此时白天应该都脱离了包尿布的阶段，如果午休时间还需要包尿布，最好也能尽快改掉。另外，妈妈随时教导宝宝想上厕所时要主动表达，不要每次都等到妈妈催促才去上厕所。如果宝宝已经能够自行穿脱衣裤，妈妈就可教他学习自行擦屁股。自理能力的培养越成功，宝宝在幼儿园里的适应时间就越短。

自动自发起床 如果宝宝晚上的睡眠充足，白天一般不会有赖床的问题。所以，建议妈妈指定一套起床流程，例如拉开宝宝房间的窗帘、打开音乐等，让他知道天亮了，听到音乐就要准备起床了。

自己整理物品 幼儿园中的老师多半会让小朋友自己收纳玩具，或是希望宝宝将用完的物品归回原位，而这些良好的习惯动作，在家中就应该事先培养起来。

自己穿脱衣物 在家里训练宝宝拥有基本穿脱衣服的能力，特别是穿外套及鞋子，因为这在幼儿园中是经常需要自己来做的事情。虽然老师会帮忙照顾不够灵活的孩子，但是凡事都能自己动手来的孩子通常会得到更多的称赞，这样孩子就会更有自信。

步骤 4：克服分离焦虑

刚刚进入幼儿园时，每个孩子几乎都会经历哭着不让妈妈离开的场景。面对这种状况，妈妈在入园的第一天可以先陪孩子一整天，第二天就改为半天，以后再慢慢缩短时间，直至最后完全放心地交给老师。只要家长和老师一起配合，那么经过两三个星期之后，等宝宝熟悉了环境、交到了新朋友，这个问题一般都能得到妥善解决。

步骤5：准备上学用品

很多宝宝都希望自己像大人一样，能够提着专属的公文包出门上班。在准备上幼儿园之前，家长可先询问幼儿园老师需要准备哪些物品，例如宝宝的水杯、鞋子、书包等。妈妈可帮宝宝在书包上写上名字，然后告诉他："从现在开始，你就像大人一样，要背着自己的包去开心地上学啦！"这样宝宝就觉得自己已经长大，应该出门去上学。

在幼儿园有很多比较耗费体力的活动，而且小朋友们在一起总是会跑跑跳跳，因此宝宝的服装要尽量照顾到轻便、吸汗的需要，如果是装饰太多或过于紧身的衣服，就不太不适合在上学时穿着。而鞋子也尽量以球鞋或布鞋为主，尽量不要穿皮鞋，那样不但不方便活动，也容易跌倒受伤。

Tips 放心分离焦虑

1 大家都知道，孩子从一个原本熟悉的环境来到一个完全陌生的环境，离开自己所依恋的亲人，在他心理上很自然地就会产生一种陌生的、惧怕的情感，这种情感在心理学上成为"分离焦虑"。

2 在孩子入园之前，要尽量消弱孩子的分离恐惧，家长们要做到以下几点：多带孩子到附近或者已经考虑要入的幼儿园参观和体验，让宝宝多了解幼儿园、熟悉并憧憬在这里的生活。家长在家里也经常和宝宝多说说幼儿园的好处，让宝宝从思想上有个准备，喜欢到幼儿园来，渴望与他人交往。也可以提前参加幼儿园的亲子班或半日班，让宝宝有个逐渐适应的过程。

尿床是病吗

刚出生的宝宝神经功能不协调，常常尿湿床单，在床单上肆意涂鸦。面对这些哭笑不得的地图，妈妈虽然无可奈何，但也可以忍受。尿床如果持续至3岁依然存在，就成了妈妈们的噩梦了。

遗尿是指睡眠中不自觉地发生排尿的表现，小儿神经功能不协调，多会出现睡眠期间遗尿，此类遗尿是不伴随其他症状的、单纯性的、持续性的。随着神经系统的发育，宝宝尿床的频率就会下降，直至消失。

宝宝尿床正常or异常？

那么，如何判断宝宝的遗尿属于正常还是异常呢？正确的定义是：

3岁以上儿童，若睡眠中不自主排尿，多发生于夜间，轻者数夜1次，重者一夜多次被称作遗尿。而3岁以内儿童、或大脑发育不全、脑炎后遗症、尿路畸形等所发生的遗尿，不属本症范围。

此外，若儿童因白天游戏过度，精神疲劳，睡前多饮等原因而偶然发生遗尿者，也不属病态。

宝宝尿床为哪般？

大多数妈妈通过网络搜索可以了解与遗尿相关的各种原因，其中包括：神经调节、膀胱功能发育延迟、尿道关闭不全、睡眠觉醒功能发育迟缓或觉醒障碍、激素分泌异常、精神、心理及行为异常，以及多系统器质性病变等因素。

其中，大约70%～80%的遗尿是功能性的，没有明显尿路或神经系统器质性病变，所以，妈妈们不必太担心，大多数孩子通过适当的训练和一定的药物辅助都可以改善或痊愈。

床单画地图，妈妈怎么办？

1 保护宝宝的自尊

如果您有遗尿的宝宝，首先应调整的是自己的心态。需知，宝宝也有自尊心。有些妈妈会过分地保护宝宝，即使就医，也是偷偷告诉医生"我家孩子尿床"；而有些妈妈则是当着外人的面责骂自家孩子尿床。这都不可取，妈妈们一定要耐心给宝宝讲明白，让宝宝懂得尿床虽不是光彩的事情，但是妈妈理解宝宝不是故意的，所以妈妈会和宝宝共同努力，帮助宝宝改掉这个坏习惯。这样既没有伤害宝宝的自尊心，也建立了一个良好的沟通环境。

2 帮助宝宝训练膀胱功能

膀胱功能训练需要在白天进行，包括憋尿训练及中断排尿训练。尽量多给宝宝喝水，扩容膀胱，当宝宝第一次告诉妈妈想要尿尿时，给宝宝一个足以转移其注意力的玩具，尽量拖延宝宝的尿尿时间。例如当宝宝告诉妈妈，快要尿裤子的时候，告诉宝宝数到5才可以尿尿，此时即可完成憋尿训练，这样可以训练膀胱的功能，同时为了继发宝宝大脑皮层对排尿反射的敏感性。

中断排尿训练是在宝宝在排尿过程中告诉宝宝，开始尿尿、停止、再开始、再停止重复训练。同样是刺激宝宝大脑皮层的反射，同时也是刺激宝宝大脑皮层对于夜间一旦出现遗尿时能够立即清醒、停止的敏感性。

3 睡前减少喝水

尿床的宝宝在晚上7点开始就不要饮水，晚饭不宜过甜、过咸。宝宝饮水最好控制在白天用足量，以减少夜间膀胱贮尿量。

4 按时叫醒宝宝排便

宝宝睡着了之后不能自己主动清醒去排尿，因此，细心的妈妈们就会按时叫宝宝起床排尿。有些妈妈心疼宝宝，就给宝宝塞个尿盆，其实这对宝宝养成良好的排尿习惯是非常不利的。特别是尿床的宝宝，很多都是叫不醒的，给他个尿盆，多数眼睛都是闭着的，还在睡梦中就尿了。妈妈们一定要把宝宝叫醒，让宝宝睁开眼睛，自己走到厕所去排尿，宝宝彻底清醒了，慢慢才能养成良好的习惯。

5 食物选择要注意

平时妈妈可以多给宝宝吃些薏米、山药、扁豆、黑芝麻、银耳等食物。但更重要的是，妈妈应该注意让宝宝少食用一些可加重遗尿的食品，比如：

◎过量的牛奶、巧克力、橘子在小儿体内可能产生变态反应，使膀胱膨胀，容量减少，并能促使膀胱平滑肌变得粗糙，产生痉挛。

◎辛辣有刺激性食物如辣椒、大蒜、咖啡等使神经系统发育尚未完全的小儿过于兴奋，大脑功能失调，引起遗尿。

◎多糖、多盐食物引起多饮使体内水分增加，夜间易遗尿。

◎有利尿作用的食品如玉米、茯苓饼、赤豆、绿豆、鲤鱼、西瓜等可加重遗尿病情。

有妈妈的鼓励和帮助，宝宝的自信心会倍增，可以达到事半功倍的作用，希望妈妈的帮助能够使宝宝迅速恢复健康，不再受尿床的困扰。

安全玩具这样买

宝宝最心仪的礼物，非玩具莫属。但是美丽的玩具却有可能对宝宝有潜在的危险，回顾一下脑海中的报道——或者是玩具表面涂层含铅量过高，或是有尖利的边角导致宝宝受伤。这提醒了父母们一个令人不安的事实：有趣又新奇的玩具陈列在商店货架上时，妈妈们一般会自发地认为它们已经合格地通过严格标准的检验，不会伤害宝宝，但是情况并非如此。

保护孩子是父母应该做的工作。每年大约有超过10万名宝宝因为玩具而发生事故，需要去医院治疗。怎样保护家中的宝贝，使他不至成为这数字的一个？不要紧张，有很多种方法可以保证孩子的安全。再买玩具时，采取下面这些步骤吧。

改变你的思维模式

父母们太过于依赖国家的玩具安全生产标准，而忘记了要保持自己的警惕心。只看到品牌名称或价格标签，永远不能了解一个玩具的真实模样，你需要自己评测安全度，评估它是否可以购买。专家建议，第一步就是留意小零件，如容易被小宝宝吞咽的塑料环或小塑料珠，或者是毛茸茸的Teddy熊晶亮的塑料眼睛。请记住，一个长于25厘米的拉伸型玩具，有可能会勒住孩子；而风筝及其他飞行玩具的绳索，长度大于3米时应采用非金属材料制成。

我国的儿童玩具安全标准中规定，拖拉类玩具所使的拉绳，长度大于30厘米时，不能有活结或容易形成活结的扣件。而供3岁以下儿童使用的这类玩具，不能使用细于1.5毫米的绳索。您在选择时，如果觉得玩具有危险，一定要相信自己的直觉。

不要被"进口"标签蒙蔽

爸爸妈妈们一般都比较担心国内非名牌的玩具有问题，却忽视了一个有精美进口标签的产品，也可能是在进口国组装，却拥有来自世界各地的零部件。不要忘记，一些进口玩具近年来也屡有召回。专家指出，如果玩具含有危险的磁铁，最麻烦的问题是在于它本身的设计缺陷，而不是制作方法的问题。据统计，在过去的20年中，被召回的玩具有60%~70%是由于设计错误，而制造问题（如油漆内含铅）仅占10%。玩具要"大牌"，但是评定者是你自己，而不能只依靠品牌的公信力。

检查导致窒息或划伤的危险性

在包装上寻找玩具说明，检查产品是否含有一些对3岁以下儿童来说比较危险的零件。如果包装可以拆开，你最好亲自检查一下。一些玩具虽然可以通过制造商的安全测试，却仍可能构成威胁。如果产品有可拆卸的小零件，在不压扁的情况下就可以被孩子的喉管吞入，那么这种产品绝对不可以买给孩子。当然，孩子们也有可能将嘴里的东西嚼扁，并且吞下去。买玩具的时候，就要想到避免买这种玩具。另外有些玩具的棱角比较锋利或者质地比较粗糙，而孩子的嫩皮肤绝对经不起这样的摩擦。因此，当你看到木质或者金属玩具时，先仔细地触摸，再做决定。买给孩子的东西，一定不能只将精美的外表摆在第一。

网购时多留意

网络购物的相关法律还不健全，网络销售商，尤其是网上的私人零售商，消费者的后期服务和质量保证效益有限。因此，妈妈们要格外留心你在网上订购的礼物，购买前查看产品真品图和产品包装图片。

许多网上零售商会让你在邮寄时写上给朋友或家人的祝福，你需要在已经确认产品无误后再进行邮寄，或者建议朋友们注意。或者可以去消费者协会的网页上查询，看你在网络上购买的物品是否名列黑名单。朋友们送来的网购玩具，在聚会结束后，也要细细查看一下有没有哪些部分会对宝宝造成伤害。

放弃噪音太大的玩具

声音过大的玩具长期玩耍，会引起宝宝的听力损伤。如果玩具发出的声音超过90分贝时，那真的是一种伤害身体的噪音了。在玩具店里购买前，先按一下按钮，听一听效果。另外，还要考虑到孩子们和玩具扬声器的距离，他是把它抱在怀里，还是放在身边或者房间其他角落。相信自己的判断力，如果你觉得它声音大，那么它的声音很可能真的不适合宝宝。

提防磁铁和电池

如果孩子吞进去2个或者更多的磁铁，体内的吸力会导致肠道的致命损伤。因此，对于喜欢把东西放进嘴中啃咬的小孩子，易松脱磁铁的玩具有较高危险性。

另外，小心发音图书、音乐贺卡和电子手表中的纽扣电池。孩子不小心吞下的纽扣电池会在体内平顺移动，停留在食道，造成组织损伤。如果孩子吞食的电池还有电量，它还会因含有电流而导致体内烧伤。为了安全起见，要将有电池的书和其他物品放在货架的高处，让孩子拿不到。

让孩子多一点"自我主张"

超市里，童童看上了一件造型夸张的会跳动的青蛙，妈妈看了一眼说："那个有什么好玩的，玩不了几天就坏了，只能当个摆设，又不能增加智力，不如买个既能动手又能动脑的玩具。"于是，妈妈拉着童童来到专卖智力积木的柜台："看看这套积木多好玩呀，你一定喜欢，就买这一种吧。"童童噘着小嘴，闷闷不乐地跟着妈妈逛完超市。回到家里妈妈招呼童童摆积木，童童却生气地把妈妈摆好的积木桥一把推倒，妈妈愕然："这孩子怎么啦？"

很明显，妈妈的选择使童童失去了"自作主张"的机会，所以他才会不高兴。其实，烦恼的不只是童童一个，还有胖胖呢。

3岁的胖胖正在院子里玩沙子，他拿着一把妈妈做饭用的小铲子，费力地从家门口的一个沙堆把沙子运送到附近的一棵小树旁，嘴里还嘟囔着别人听不懂的话，小脸上布满了汗水和泥土，妈妈下班回来看到这一幕，赶紧把胖胖拽起来往家里拖："你这孩子怎么玩这个，家里有那么多好玩的玩具不去玩，整天和泥巴、沙子打交道，搞得像个泥猴似的，你看看你看看！"胖胖极不情愿地跟妈妈往家走，嘴里嘟囔着："天这么冷，我要给小树盖被子呢。"

在平时，童童妈妈和胖胖妈妈们觉得自己站得高，看得远，经常替孩子拿主意，对孩子的要求不屑一顾甚至无动于衷，总以为这是在帮助孩子，还对孩子的反抗不耐烦。其实，当孩子对于妈妈替代的选择不再反抗，事事顺从时，那才是最大的悲哀：他会从一个没得选择的小孩子，变成一个不会选择的成年人，变成一个没有主见、人云亦云的人。

我们要避免这种悲哀，我们应该让孩子有自己选择的机会，培养他们自己选择的能力，鼓励他们"自作主张"！

积极参与，少干涉

有人困惑了，不是提倡父母和孩子一起游戏吗？不是说这样有助于增进亲子关系吗？怎么又说要让孩子"自作主张"呢？请注意，不要出现理解上的失误哦，让孩子"自作主张"，并不是说让孩子一个人去玩，而是说父母的行为方针应是：积极参与，少干涉，当好参与者和看护者，至于做什么游戏，怎么做，就由孩子来决定好了，大人只要在适当的时机给予提示即可，其他由孩子自己思考、发现、摸索。过

多的干涉、不时的指指点点，只会限制孩子的思考
范围，减少玩耍的乐趣。不要因为怕孩子弄得一身
脏而阻止孩子戏水、玩沙、和泥、堆雪等大人看来
并不好玩的游戏，孩子们往往从这类游戏中感受
到无尽的欢乐。而且，这类看似无聊的玩耍，也
可使孩子了解物体的性能，感受世界的多样性和
多变性。

　　我们再来看胖胖，他正用自己的爱心和想象
力，为小树盖上厚厚的"被子"，多么可爱的
孩子啊！可当孩子充满乐趣、聚精会神地做某
件事情时，我们成人却往往用大人的眼光去干
涉孩子的行为，常常过分热心或欠考虑地去参
与，搞得大人孩子都不满意，好事也给办砸了，主观愿望
和客观结果总是令人遗憾地达不到一致。

如果干涉过多……

妨碍注意力的形成

　　一个人拥有很好的想象力、创造力和表现力，可是如果缺乏良好的注意力，那么其他能力也
很难有效地发挥。所以，我们必须培养孩子的注意力，不管学习什么，精力集中的时候收获是最大
的。可惜的是，有些父母反而经常是注意力形成的主要破坏者，总是在不合适的时候插上一脚。
　　有时我们会发现孩子静静地蹲在路边，很认真地观察某些东西，十分入迷。也许他正在观看蚂
蚁搬运食物，也许他看到了一棵不起眼的小草或小树叶。刚开始时，大多数家长会停下来等候，逐
渐地感觉到不耐烦："看够了没有啊？这有什么好看的，快走吧！"还有的一把将孩子拽走。长此
下去，孩子将难以养成高度的专注力。

打击学习的兴趣

　　当孩子专心于某事的时候，不要勉强他去做另一件事，如催促他："玩完了没有，赶快吃饭
吧！""不要再玩积木了，该去睡觉了！"当然，养成有规律的生活习惯固然重要，但从孩子认知
能力发展的角度来看，最好不要打断他正感兴趣的游戏，如此才能培养自发性的学习态度。其实，
当孩子玩得兴高采烈的时候，再好的劝告也只是耳旁风，相反还会破坏孩子的注意力。

压抑创造力的发展

一个孩子正在兴致勃勃地画一只长颈鹿，妈妈走过来看了一眼，指着画面说："这是长颈鹿吗？脖子这么短，像匹马一样。""你的颜色涂的太难看了！"不经意的干涉和指责，就如同一桶凉水，把孩子刚刚燃起的"创造欲"一下子就扑灭了。

任何发展都有一个过程，一蹴而就极其少见，即便是有，也大多难以跳出这样的发展轨迹：要么是难以长久保持向上发展的趋势，要么就是一种畸形的发展。随着孩子慢慢长大，他们会学会画面的比例、合理的颜色搭配，我们对孩子不要太着急，要求不能太过分，否则会破坏他们的兴趣，打击他们的信心。妈妈以为这样的指导是很必要的，可以使孩子画得更好，但她忽略了最重要的一点：儿童智力中最宝贵的品质之一就是创造力。多次地指导、矫正孩子的涂鸦或绘画，也许孩子很快会按照大人的指示，比着大人的画面去画出相似的图画，也许他将来会成为一个优秀的描图员，但是，他绝对成不了有独立风格的优秀画家或设计师，而本来他是可以的。

"自作主张"？我不要！

童童和胖胖还好，起码他们有"自作主张"的要求，还有许多在过分优越的环境中成长的独生子女，他们压根就没有"自作主张"的概念。他们觉得有父母在身边太好了，既省力气又不费脑筋，对这种孩子来说，首先的和更重要的问题应该是培养他们的自我意识。

目前，这仍然是一个难题。家长们要做到的是：有意识地减少对孩子们的溺爱与迁就；减少孩子对父母的依恋和依附；注重给孩子自主权和提供自我锻炼、自我服务的机会等等。

换个方法来玩

新玩具买来了，有的父母总喜欢按说明书指导孩子按图索骥地去玩，其实完全没必要。孩子往往更乐意按照自己的意愿去玩，他们的思维具有很强的弹性，充满了幻想，常有匪夷所思的构想，因此，玩具的玩法不必太刻板。积木可以搭建房子，也可以排列成各种各样的小动物；一套插塑玩具，可以拼插出多种汽车模型，也可以拼装出许多飞机造型。只要孩子愿意摆弄，就尽量让他自己去玩，在自由自在的玩耍中，他们的小脑袋会飞出许多美妙的构想。也许由孩子自己完成的"作品"不如说明书上的图形漂亮，但孩子能借此充分发挥自己的想象力和创造力，这不是更有意义吗？应该鼓励和满足孩子不经意中的创造欲望，让孩子的心灵自由地飞翔。

帮助宝宝交朋友

如今"亲和力"是颇得重视和赏识的一项品质，所以，一旦家中有个害羞的孩子，那做父母的总是不免感到忧心。其实只要能主动塑造社交情境，并适时加以引导，孩子们就能充分发挥自己的天性，成为小小世界中的孩子王！

其实大部分孩子都是天生的社交高手，与其说是父母带孩子交朋友，有时反倒是父母通过孩子而扩大了社交圈。许多儿童天生就具备良好的社交能力，与人交往的程度好到令成人大跌眼镜的境界，根本不需过分担心。不过，对于一些气质比较害羞的孩子来说，父母就需要多花些心思，在日常生活中主动设计社交情境，帮助这些害羞的小天使们逐渐敞开自己的小小世界，踏出社交的第一步。

主动引导害羞孩子

有些宝宝天生比较害羞，遇到陌生人或是陌生的环境总是容易感到退缩、恐惧。有些则属于比较慢熟的类型，先拒绝之后，再开始慢慢融入情境。不管家中的孩子是属于哪种类型，父母都需要多花些心思去营造一个舒适的社交情境，主动为孩子提供一个恰当的情境氛围。通过情境教育的方式，带领孩子踏出社交的第一步。

当孩子不知道如何正常、友善地与其他小朋友互动时，父母要及时介入，可通过直接或间接的方式加以引导。

当场直接阻止

当孩子与其他小朋友在相处过程中有肢体上的攻击行为时，父母应立即拉住主动攻击他人的一方，并且告诉他这样的行为是不妥当的，例如"不可以这样做哦，你这样做别人会感到很不愉快，会让别的小朋友受伤的"。

事后间接劝说

当孩子在游戏过程中遭到其他小朋友以言语或行动拒绝时，例如"我不要跟你玩"，或是玩具被抢走等情况时，父母就不宜直接当场介入了，而应该在事后告诉孩子，妈妈小时候也遇过相同的情形，当时妈妈是这样处理的："我不喜欢你抢我的玩具，我想要再玩5分钟。"利用同理心的方式，给孩子示范适当的回应态度。

耐心培养社交自信

对于一些先天气质比较害羞的孩子来说，他们本来就不太擅长与人相处或接触，因此当其他人对怕生的孩子作出"这孩子真乖巧，还有点害羞呢"等评价时，那对孩子来说等于又被贴上了一张无形的负面标签，反而使得孩子愈来愈躲避人群。

这时建议父母尽量省去那些带有负面意义的标签式形容词，不妨改用其他方式来引导孩子，例如对孩子说："你感到不好意思吗？你不想跟其他小朋友一起玩吗？没关系，妈妈带你去找其他小朋友玩，咱们一起玩，好不好？"多使用一些替代性的、具有积极意义的词语来引导孩子，以主动邀请的方式为他做最佳示范。

主动邀请，更加自信

情境教育是一种非常有效的教养方式，也比较容易被孩子接受。家长可以多多运用主动邀请的方式，直接示范给害羞的孩子看，引导他如何正确与人交往。

情境教育1——翘翘板

每次到公园玩翘翘板的时候，由于父母和孩子的体重太过悬殊，所以总是感觉玩得不够尽兴。此时父母可以教宝宝主动邀请公园里的其他小朋友一起玩，如果宝宝一时难以开口的话，父母就首先做一个示范。这样不但能让孩子逐渐克服害羞心理，而且还能明白很多游戏是需要和其他小朋友"同心协力"一起完成的，初步培养起团队合作的概念。

情境教育2——投币式游戏机

如今很多超市或者商场里都有投币式游戏机，有些机器上面可能有两个位置，这时父母可以主动邀请或者让宝宝邀请其他同龄的小孩子："我们这边还有位置，要不要一起玩？"这样除了能让孩子主动与人接触之外，还能够使孩子意识到"分享"的重要和乐趣。

有礼仪，不任性

1 和小朋友争抢游戏设施

妈妈可以这样做：

如果孩子因为争抢游戏设施比如小滑梯而不依不饶，妈妈需要平静地注视着孩子，等他安静下来；也可以从包里掏出自己带来的玩具，转移孩子的注意力，但是一般这种情况下，宝宝会对新鲜的玩具更感兴趣，自己带的玩具很有可能接过去就扔在地上了。所以，最好还是引导孩子发现更有趣的游乐项目。

如果成功地转移了宝宝注意力，可以过一段时间让孩子再去体验一下那个游乐设施，让孩子觉得对一件事情，其实可以有很多选择的方式。

妈妈可以这样说：

"这是公共设施，每个小朋友都能玩，我们必须和其他小朋友一起玩才可以。"

"和哥哥商量一下，他玩一会儿咱们再玩好吗？不然小哥哥也会不开心的，你也不希望小哥哥难过吧？"

"妈妈还知道一个更好玩的，我们先去看看，过一会儿再回来好吗？"

2 到回家时间了不肯离开耍赖哭闹

妈妈可以这样做：

为了预防这种情况发生，要提前与孩子约定好离开的时间，结束前20分钟的时候提醒孩子，给孩子一些缓冲的时间；如果没有提前和孩子说好回家时间，那么可以再给10分钟的期限，但这10分钟妈妈要每隔3分钟提醒一次，让孩子有充足的准备过程。

孩子如果不愿意走，你是不是可以一走了之呢？可能很多妈妈都是这样做的。不过，这一招最好不用。首先，妈妈不可能真的一走了之，这会让孩子渐渐地变"皮"，不信妈妈这一套；其次，这样的话会让孩子觉得被妈妈抛弃，让孩子产生不安全感。

妈妈可以这样说：

"妈妈知道你没有玩够，但是时间到了，我们必须回家，咱们下星期（或者明天）再来！"

"你是要一个人留在这里，还是和爸爸妈妈一起回家？我们准备回家看****（宝宝喜欢的绘本故事或者动画片等）喽！"

3 在餐厅里不好好吃饭，跑来跑去坐不住

妈妈可以这样做：

如果孩子实在坐不住，可以答应他离开的要求，但是要求他逛一圈之后就得回到座位上。如果是较小的孩子，则由父母抱着离开座位，到餐厅外散步来转移情绪。只要每次用餐的气氛是愉快的，那么随着孩子的成长，他能够规矩地留在自己座位上的时间就会渐渐延长。

有的孩子可能会乱吐食物，你可以拿一个空碗，告诉他，不管是漱口还是食物不能进食的部分，都只能吐在这个碗里，吐到其他地方会影响其他人吃饭。

妈妈可以这样说：

"你真的吃饱了吗？离开座位出去玩就表示已经你吃饱了。等你回来这里就没有饭吃了。你是选择吃饱饭再出去玩还是饿着肚子？"

"你看餐厅里人这么多，如果你在餐厅跑来跑去，可能会撞到送餐的大哥哥大姐姐，他们会因此而难过的。你也不想哥哥姐姐们难过吧？"

4 因为大人不满足他的某一种要求而大哭大闹

妈妈可以这样做：

对于较小的宝宝，可以采取转移力的办法。比如宝宝吵闹着非要买一种玩具，你可以用别的更有趣的物品吸引他；对于大宝宝来说，他会坚持他想要的，转移注意力这一招可能不太好使，那么你就冷处理吧，装作该干嘛干嘛的样子，让他明白，他的哭闹并不能增加胜利的砝码。

切不可用自己的孩子与别的孩子比，也不要当着孩子的面说他不听话之类的。父母如果这样做了，等于说给孩子贴了"标签"。

妈妈可以这样说：

"你看旁边的小妹妹手里的风车（或者是其他玩具）多好玩啊，气球不如这个好看，爸爸妈妈带你去找风车吧。"

"不能攀爬，这个石头是用来给大家看的，你爬上去就挡住了别人，而且万一跌下来，会很疼很疼的。"

30 ~ 36个月
FROM 30 TO 36 MONTHS

 成长印记

这时候的宝宝已经可以不需要您的帮助就能双脚跳了，宝宝现在喜欢到处蹦来蹦去，不仅会从高处往低处蹦，还会尝试从低处往高处蹦，要注意保护宝宝，小心磕坏牙齿哦。

宝宝发育知多少

宝宝体格发育表（满1080天时）

项目	男宝宝		女宝宝	
	正常范围	平均值	正常范围	平均值
体重	10.61 ~ 20.64千克	14.65千克	10.23 ~ 20.1千克	14.13千克
身长	86.3 ~ 109.4厘米	97.5厘米	85.4 ~ 108.1厘米	96.3厘米
头围	45.7 ~ 53.5厘米	49.6厘米	44.8 ~ 52.6厘米	48.5厘米

1 身体运动

粗大运动 接住反跳起来的球及距离1米抛来的球→单足跳远→自己扶栏双脚交替下楼梯→会踢球入门→立定双足跳远1尺(33厘米)以上→跳过10～15厘米高的纸盒→接2米远抛来的球→钻过高度为自己一半身高的洞穴→会骑脚踏三轮车在10～15厘米平衡木上做简单动作→登上三层的攀登架

精细动作 1分钟内穿上10个珠子→用餐刀切软的食物→会将纸剪开小口或剪成纸条→将方形纸对折成长方及三角形

2 语言能力

此时期的宝宝能够

说出自己的性别;

能够连续执行三个命令,即告诉宝宝"你先做什么,再做什么,最后再做什么",让宝宝依次去执行;

懂得饿了、冷了、累了该怎么办;

会正确使用"我们"、"你们"或"他们""因为""但是""如果"等词汇;

会讲情节简单的故事或流利地背诵儿歌。

妈妈可以按照如下顺序对宝宝进行口头表达训练:背几句或全首儿歌→说出物体的用途→叙述简单事件→说出图中的人或物,说明它在干什么等。

妈妈可以按照如下顺序对宝宝进行言语交流训练:说出自己姓名、几岁和父母的姓名→和同伴合作玩→会用礼貌语言"谢谢"、"您好"、"您早"、"再见"等

3 认知能力

30～36个月的宝宝的空间概念进一步建立,能够懂得"里""外";认识三种以上颜色;能够懂得数字1～5的概念;能够按照物品的大小、颜色、形状进行简单的分类和配对。培养此阶段孩子的认知能力,我们可以通过以下游戏进行:

小字母，回家吧 先做一套大写和小写字母，再拿一个鞋盒，画上门窗，装成一间房子。把小写字母摊在孩子面前的桌上。你扮一个"字母妈妈"，拿一个大写字母，并呼喊相对应的小写字母回家，如："回家吧，小a！"帮你的孩子找到相对应的字母，放入房子里，完成全部26个字母的游戏。帮助孩子认识字母；激发孩子参与虚拟游戏的兴趣。

躲迷藏 你藏，让孩子一边寻找、一边大声喊数字。在你躲藏时，要发出一定的响声让孩子容易找到你。锻炼数数和解决问题的能力。

喝果汁 在4个杯内倒入四种不同的果汁，如：苹果汁、葡萄汁、蔓越莓汁和橙汁，让孩子分别品尝，并描述味道，向他解释酸和甜的区别。将所有果汁混在一起，看最后是什么味道。锻炼比较技能；培养孩子理解因果关系。

4 社会适应能力

可以与这个时期的宝宝进行下面几种游戏，促进宝宝的社会行为和情感发展：

家庭抽认卡 拍一些你家人的近照，剪下脸，粘在卡片上后，一边给孩子看，一边与孩子谈论家庭中的每个人。现在要求你的孩子闭上眼睛，你拿掉其中一个人的照片，让孩子睁开眼睛后猜猜是谁不见了。你可给他线索，直到他得到正确的答案。锻炼手眼协调能力和精细动作技能，增强记忆力。

今天你做了什么 每天晚餐时，问孩子今天他做了什么？如果某位家庭成员整天都在外面工作，建议孩子告诉他今天他做了什么。鼓励孩子回忆他今天吃了什么、看了什么书或碰到了谁。然后你可以让家庭成员轮流说一下他们今天各自做了什么。让晚餐成为社交的机会，锻炼记忆和语言能力。

穿衣服顺序 将孩子每天要穿的衣服按照穿的先后顺序摊在孩子面前：先是尿布，再是长裤，衬衣，袜子和鞋子，并问他这个顺序是否正确。第二天，打乱衣服顺序，让他排好。每天你要变换衣服的顺序，直到他都能正确地排序。锻炼排序技能，增强自信心。

营养饮食细安排

粗粮也可以很好吃

　　如今的宝宝们喜吃甜食、鸡鸭鱼肉、饮料，而对粗粮蔬菜却不喜欢，结果小小年纪血脂异常，动脉已发生硬化，血压、血糖升高，为日后罹患高血压、冠心病、糖尿病等疾病埋下隐祸。为了宝宝有一个健康的未来，从小就应培养吃粗粮的好习惯。

粗粮3大养分

维生素 B₁	它以辅酶的角色参与碳水化合物代谢，在增进食欲、促进消化、维护神经系统功能方面功不可没。然而，如此重要的养分却主要蕴藏于谷物外层中，所以，碾磨得越精细，损失就越多。
膳食纤维	虽然膳食纤维谈不上有多大的营养价值，却有其独到的防病功效。已得到证实的有宝宝便秘、单纯性肥胖、小儿糖尿病、动脉硬化、牙周病等，其中对容易困扰宝宝的皮炎、湿疹等过敏性疾病的防范作用，尤为医学专家看好。
矿物元素	在养骨壮骨、增长个头方面，钙、磷、镁、锰等矿物元素更有不可替代的作用。

吃粗粮的3个要诀

粗粮的缺陷也不少，最突出的莫过于口感粗糙、消化吸收差，难以为宝宝所接受。另外，粗粮所含膳食纤维素与植酸较多，前者可妨碍宝宝对蛋白质、脂肪等营养素的足量摄取，有可能诱发营养不良、降低免疫力，后者则可抑制机体对钙、铁、锌、磷等矿物质的吸收与储备，给宝宝的发育蒙上阴影。

那么，在粗粮和均衡营养之间，如何能做到"鱼与熊掌兼得"呢？要诀有三：优选品种、限量供给、合理加工。

要诀 1：优选品种

粗粮品种很多，包括除大米、面粉之外的五谷杂粮，如玉米、小米、红米、黑米、紫米、高粱、大麦、燕麦、荞麦等谷物类；黄豆、绿豆、红豆、黑豆、芸豆、蚕豆、豌豆等豆类；以及红薯、山药、土豆等块茎类。父母宜选择既富含宝宝需要的营养素，又比较适应宝宝稚弱的消化功能的品种。以下8种值得推荐：

1 玉米：富含钙、镁、叶黄素等养分，可兼顾壮骨、养眼、增强脑力。

2 甘薯：胡萝卜素及维生素C含量都超过胡萝卜，抑癌率居粗粮之首。

3 黑米：赖氨酸、色氨酸等必需氨基酸含量高于其他稻米，而且具备一定的补中气、暖脾胃、治消渴等药用价值。

4 荞麦：促进身高增长的赖氨酸较多，蛋白质、B族维生素、叶绿素等都高于大米与面粉。

5 燕麦：蛋白质与亚油酸等不饱和脂肪酸含量居粗粮之首，钙、磷、铁含量也很丰富，益智强体作用显著。

6 小米：8 种必需氨基酸含量丰富且比例均衡，粗纤维相对较少，堪称宝宝的滋补佳品。

7 黄豆：富含优质蛋白，可与肉类媲美。

8 芝麻：富含钙、镁、铜、锌等矿物元素，有一定的滋补作用。

要诀 2：限量供给

每天吃多少粗粮才合适呢？一般是以膳食纤维含量来计算的。对于中老年人来说，营养学家推荐每人每天摄入20～35克。宝宝正处于生长发育期，包括胃肠在内的各个系统尚不成熟，能够接受的膳食纤维摄取量应明显低于中老年人，建议掌握在每天5～10克内。至于肥胖儿或经常便秘的宝宝，可酌情提高膳食纤维的供给标准。

举例来说，宝宝3岁，每天的膳食纤维摄入量宜控制在8～13克，如果换算成上述几种粗粮，大致是：玉米70～110克、甘薯200～300克、黑米160～220克、黄豆50～80克、芝麻80～120克、荞麦70～110克、燕麦80～120克。不过请注意，粗粮只能当"配角"，切不可"喧宾夺主"，影响到主食的摄取。

首先，要进行有针对性的合理加工，因为加工可大大减低粗粮的口感差、粗纤维与植酸过多等弊端，增加养分的消化吸收与利用率。加工方式有浸泡、磨粉（或磨浆）、压泥、榨汁、煮粥等，达到粗粮细作之目的。以豆类为例，含有植酸、木苏糖、棉子糖等多种抗营养因子，可干扰蛋白质、锌、钙、铁的吸收，并使胃肠胀气，一旦经过磨浆、加热等处理，抗营养因子便悉数被去除。

其次，要进行巧妙搭配，目的在于取长补短，提高营养价值。比如豆类富含促发育、增免疫的赖氨酸，而这些恰恰是米面所缺乏的，两者组合可大大提升米面的营养价值，被营养学家戏称为"鸳鸯配"。类似的"鸳鸯配"还有八宝稀饭、腊八粥、玉米红薯粥、小米山药粥、大豆配玉米或高粱面做的窝窝头、小麦面配玉米或红薯面蒸的花卷馒头等。

再次，要坚持食物品种多样均衡，无论多么优秀的粗粮，都是和其他营养素一起集体发挥作用，"个人英雄主义"实在不足取。

微波炉食品，怎样吃才安全

省时便利又好用的微波炉，早已成为现代家庭中不可缺少的小家电之一。但是，网上经常流传有关微波炉加热食物会产生毒素的消息，让许多妈妈担心不已。到底使用微波炉烹饪宝宝的食物安全吗？家人的健康会不会受到威胁？又有哪些可以规避风险、充分利用其便利性的小窍门呢？

关于微波炉的那些传言

微波炉的加热原理

微波是电磁波的一种，微波加热的方式是利用微波震动的原理，带动水分子产生高速震荡，相互摩擦产生热能，而将食物加热或是煮熟。

所以，食物中必须含有水分或脂肪、蛋白质等物质，才能产生很好的加热效果；如果将缺乏水分的玻璃杯、塑料盒装液体或食物放入微波炉中加热，因为不会与微波产生良好的作用，物体本身就不易形成高温，这也是为什么通常食物都已热熟，餐具还不至于非常烫手的原因。

因为微波炉是利用水分子来加热食物，基本上类似烹饪方法中的"蒸"。事实上，"水煮"及"蒸"的烹饪方式比高温煎、烤、炸来得健康，不会因为高温而产生致癌物质。

微波加热，致癌吗？

因为微波是一种辐射，所以许多人自然而然地认为它会致癌。微波是一种电磁波，跟收音机、电报所用的电波、红外线以及可见光本质上是同样的东西。它们的差别只在于频率的不同。微波的频率比电波高，比红外线和可见光低。电波和可见光不会致癌，自然也就不难理解频率介于它们之间的微波也不会致癌。其实，这里所说的"辐射"，只是指微波的能量可以发射出去，跟X光以及放射性同位素产生的辐射是不一样的。

所以，微波不会致癌，也不会让食物产生致癌物质。甚至，它还有助于避免致癌物的产生。对于鱼、肉等食物来说，传统的加热方式，尤其是烧、烤、炸等容易导致肉变焦，从而产生一些致癌物。而研究已证实，用微波炉加热可以有效降低这类致癌物的产生。

微波炉，安全吗？

太阳光是比微波更高能的电磁波。太阳光，安全吗？微波的安全性跟太阳光一样——是否伤害人体取决于能量的强弱。科学家们已经为我们做了大量的研究，找到了对人体伤害最小的微波功率。完好的微波炉，泄漏的微波功率距离伤害人体的强度还很遥远——美国的规定是，在距离微波炉大约5厘米的地方，每平方厘米的功率不超过5毫瓦；而我国的标准更加严格，是1毫瓦。而且，微波的能量是按照距离的平方减弱的。也就是说，如果5厘米处是1毫瓦，50厘米处就降低到了1%毫瓦，更是"人畜无害"了。

如何安全使用微波炉
专用餐具 & 耐热保鲜膜很重要

安全使用微波炉的第一步，就是挑选合适的餐具，并记得使用保鲜膜。这是因为，水分子沸腾的温度约为100度，如果食物中含有油分温度时，可能会升高至120度左右，因此必须使用可以耐受120度高温的餐具才安全。

餐具的选择

使用微波炉烹饪餐点时，最好使用耐高温的微波炉专用餐具。此外，家中一般用来盛装食物的餐具（如玻璃或陶瓷餐具）不适合用来加热。就算真的没有微波炉专用餐具，也要注意挑选没有金属绣边的餐具，或没有上釉彩的陶瓷餐具等，否则这些金属花纹有可能受到微波影响产生细微火花，掉入食物中，引发重金属污染。如果加热时明显感觉到餐具过热，代表该餐具不适合微波炉加热使用。

微波食品回家后再加热

　　市面上销售的现成的微波食品（如超市包装好的盒饭等），由于价格不贵而且省时省力，受到许多上班族的青睐。但盛装这些食品的包装盒究竟是不是微波炉专用餐具，这一点很难判断。因此，如果不放心，可以回家后更换成家里的微波餐具再进行加热。另外，从外面买回的纸袋装的点心，如葱油饼、鸡蛋糕等，也应更换微波餐具后再加热，因为纸袋内层通常有一层蜡，不宜直接加热。

幼儿园吃不到什么

　　很多妈妈认为把孩子送到幼儿园就万事大吉了，不用再为孩子吃的东西操心，孩子回家就只吃零食不吃正餐了。其实有些东西是幼儿园很少吃到或者吃不够量的，长此以往可能会造成孩子的营养不足，体重增长缓慢或不增长以及微量元素缺乏。

幼儿园怎样吃？

　　现在多数幼儿园实行的是三餐两点制，就是孩子会在幼儿园吃到3顿正餐，2次点心。3顿正餐的时间分别为早餐8:00～8:30，中餐11:30～12:00，晚餐16:30～17:00，2点的时间分别为上午10点和下午2点。3餐按照"早餐吃饱、午餐吃好、晚餐适量"的原则进行配餐。按照相关的规定日托提供餐点的总能量不能低于全天总能量的80%，动物蛋白不低于全天蛋白质的30%，加上植物蛋白，蛋白质的总供给不能低于全天需求的50%，维生素和矿物质不能低于全天需求的75%。

　　这样推算下来，从17点离园到宝宝入睡之前，宝宝要吃到全天能量的20%、蛋白质的50%以及维生素和矿物质的25%。其实幼儿园的三餐和我们通常意义的三餐不一样，成人吃到的三餐能完全满足我们的能量需要甚至更多，孩子在幼儿园吃的食物即使都吃了，也只是按照大多数宝宝平均需要量的80%来设计的。所以宝宝回家以后不但要吃东西，而且要吃一餐一点，不能只吃零食。

哪些食物吃得不足？

水产品	现在过敏体质的孩子越来越多，所以容易致敏的食物（比如水产海鲜）幼儿园很少会吃到。幼儿园很少安排吃水产品，即使吃可能只是吃带鱼、虾这样好处理掉刺或没有刺的。而水产品富含优质的蛋白质和帮助宝宝大脑发育的DHA，还有促进宝宝生长发育不可缺少的锌元素。
肉	这里并不是说幼儿园不给孩子吃肉，但是按规定动物蛋白只需要满足全天蛋白质的30%就可以了，肉类食材价格高，处理起来又繁琐，当然供给量就少了些。所以我们看幼儿园的食谱，肉丝、肉丁见到得多，做成馅也是菜肉包。另外现在家长在家做的饭都做得太精细，孩子的咀嚼能力差，很多孩子嚼不动幼儿园做的肉。 妈妈："今天在幼儿园吃什么了？" 孩子："肉丝丝、胡萝卜丝丝……" 妈妈："好吃吗？" 孩子："肉肉塞牙，我吐在桌子上了。" 现在还有好多孩子特别是女孩子，学着妈妈的样子不吃肥肉。一给吃肥肉，孩子就跟见了毒药似的，这种情况家长在家很难发现，因为妈妈自己在家不做肥肉。妈妈整天嚷嚷着减肥，耳濡目染下孩子也可能会担心长胖，幼儿园里集体吃饭不像家里有大人盯着，孩子能少吃就少吃了。
全蛋	鸡蛋可以供给宝宝优质的蛋白质和大量生长发育必不可少的胆固醇。幼儿园是集体进餐的，让孩子吃全蛋不好做到，所以宝宝能在幼儿园吃到蛋，但是很少吃到全蛋，这样孩子吃到的蛋量就会有多有少，老师盛的多就吃得多，盛的少就吃得少，孩子吃到的量就没有保证了。
奶	奶可以给宝宝提供优质蛋白质和充足的钙，宝宝一天的需要量在200～300毫升。三餐里喝不到奶，一般幼儿园会在上午加餐牛奶，下午加餐水果。这样孩子一天在幼儿园只能喝到全天所需要奶量的一半。

在家怎样给宝宝吃？

1 一餐一奶要保证

从能量上讲孩子回家一定要吃一顿正餐，量要达到大人晚餐的一半，也就是说大人吃2小碗饭，孩子要吃1小碗饭。进餐时间和孩子的上一顿16：30的时间间隔在3～4小时比较合适，也就是19：30前后比较合适。因为奶里的色氨酸能帮助睡眠，所以加奶的时间可以安排在睡前，量在100～200毫升比较合适。

2 天天有肉天天一个蛋

既然在幼儿园吃到的肉可能不足，那么在家的晚餐就一定要保证天天有肉了。有的妈妈可能会担心晚餐吃太多肉类和蛋孩子消化不了，其实宝宝的生长发育需要肉里的优质蛋白和血红蛋白铁，而幼儿园里能提供的又只有全蛋白质需要量的一半。所以晚餐一定要吃肉，这是补充孩子幼儿园食物的不足，适量吃不会造成消化不良。通常造成消化不良的主要原因是烹调的方法不对，给孩子做肉推荐采用蒸、煮、炖的方式，不要煎、炸或烤。另外，有的妈妈担心吃得多影响睡眠，其实只要在睡觉1个小时之前吃完就不会影响睡眠。一般只要晚餐能吃到1个蛋和0.1kg瘦肉就能补足孩子一天蛋白质的需要量。对于咀嚼能力差的孩子，可以吃炖肉，炖得软烂些，或者吃全肉包、肉丸子等；对于不爱吃肥肉的孩子，妈妈要带头吃肥肉，身教比言传要管用得多。至于天天一个蛋，在家是肯定能保证的，为了提高孩子的兴趣可以变着花样做，煮蛋、炒蛋、蛋羹都可以。

3 每周至少吃一次水产品

既然幼儿园里吃到的水产品不足，那么家里就要每周至少吃一次水产品了。当然为了安全起见，应给孩子吃刺少的鱼比如龙利鱼、鳕鱼、桂鱼。这里特别要注意一类海鱼（如金枪鱼、沙丁鱼、三文鱼），青皮红肉，富含欧米伽3脂肪酸和虾青素，是适合全家人的健康食品。但是这类鱼同时富含组氨酸，如果加热时间不够长或者不新鲜都可能造成组胺中毒。所以，吃这类鱼一定要选新鲜的，然后充分加热。当然还可以吃虾，建议把虾去头之后再做，因为重金属都蓄积在虾头中。

4 零食要吃最天然

由于在幼儿园中所吃的食物只能满足矿物质和维生素需要量的75%，回家后可以给孩子吃些零食作为矿物质和维生素的补充，可以安排在孩子到家后和晚餐之间，或者晚餐的入睡前。这些零食可以多种多样，选择的标准就是要天然。推荐吃各种新鲜、天然的蔬菜瓜果、不加糖的鲜榨果蔬汁、红薯、煮玉米、坚果类。当然那些过度加工含有太多食品添加剂的零食就属于限制级的零食，尽量少给孩子吃或者不吃，这些食物包括：膨化食品、巧克力派、糖果、炸鸡块、炸鸡翅、奶油夹心饼干、方便面、奶油蛋糕、水果罐头、果脯、蜜枣脯、全脂或低脂炼乳、炸薯片和炸薯条、高糖分汽水或可乐等碳酸饮料、较甜的雪糕、冰激凌等。

5 周末也要同步调

好多孩子会在周一生病，就是因为周末两天的生活规律和幼儿园不一致，上午睡懒觉没有吃早饭，其他几餐跟着大人吃。另外，吃的口味也和幼儿园不一致，要么家长忙，工作日天天凑合，周末接着凑合，吃得单调；要么出去赴宴或者到餐厅改善伙食，暴饮暴食吃得口味重还不好消化。加上周末很难保证午睡，就进一步打破了孩子的生活常规。所以，即使是周末也要和幼儿园的规律一致，孩子的身体才会好。

营养指导

● 此时期的宝宝普遍可以独立进餐了，爸妈们要注意培养宝宝养成良好的进餐习惯，避免因进食不当而导致的营养不良。不要让宝宝边吃边玩，养成在固定位置进食的习惯；鼓励宝宝充分咀嚼，保护肠胃道，促进营养成分的充分吸收和利用。

● 为了保证钙质的吸收，每天最好保证饮用400~500毫升的牛奶，多吃含钙高的食品，每天保证一定时间的日照。

推荐食谱

【五仁包子】

材料: 面粉100克,核桃仁、莲子、瓜子仁、黑芝麻、红丝适量

做法:

1. 面粉发酵后调好碱,搓成一个个小团,做成圆皮备用。
2. 将核桃仁、莲子、瓜子仁切碎,加炒好的黑芝麻、红丝、白糖、大油,拌匀。
3. 面皮包上馅后,把口捏紧,然后上笼用急火蒸15分钟即可。

【番茄鸡肉羹】

材料：鸡肉50克，洋葱1/8个，胡萝卜1/10个，番茄汤100克

做法：

1. 将胡萝卜和洋葱切成碎块，放入鸡肉加水同煮。

2. 煮好后将鸡肉捞出，再倒入番茄汤。

3. 将捞出的鸡肉撕成细丝重新放入。加盐、黄油调味即成。

【椰香鸡肉咖哩】

材料：马铃薯20克，胡萝卜10克，洋葱15克，鸡腿肉40克，咖哩粉、椰粉适量

做法：

1. 马铃薯、胡萝卜切成小丁，煮熟，洋葱切成碎末备用。

2. 鸡腿肉去骨洗净剁碎备用，剔除的鸡骨可用来熬成高汤。

3. 用花生油起锅，把上述备好食材放进锅中翻炒均匀。

4. 加入椰奶和咖哩粉，煮滚即可食用。

营养小叮咛

马铃薯一旦发芽，在芽眼和芽根会产生龙葵素。它是一种对人体有害的生物碱，吃了之后轻者恶心呕吐，重者可出现脱水、昏迷等现象。所以不要买已发芽的马铃薯，处理时则要将芽眼彻底挖除干净，并放在冷水中浸泡1小时左右，龙葵素才会溶解于水中。

【鸡茸蘑菇汤】

材料： 鸡胸肉20克，蘑菇2朵，鲜奶、面粉适量

做法：

1. 鸡胸肉撕成茸，小葱切末备用。

2. 将黄油入锅烧热，用葱末爆香，倒入鸡茸、蘑菇煸炒至半熟，加少量面粉炒至微黄。

3. 倒入鲜奶，用清水调匀，煮至汤微稠。加盐、味精适量，即可出锅。

【鸡肉焖金瓜】

材料： 鸡肉30克，南瓜20克，枸杞10克，猪绞肉30克

做法：

1. 鸡肉切小丁，与盐、糖、酱油和少许太白粉拌匀后，腌30分钟备用。

2. 加热油锅，加入南瓜丁，用中火煎至金黄。

3. 将姜片、猪绞肉、鸡肉炒至金黄，再放入南瓜、枸杞翻炒，盖上锅盖小火焖煮6~8分钟即可。

健康护理看过来

当心宠物伤害

近年来，国内兴起一股宠物热潮。但偶尔会出现家中宠物攻击幼儿的事件，让家长们防不胜防。幼儿与宠物应如何安全共处呢？且听小儿科医师与宠物医师的建议。

哪些宝宝不适合与动物共处？

1. 早产儿。
2. 患过敏性疾病。
3. 患有呼吸道疾病。
4. 家族本身有遗传性疾病。
5. 免疫（抵抗力差）系统疾病。

小儿科医师建议：限时共处·成人陪同

根据美国疾病预防控制中心2003年统计，6～11岁是最容易被动物咬伤的对象，主要的被攻击原因是因为儿童好动、触摸动物。婴幼儿也会有，但多半是因为父母疏忽所致，攻击动物以狗、猫最多。攻击者75%是公狗，及哺喂幼犬的母狗。被攻击者的男女比例是1.5:1，男孩是女孩的1.5倍。大部分是在家中发生，而且是自己养的宠物。另外，每年也有很多宝宝是被猫咬伤，以家猫为最多，还有少数为宠物鼠咬伤。

毛屑寄生虫要当心

幼儿被抓伤、咬伤是宠物明确的攻击行为，但除了外伤之外，疾病问题也是另一种潜在的宠物伤害。有一种说法是，养宠物会引发过敏。宠物是否与过敏性疾病相关，目前并无明确的统计和报告，所以幼儿过敏是否与宠物划上等号，有待商榷，目前只能说可能具有相关性。

说其相关是因为，宠物排泄物可能会有寄生虫，掉落的毛发、皮屑会飘散在空气中，而排泄物、寄生虫、毛发、皮屑等皆是引发幼儿过敏的因素。另外，接触宠物者若本身皮肤有伤口，也会提高细菌感染的几率。

为了提高宠物家庭的生活品质，人口多的家庭，或是居家环境太过拥挤狭小的，最好不要养宠物；宠物和人尽量不要同床共枕，最好独立住在室外；避免饲养在幼儿的主要活动范围内；当幼儿需要和宠物共处时，也必须有成人在一旁陪同，每天限时1～2小时。

10 项注意，避免宠物伤害！

1. 宠物哺育幼子时，切勿打扰。

2. 定时彻底清洁宠物的居住环境。

3. 宠物已出现不友善的反应时，应避免接近。

4. 当宠物在休息、睡眠时，最讨厌被打扰，此时应避免触碰。

5. 请勿在宠物面前喂食孩子，以免宠物为了抢食而袭击幼儿。

6. 避免在孩子面前和宠物玩得太激烈，以免宠物因为太兴奋而冲撞孩子。

7. 当宠物自己单独或休息时，切勿让宝宝在其面前奔跑，因为动物天性喜好追逐猎物。

8. 多注意宠物本身的健康及清洁，例如施打预防针的时间、爪子修剪、体毛梳洗等。

9. 宠物的排泄物应及时处理，避免残留在地面上，因为幼儿可能会滑倒，或者用手触摸地面而引发细菌感染。

10. 当宠物活动时，切勿单独让孩子与宠物相处；避免孩子坐学步车摸宠物，甚至抓宠物的耳朵。

与各类宠物相处的注意事项

狗 什么狗都要小心！

小型犬 个较敏感、爱争宠、神经质，可能会有出其不意的咬、抓等动作。

大型犬 目前较受欢迎的大型犬种（例如金毛和拉布拉多等），性情都算温顺。不过一旦发生咬伤，则伤害较为严重。至于其他大型犬如混种犬、秋田犬、比特犬（门犬）、獒犬、洛威纳犬等，则具攻击性，容易对幼儿造成威胁。

鼠 习惯小主人的味道

宠物鼠会啃咬，是因为有陌生的味道，所以可以先将有幼儿味道的毛巾、被单等，放入笼子里，大约1周左右后，就不会啃咬宝宝了。

猫 会用身体磨蹭幼儿

猫咪天生不爱交朋友，除非是孩子主动去逗弄猫咪，否则猫咪不大会去主动亲近或攻击幼儿。

当猫咪会用手、头、身体去磨蹭幼儿，喉部发出呼噜呼噜的共鸣声，或和幼儿一起睡觉时，就是接纳的表现；但如果猫咪出现害怕的反应，如躲避或吼叫、生气等，则不适合和幼儿相处。

Tips 各种宠物易对幼儿造成的伤害

1. 狗：攻击、咬伤。

2. 猫：抓伤。

3. 鼠：小咬伤。

4. 乌龟：龟壳上有沙门氏菌。

5. 兔子：细菌性感染或肠炎。

兔 6岁以下幼儿不宜

让不满6岁的幼儿和兔子相处，两者受伤的机会都很大。不当地拉扯耳朵，可能会使兔子受到惊吓；兔子若逃脱，幼儿则可能因为追逐兔子而跌倒受伤。

动物医师小叮咛

1. 请勿将宠物的便盆放在幼儿能触摸到的地方，以免有寄生虫、传染病等问题发生。

2. 应避免让幼儿接触乌龟、两栖类等动物，可能有细菌等问题。

3. 不要让幼儿对于宠物们尖叫、拍打，甚至啃咬。幼儿与宠物之间必须是相互尊重的，要让宝宝知道对宠物也要有爱心。

我不要去上学

焦虑状况

1 刚开始试读时，宝宝的状况可能还不错，可是没过几天，宝宝每天早上都哭着不肯进教室。

2 宝宝回家后可能向妈妈反映，上学很恐怖、不喜欢同学老师、学校很黑等，总之就是不要再去上学。

3 多数宝宝的哭闹可能会持续一两个星期，也有少数宝宝的焦虑状况长达一两个月。

克服方法

正面教育	在开始上幼儿园的前几个月，就可以有意无意地给宝宝做正面教育，比如上学很有趣、有很多友好的小朋友做伙伴、幼儿园里的玩具非常好玩等。请注意，平时千万不可用"不听话，明天就送你去幼儿园"这种说法来吓唬宝宝。
提前观察环境	在没有入园之前，不妨先带宝宝去幼儿园看一看，让他对幼儿园有个初步印象。当宝宝看到其他同龄人在幼儿园中快乐生活时，他的排斥感就会大大降低。
遵守约定	在送孩子上学时，清楚告诉他要乖乖上学，等时钟的短针走到几点，妈妈就会来接他，然后毅然离开。千万不要留下来又劝又哄，那样反而拉长孩子哭泣的时间。

坚持到底	不要被孩子的眼泪击倒，如果受不了孩子的哭闹而把他接回家，那么下次入园就会更加困难。只要坚持每天送孩子去上学，你就会发现孩子哭泣的时间会慢慢缩短。
请老师多加照顾	通常宝宝会直接交给未来带他的老师照顾，老师前几天会先让他跟在身边并尽量安抚，并找几位个性活泼的同学陪他玩耍，睡午觉时可先睡在老师旁边，等宝宝熟悉环境后，再慢慢训练他更好地融入团体生活。

孩子，你为什么撒谎

"奶奶比较疼爱谁？""幼儿园老师比较喜欢谁？"……这些问题，对每个孩子来说，都能很快就说出答案。在他们小小的心里，有一把极其精确的量尺，能从大人的言谈举止中，衡量出大人的偏爱和好恶。例如谁得到的巧克力比较大块一点，谁被老师叫起来回答问题的次数比较多，老师看谁的目光比较冷峻。而且，很多时候，是在我们自己都没有意识到的情况下，孩子已经觉察到了这种倾斜，并且因此而或多或少受到了伤害。

孩子对公正非常敏锐

当然，我们在分配有形的物质时，可以因为留心而尽量做到公正，但由于人性的本然或出于现实的需要，我们却不可能、也控制不住自己心中对某个人感情上的倾斜。因此，解决这个问题的方法只能是，我们也做个诚实的人，并且对孩子解释这个倾斜的原因。

例如，孩子从奶奶家回来不开心地告状说："奶奶最偏心了，每次都让哥哥先选玩具，我下次不去奶奶家了，反正她也不喜欢我！"

我们如果回答："怎么会呢？你和哥哥都是奶奶的孙子，都是宝贝，奶奶怎么会偏心呢！不会的，你别多心！"

这时，孩子心里就会觉得：你们都不理解我，都不知道我心里的委屈，那我以后就不跟你说了，反正我知道奶奶不喜欢我！

我们如果换个方式回答："哦，你觉得奶奶比较疼哥哥啊？我知道你为什么会有这种感觉，我也知道为什么奶奶看起来好像比较宝贝哥哥，因为哥哥从一生下来就住在奶奶家，而且他那个时候好小好小……"然后，说完了哥哥小时候的情况之后，你再更详细、更带温情地描述他自己小时候和奶奶之间的许多温馨故事，让他知道或许奶奶是出于某些理由，确实需要比较关照哥哥，但奶奶对哥哥的疼爱是绝对无损于对他的爱的。

孩子为什么会说谎？

孩子的任何一种反社会行为的背后，都有一个求救的动机。就像是婴儿哭了，是因为肚子饿了、尿布湿了，或是在寻求爸爸妈妈的注意。我们那个年代的孩子大概都有一个共同的记忆，就是我们会用感冒发烧、来"换得"面包、苹果这些平常难得吃到的美味，更别说还可以换到一天不上学、在家休息的特权。所以小时候总喜欢在下雨天偷溜出门，故意淋水、踩水，尽一切可能把自己弄出感冒发烧来。

根据统计，一般来说，孩子说谎最常见的理由，第一是害怕受罚；第二是觉得做错事了，丢脸；第三是仗义，袒护朋友。他们说谎，并不是因为绝对的劣根性，也不是因为他们是不可救药的坏孩子。他们说谎，只是因为不知道还有什么办法能解决眼前的困境，并找到脱离困境的方法。

所以遇到孩子说谎不诚实时，我们先别着急动怒或骤下定论，要先缓下怒火，听听他怎么说，给他为自己申辩的机会。与此同时，如果他的申辩确实情有可原，我们也要有勇气承认自己在这件事上该承担的责任。

此外，如果孩子是用谎言来掩盖自己犯下的错误，当他承认了这个错误时，我们一定要给他改过自新的机会，理解人都有犯错的时候，在孩子还小，所犯的错误还不至于大到灭顶时，要及时引导。要不然，一旦孩子养成用一个谎言来掩盖另一个谎言的习惯时，会成天把注意力放在隐藏真相上，自然就不能专心学习。而且最不愿意看到的后果是，他因此会活在不踏实的、焦虑的、害怕总有一天会被揭穿的持续恐惧中，这对身心的伤害是不可小觑的。

让你担心的"早熟"

随着物质生活水平越来越高，我们发现宝宝的身体发育越来越好，在语言和行为上的表现都比过去同年龄的宝宝成熟一些。但是，当宝宝出现与年龄极不相称的、早熟的迹象时，我们又该如何面对呢？

如何避免"小大人"

建议父母从小就要开始帮宝宝过滤各种资讯，而最重要的就是从自身做起。

多让孩子和同龄人相处

由于现在一个家庭基本只有一个孩子，所以宝宝和同年龄小朋友相处的机会也少了很多，多半都是在接收大人的语言和行为信息。因此，应该要多帮孩子创造和其他幼儿相处的机会，让同龄幼儿一起玩，他们就可自主地发展出属于自己的语言和游戏。

少看点电视

一方面可避免影响宝宝的视力发展，也能防止日后出现注意力不集中的情形，另一方面能尽量少接触不恰当的资讯，比如暴力、血腥、过于情色的画面和语言。要知道，虽然幼儿的模仿力很强，但是理解能力却相当一般，当他把看到的、听到的都运用在生活中时，事实上他并不知道那样做是否恰当。

家长以身作则

宝宝和家长相处的时间最多，父母一定要检视自己的语言，不要给宝宝做出不好的示范。宝宝就像父母的镜子一样，大人的行为语言肯定会在宝宝身上有所体现。

图书在版编目 (CIP) 数据

成长第一步——0～3岁亲子育儿百科 /《妈妈宝宝》
杂志社编著． -- 济南：山东科学技术出版社，2015.7
ISBN 978-7-5331-7828-4

Ⅰ．①成... Ⅱ．①妈... Ⅲ．①婴幼儿－哺育 Ⅳ．
①TS976.31

中国版本图书馆 CIP 数据核字 (2015) 第 138457 号
图片提供：达志影像/123RF

成长第一步
——0～3岁亲子育儿百科

《妈妈宝宝》杂志社　编著

主管单位：山东出版传媒股份有限公司
出版者：山东科学技术出版社
地址：济南市玉函路 16 号
邮编：250002　电话：(0531) 82098088
网址：www. lkj. com. cn
电子邮件：sdkj@sdpress. com. cn

发行者：山东科学技术出版社
地址：济南市玉函路 16 号
邮编：250002　电话：(0531) 82098071

印刷者：龙口市众邦传媒有限公司
地址：龙口市黄成牟黄公路东首
邮编：265700 电话：(0535) 8506028

开本：787mm×1092mm 1/16
印张：21.5
版次：2015 年 8 月第 1 版　2015 年 8 月第 1 次印刷

ISBN 978-7-5331-7828-4
定价：59.80 元